高等学校电子信息类系列教材

电 路 分 析

（第二版）

张卫钢　编著

西安电子科技大学出版社

内 容 简 介

本书全面、系统地介绍了电路分析的基础知识。全书共8章，内容包括电路的基本概念与理论、直流电路等效化简分析法、直流电路基本定律分析法、正弦稳态电路基本理论、正弦稳态电路分析法、三相交流电路分析法、动态电路分析法、电路及元器件的测量。此外，每章末都编排了本章习题，并在大部分习题后附有参考答案，书末附录提供了中英文术语对照表。

本书以"强调基本理论、注重基本方法、提高应用技能"为宗旨，参考国内外多本知名教材的内容和写作风格以及国内多所高校的教学和考研要求编写而成，具有内容全面精练、逻辑清晰明了、语言通俗易懂、难度深浅得当、例题丰富实用、页面美观新颖等特点，同时每章结束部分辅以实用性极强的"小知识"，理论联系实际，使得本书更生动、全面、实用。

本书可作为普通高校和职业学校通信工程、电子信息工程、物联网工程、网络工程、智能制造工程、机电一体化和自动化控制等专业的教材，也可供有志青年和相关工程技术人员参考。

图书在版编目(CIP)数据

电路分析/张卫钢编著.—2版.—西安：西安电子科技大学出版社，2022.3
ISBN 978-7-5606-6392-0

Ⅰ. ①电…　Ⅱ. ①张…　Ⅲ. ①电路分析　Ⅳ. ①TM133

中国版本图书馆 CIP 数据核字(2022)第 028994 号

责任编辑　赵远璐　李惠萍
出版发行　西安电子科技大学出版社(西安市太白南路2号)
电　　话　(029)88202421　88201467　　邮　　编　710071
网　　址　www.xduph.com　　　　　　电子邮箱　xdupfxb001@163.com
经　　销　新华书店
印刷单位　西安日报社印务中心
版　　次　2022年3月第2版　2022年3月第1次印刷
开　　本　787毫米×1092毫米　1/16　印张 15
字　　数　347千字
定　　价　37.00元
ISBN 978-7-5606-6392-0/TM
XDUP　6694002-1

前　言

本书第一版自 2014 年 2 月出版以来，被许多普通高校和职业学校长期应用于相关专业教学之中，并获得了广大读者的肯定和好评，对此，编著者感到不胜荣幸！

当前，在通信工程、电子信息工程、物联网工程、网络工程、智能制造工程、机电一体化和自动化控制等对电路知识要求较高的本科及高职专业的培养计划中，作为专业基础课之一的"电路分析"越来越重要，它不仅是"模拟电路""数字电路""高频电路""信号与系统""通信原理""微波与天线""自动控制原理"等课程的先导课程，更是一些相关专业的考研科目。另外，目前各高校的培养计划学时远远小于教

"电路分析"是门
什么样的课

学的实际需求，这就要求施教者动脑筋想办法，用有限的时间完成尽量多的知识传授任务，同时，还要加强对学生实践能力的培养。再者，我国已经把职业教育单独划分出来，成为与普通教育并行的一种教育体系，从而引发了新一轮教育、教学改革的热潮。

因此，为了更好地体现"电路分析"课程在当前电子信息类和机械及控制类专业课程体系中的地位与特点，服务于普通高校和职业学校培养应用型人才的教学需要，在保持第一版特色的前提下，编著者进行了本次修订，具体变动如下：

（1）修改了本书的主要内容结构，如图 0-1 所示。

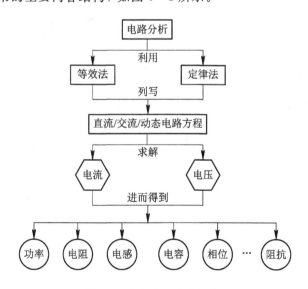

图 0-1　本书主要内容结构图

（2）梳理了基本概念，补充或重新表述了一些概念，力求简练、准确。

（3）增加了如"电感与电容的特性对比""线性元件的概念""三相交流电的优点""响应的分类""微分电路和积分电路"等内容，并且每章都增加了"结语"部分，使知识体系更清晰、完整、系统。

（4）删减了个别章节，如"不对称三相电路"，将其中一些必要的内容保留并补充进了其他章节。

（5）修改并增加了插图，对原有插图进行全面美化，修改了不符合现行国家标准的符号，新增了一些插图，使得文字含义更加形象生动。

（6）修改并补充了部分例题、习题，完善了部分习题的参考答案。

（7）建设了相关内容的线上"微课"资源，读者可通过扫描二维码的方式查看相关资源。

（8）对表达意思不够鲜明及存有细微错误之处进行了更正。

本书是《电路分析》《信号与系统基础》《通信原理与通信技术》教材"三部曲"的第一部，可与《信号与系统基础》（张卫钢编著，西安电子科技大学出版社，2019.1）、《通信原理与通信技术（第四版）》（张卫钢编著，西安电子科技大学出版社，2018.5）、《通信原理与技术简明教程》（张卫钢、张维峰编著，清华大学出版社，2013.8）等教材配套使用。

本书的参考学时是 32 学时，具体安排见表 0-1。

表 0-1 学 时 安 排 表

章 节	学 时	章 节	学 时
第 1 章 电路的基本概念与理论	4	第 5 章 正弦稳态电路分析法	6
第 2 章 直流电路等效化简分析法	6	第 6 章 三相交流电路分析法	2
第 3 章 直流电路基本定律分析法	6	第 7 章 动态电路分析法	2
第 4 章 正弦稳态电路基本理论	4	第 8 章 电路及元器件的测量	2

本书由长安大学张卫钢教授全面修订。李巍博士、林智慧副教授、唐亮副教授、何颖副教授、安晓莉讲师、王海云讲师整理并校对了书稿、例题、习题及参考答案。在此，对他们表示衷心的感谢。同时，对参考文献的编、著、译者致以最崇高的敬意。

希望广大读者不吝赐教，批评指正。

作者邮箱：wgzhang@chd.edu.cn/648383177@qq.com。

张卫钢

2021 年 10 月 14 日于西安

第 一 版 前 言

人类发展和社会演变的漫长历史进程，伴随着许许多多灿若星辰的科学发现和技术发明，比如阿拉伯数字、杠杆原理、万有引力定律、能量转换与守恒定律、人工取火、指南针、造纸术、蒸汽机、晶体管、集成电路、计算机等。这些发现和发明不仅极大地推进了人类的进化和社会的发展，同时也对人类生活质量的提高起到了至关重要的作用。在这些林林总总的人类智慧结晶之中，与人类生活关系最密切的发现莫过于"电"。试想一下，如果没有了"电"，我们的生活将是怎样的情景？

"电"是当今科技腾飞的翅膀，是经济发展的动力，是人类生活的必需。作为一个现代人，如果不掌握一点电和电路的基本知识与用"电"的基本技能，那么其在生活和工作中将会遇到很多不便。而对于一个当代的大学生，如果对电没有一个比常人更全面更深入的了解和把握，将很难适应激烈的职场竞争、胜任很多技术含量较高的工作，甚至在日常生活中也会遭遇尴尬和困境。因此，在普通理工科高校相关专业开设"电路基础"或"电路分析"等课程已成为众多高校的共识。

随着科学的发展和技术的进步，高校的新增专业越来越多，尤其是在信息技术的带动下，一批相关专业应运而生，如"计算机科学与技术""网络工程""软件工程""电子信息工程""物联网工程""汽车电子""汽车服务工程""机电一体化""自动化控制"等。由于这些新专业与传统的"电"专业在培养目标和方式上有所差异，并且教学大纲和学时有限，因此，需要有针对性地编写适合于这些新专业的教材。

鉴于此，为了适应新的培养目标和市场需求，在总结多年教学经验的基础上，我们编写了这本适合当前大多数信息类和机械及控制类专业本科或职业学校教学的教材——《电路分析》。

所谓电路分析，是指对主要由电阻、电感、电容构成的满足齐次性和叠加性的电网络进行电压、电流、功率和元件参数等变量求解的过程。而各种求解方法的介绍和应用就构成了本书的主要内容。图 0-1 给出了本书的主要内容结构。

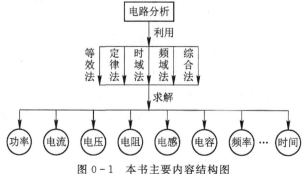

图 0-1　本书主要内容结构图

从研究内容看，"电路分析"与"信号与系统"课程很相似。两门课程的核心内容都是

"解方程"。"电路分析"主要是在直流电(信号)激励的前提下,利用代数方程组求解纯电阻电路的支路电流和电压响应,以及在交流电(信号)作用下,利用相量(代数)方程组求解 RLC 电路的支路电流和电压响应。而"信号与系统"则是针对任意信号(周期和非周期信号,连续和离散信号)的激励,利用微分方程和差分方程求解任意线性电路某(些)支路的电流或电压响应。它们之间最大的差异就是激励信号的不同,从而导致求解方程的方法也不尽相同。"电路分析"可以认为是"信号与系统"课程的先导和基础;而"信号与系统"所讲的内容则是"电路分析"的深入和提高,是更高一级的分析技术。显然,两门课程有着密切的联系,了解它们的异同点对学习和掌握这两门课程的内容大有裨益。

本书以"强调基础理论,注重基本方法,提高基本技能"为宗旨,以"应用为主,考研为辅"为指导思想,参考、融合了多本国内外知名教材的内容和写作风格,以及国内多所高校的考研要求,具有逻辑清晰明了、观点鲜明独特、语言通俗易懂、内容切合实际、例题丰富实用、页面美观新颖等特点,再辅以实用性极强的"小知识",使得本书更生动、更全面、更实用。

本书对传统内容进行了重新梳理和编排,形成了"以等效分析法和定律分析法为主线的结构体系",使得知识脉络更清晰,逻辑关系更合理。通过文字加黑、画线,图解概念以及形象比喻等方式,提高了对基础知识描述和诠释的细腻度;通过精心挑选和编写,将不少国内外经典教材的例题、习题与名校的考研试题安排在书中作为例题和习题,既加强了基本解题方法与技巧的训练,同时也拓展了解题思路和知识的应用面。另外,为了提高学生的实践动手能力,特别增加了一章"电路及元器件的测量",以期通过一些实用知识的介绍,不但加强理论与实践的联系,同时也将一些实践技能融入日常的教学之中。

本书可与《信号与系统教程》(张卫钢、张维峰编著,清华大学出版社,2012.9)、《通信原理与技术简明教程》(张卫钢、张维峰编著,清华大学出版社,2013.8)、《通信原理与通信技术(第三版)》(张卫钢主编,西安电子科技大学出版社,2012.4)和《通信原理大学教程》(曹丽娜、张卫钢编著,电子工业出版社,2012.5)等教材配套使用。

本书的参考学时为 40 学时,具体安排见表 0-1。

表 0-1 学 时 安 排 表

章 节	学 时	章 节	学 时
第1章 电路的基本概念与理论	4	第6章 三相交流电路分析法	2
第2章 直流电路等效化简分析法	6	第7章 动态电路分析法	4
第3章 直流电路基本定律分析法	4	第8章 电路及元器件的测量	4
第4章 正弦稳态电路基本理论	6	复习	2
第5章 正弦交流电路分析法	6	考试	2

本书由长安大学张卫钢教授和张维峰博士编著。邱瑞、任帅和张彧编写了例题、习题和答案。杨龙、马红艳、迟云飞、刘锐锐、魏玉晶、刘卓、臧琼瑶也都为本书的出版作出了贡献,在此,对他们表示衷心的感谢。同时,对参考文献的编、著、译者致以最崇高的敬意。

希望广大读者不吝赐教,批评指正。

作者邮箱:wgzhang@chd.edu.cn。

张卫钢 张维峰

2013 年国庆于西安

目　　录

第1章　电路的基本概念与理论

引子　"电路"是一个在人们生活、学习和工作中出现频率很高的技术词汇，也是一个无处不在的物理系统。人们经常出入的卧室、教室、办公室、商城、车站等场所都需要照明电路；人们频繁使用的家用电器、手机、计算机、汽车等产品以及需要操控的各种机械设备和生产线中也都有电路的身影。因此，可以毫不夸张地说：电路与当代人的一切息息相关。那么，什么是"电路"？与之相关的概念与理论有哪些？

1.1　电　　路

电路理论和电磁理论是电气工程的两大基础理论，源于它们的"电路分析"课程不仅内容丰富，而且应用广泛、实用性强，该课程所涵盖的内容是当代人尤其是当代年轻人应该了解或掌握的基础知识，从某种角度上看，甚至可以说是常识。

"电路"是本课程的"主角儿"，作为示例，图1-1给出了一个6晶体管超外差收音机原理电路图。

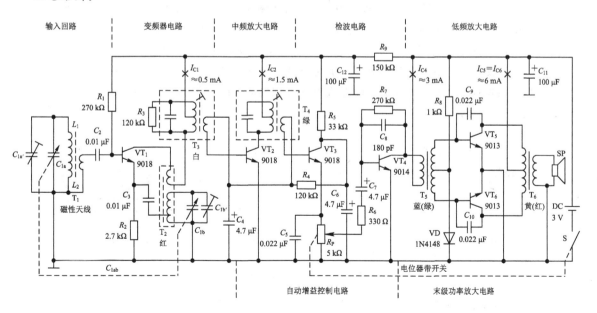

图1-1　6晶体管超外差收音机原理电路图

1.1.1　电路的概念

从字面上理解,"电路"就是电流的通路,这与我们熟悉的"道路"是车辆行驶的通路、"管路"是水流或气流的通路在概念上是相似的。

从专业技术的角度,可以定义:

<u>电路</u>:由电子元器件或电子设备通过导线按照一定规则互连而成的具有特定功能的电流通路,通常以网状形式呈现。

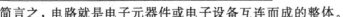

简言之,电路就是电子元器件或电子设备互连而成的整体。

显然,电子元器件是组成电路的最小(基本)单元。有人说元件也可称为器件,还有人说元件指在生产加工时不改变分子结构的电子部件,如电阻器、电容器、电感器等,通常它们不需要电源就能工作,而器件指在生产加工时改变了分子结构的电子部件,如晶体三极管、电子管、运算放大器和集成电路等,一般它们需要电源才能工作。为便于分析,本书不严格区分元件和器件,统一按元件论述。

从宏观角度上看,电路是一种信号处理系统,给定激励或输入,就会产生响应或输出。

<u>系统</u>:能够对信号进行某种特定处理或变换的电路、设备或算法的统称。

当进行理论分析时,系统可用一个有输入端和输出端的矩形框描述。

从拓扑学角度上看,电路是一个由线段和节点构成的网状图形或网络。

从物理学角度上看,电路是一个能量系统模型,可用于研究电能的消耗、传输和转换问题。

本课程中,若不加说明,"电路""网络"和"系统"三个术语同义。

在生活及生产实践中,电路主要实现三个功能或完成三个任务(见图1-2):

(1)能量转换。电路可将电能转换为机械能、热能等能量形式。比如,由电源与电热丝构成的电炉可以把电能转换为热能,由电源与电动机构成的动力系统可以把电能转换为机械能,由电源与灯泡构成的照明电路可以把电能转换为光能(包括热能)等。

(2)信号处理。电路能够把一个或多个输入信号处理或变换成另一个或多个输出信号。比如,放大器可以把小信号变为大信号,滤波器可以把方波信号变为正弦波信号等。

(3)数据存储和计算。比如,计算机中的存储器和CPU等由电路构成的元件可实现对数据的存储和计算。

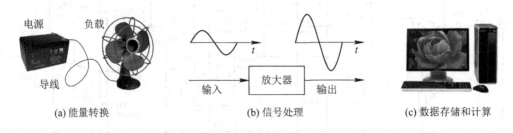

(a) 能量转换　　　　　　　　(b) 信号处理　　　　　　　　(c) 数据存储和计算

图1-2　电路功能示意图

1.1.2　电路的分类

根据不同标准,电路有多种分类。

（1）根据工作电流或电压的不同，电路可分为直流电路和交流电路。以直流电压或电流工作的电路叫直流电路，以交流电压或电流工作的电路叫交流电路。

（2）根据是否包含电源，电路可分为含源电路和无源电路。包含电源的电路叫含源电路，没有电源的电路叫无源电路。出现在模拟电路和数字电路中的"有源"电路通常指含有晶体三极管、场效应管、电子管或运算放大器等需要电源才能工作的有源器件的电路。

（3）根据功能的不同，电路可分为用电电路和处理电路。以能量转换为目的的电路称为用电电路，比如照明电路等；用于信号处理或变换的电路称为处理电路，比如放大电路、滤波电路等。数据存储和计算电路也可划入处理电路范畴。

用电电路通常由供电和用电两大部分组成，如图 1-3(a)所示。供电部分由输出电能的"电源"负责，电池、220 V 市电及 380 V 工业电等都可作为电源；用电部分由消耗电能的"负载"构成，从宏观上看，各种家用电器、照明设备、检测设备和生产设备等都可作为负载。

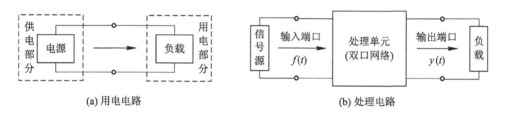

(a) 用电电路　　　　　　　　　(b) 处理电路

图 1-3　用电电路与处理电路示意图

处理电路一般包括供电电源、信号源、处理单元和负载四部分。在实际分析中，由于人们主要对处理单元的输入信号（激励）和输出信号（响应）感兴趣，并且默认电路处于正常工作状态，因此可忽略供电电源并把处理单元看作一个双口网络或系统，如图 1-3(b)所示。

图 1-1 的收音机电路就是一个将高频已调电磁波变换为音频声波的有源处理电路。

从供电电源和信号源的角度看，所有处理电路也都是负载，故处理电路同时也是用电电路，只不过其主要功能是信号处理而不是能量消耗或转换。

（4）根据主要元件的不同，电路可分为电子管电路、晶体管电路、集成电路，以及由基本元件电阻 R、电感 L 和电容 C 构成的 RLC 电路等。

（5）根据工作（电流或电压）波长的不同，电路可分为集中参数电路和分布参数电路。由集中参数元件构成的电路就是集中参数电路。几何尺寸远小于工作波长的元件就是集中参数元件，其特点是只用一个参数即可表征自身特性，比如普通电阻、电感和电容。具有分布参数元件的电路就是分布参数电路。几何尺寸与工作波长可比拟的元件就是分布参数元件，其特点是必须用多个参数才能描述自身特性，比如"传输线"就必须用分布电阻、电感和电容同时描述。低频电路，比如本课程的电路，普通模拟电路及数字电路都是集中参数电路。

（6）根据是否有记忆功能，电路可分为记忆（动态）电路和无记忆（静态）电路。当前响应不仅与当前激励有关，还与以前的激励有关的电路就是记忆电路；当前响应只取决于当前激励的电路就是无记忆电路。

（7）根据包含元件特性的不同，电路可分为线性电路和非线性电路。由线性元件构成的电路就是线性电路,而包含非线性元件的电路就是非线性电路。

综上所述,由集中参数元件 R、L、C 构成的线性、无源的直流、交流处理电路是本课程介绍、讨论和分析的主要对象。

1.1.3 线性电路和非线性电路

如果把施加在电路上的电源(信号)称为输入或激励并用 $f(t)$ 表示,而把电路中某一处由该电源(信号)引起的电压或电流称为输出或响应并用 $y(t)$ 表示,则有以下结论:

齐次性:若激励 $f(t)$ 变为原来的 k 倍,则响应 $y(t)$ 也变为原来的 k 倍,见图 1-4(a)。

可加性:若激励 $f_1(t)$ 引起响应 $y_1(t)$,激励 $f_2(t)$ 引起响应 $y_2(t)$,则激励 $f_1(t)+f_2(t)$ 引起的响应为 $y_1(t)+y_2(t)$,见图 1-4(b)。

"齐次性"和"可加性"可统称为"线性",见图 1-4(c),用数学语言可表达为

若

$$f(t) \xrightarrow{\text{处理}} y(t)$$

则有

$$k_1 f_1(t) + k_2 f_2(t) \xrightarrow{\text{处理}} k_1 y_1(t) + k_2 y_2(t) \tag{1.1-1}$$

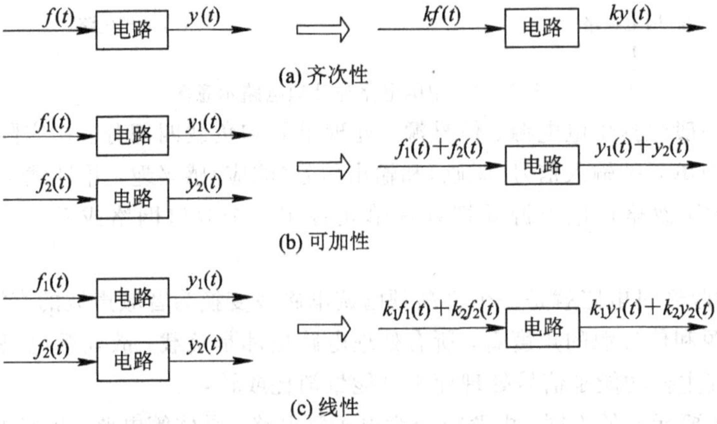

图 1-4 线性特性示意图

这样,可给出线性电路的基本定义:

线性电路:激励与响应之间满足线性的电路。

上述线性电路概念是根据激励与响应的关系给出的。若电路结构可见,则线性电路也可认为是由线性元件构成的电路,线性元件指外特性满足线性关系的元件。

实际应用中,不少电路是动态或有记忆的,其响应常常由零输入响应(内部状态产生)和零状态响应(外部激励产生)两部分组成。因此,线性电路的标准或判定条件还要加一条。

响应分解性:全响应可以分解为零输入响应与零状态响应两部分。

综上所述,可得线性电路的扩展定义或拉斯定义:

线性电路:满足响应分解性、零输入线性和零状态线性的电路。

本课程及"信号与系统"课程中的线性电路均指拉斯定义下的线性电路。

注意：拉斯定义详见《信号与系统基础》(张卫钢编著，西安电子科技大学出版社，2019.1)。

根据上述线性电路的概念，可得如下结论：

非线性电路：不满足拉斯定义的电路或包含非线性元件的电路。

因为直接对非线性电路进行分析比较困难，所以人们往往先对线性电路进行分析，然后把非线性电路近似为线性电路，再套用线性电路的分析方法及结果对其进行分析。显然，线性电路分析是非线性电路分析的基础。

1.2　电流、电位和电压

1.2.1　电流

我们已经知道，电路是电流的通路。那么，什么是电流？为回答这个问题，先要了解什么是电荷。

电荷：构成物质的原子的一种电气特性，是电学中的一个基本物理量。

电荷具有双极性，即电荷分为正电荷和负电荷。在一个原子中，质子带正电荷，电子带等量的负电荷。在金、银、铜、铝等金属导体中，只有自由电子可以移动，而在酸、碱、盐等水溶液导体中，可以移动的是正负离子。因此，人们用"电流"描述电荷的移动现象。

电流：电荷(自由电子、正负离子等)的定向移动。

这里，电子和正负离子相当于电荷的载体。生活中，管路里流动的水流、气流，马路上移动的车流或人流均与电流在概念上类似。

因为电子携带负电荷，所以电子的移动相当于负电荷的迁移。为衡量电荷迁移量的大小，人们引入了"电流强度"这个物理量，简称"电流"，其定义如下：

电流：单位时间内通过一个导体横截面的电荷量或电荷量的时间变化率，用公式表示为

$$i(t) = \frac{\mathrm{d}q}{\mathrm{d}t} \tag{1.2-1}$$

式中：$i(t)$ 的常用单位是"安培(A)""毫安(mA)""微安(μA)"，它们的换算关系为 $1\ \mathrm{A} = 10^3\ \mathrm{mA} = 10^6\ \mu\mathrm{A}$(单位"安培"是为纪念法国数学家和物理学家安德烈·玛丽·安培(Andre-Marie Ampere)而命名的，安培于 1820 年提出了安培定律)；q 是电荷量，常用单位是"库仑(C)"(为纪念法国物理学家库仑而命名)、"毫库(mC)"和"微库(μC)"，它们的换算关系为 $1\ \mathrm{C} = 10^3\ \mathrm{mC} = 10^6\ \mu\mathrm{C}$；$t$ 为时间，单位是"秒(s)"。若 $i(t)$ 为常数，则用大写字母"I"表示，并称之为直流电流。

若把电子比作汽车，电荷比作车中的乘客，则"电流"可以类比为一条道路某一断面单位时间内通过的乘客数。

显然，术语"电流"既表示一种物理现象，也表示一个物理量。

在一段导体或电路中，电流可以向两个方向运动。为便于分析，可定义：

电流方向：正电荷移动的方向。

这个概念最初由本杰明·富兰克林(Benjamin Franklin)提出。可见，电流方向与电子

移动的方向相反。在金属导体中,正电荷的移动可以看成相对于电子移动的反向移动。因此,"电流"虽然是一个标量,但有两个"方向",通常是"左、右"或"上、下"方向。

在分析电路时,要先假定其中的电流方向并作为计算时的参考方向或"正方向"。

电流正方向:分析电路时假设的电流方向。

在分析电路时,若按正方向计算出的电流值为正,则认定实际电流方向与正方向一致;反之,即若计算出的电流值为负,则认定实际电流方向与正方向相反。图 1-5 给出了电流方向示意图。

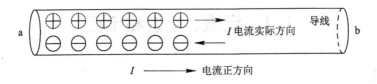

图 1-5 电流方向示意图

注意:

(1) 自然界中,任何带电体携带的电荷量都是 $e = -1.602 \times 10^{-19}$ C 的整数倍。

(2) 电荷满足"电荷守恒定律",即电荷既不能被创造,也不能被消灭,只能迁移或转换。因此,一个电系统或电路中电荷量的代数和是不变的。

1.2.2 电位和电压

根据物理知识可知,只有当电路中有电流时,电能才会做功,电路才能发挥作用。而电流的产生与电位、电压这两个物理量密切相关。

1. 电位

电位:电场力将单位正电荷从某点沿任意路径移到参考点所做的功。

电位又称"电势",指单位电荷在静电场中某一点(比如 a 点)所具有的电势能,一般用小写字母 u_a 或 v_a 表示。显然,电位的大小与参考点有关,理论上参考点位于无穷远处,实际中多取地球表面作为参考点。可见,电位通常为正值。

设在 dt 秒内电场力移动 dq 库仑电荷从 a 点到参考点所做的功为 dw 焦耳,则 a 点电位为

$$u_a = \frac{dw}{dq} \tag{1.2-2}$$

电位的常用单位是"伏特(V)""毫伏(mV)""微伏(μV)",它们的换算关系为 1 V = 10^3 mV = 10^6 μV。单位"伏特"是为纪念意大利物理学家亚历山德罗·安东尼奥·伏特(Alessandro Antonio Volta)而命名的。

电场中的电位与重力场中的位能在概念上类似。电位可使正电荷从高电位向参考点运动,从而形成电流;位能可使水从高处储水罐流向地面用户,从而形成水流。二者的作用效果如图 1-6 所示。

2. 电压

为了描述电场中任意两点(比如 a 点和 b 点)之间的电场力做功情况,可定义:

图 1-6　电场中的电位与重力场中的位能作用效果图

电压：电场力将单位正电荷从 a 点沿任意路径移动到 b 点所做的功。

电压在数值上等于电场中两个不同电位点的电位差，通常用符号 u_{ab} 或 v_{ab} 表示，其方向规定为从高电位点指向低电位点，也称"电位降"或"电压降"方向，即有

$$u_{ab} = u_a - u_b = \frac{dw_a}{dq} - \frac{dw_b}{dq} \tag{1.2-3}$$

其单位与电位的相同。电压值有正负之分，当 a 点电位高于 b 点时，$u_{ab} = u_a - u_b > 0$，反之，$u_{ab} = u_a - u_b < 0$。显然，电压的大小与参考点无关。若 u_{ab} 为常数，则用大写字母"U_{ab}"表示，并称之为直流电压。

在分析电路时，也要事先假定某两点之间的电压方向，并作为"参考方向"或"正方向"。若按参考方向计算出的结果为正值，则表明该参考方向与实际方向一致；反之，则表明该参考方向与实际方向相反。这个概念与电流方向类似。

1.2.3　电压与电流的关系

电路中，有电流就一定有电压，而有电压未必有电流，电流的形成需要两点间既有电压又有通路。因此，可得如下结论：

电流是电压的产物，但要有回路才能形成。

任何电路从电源(信号源)两端看出去，一定有两条通路与负载一起构成回路，这样才能保证电流从一端出去并从另一端回来，循环不断。

为便于电路分析与计算，需要约定元件上的端电压方向和通过的电流方向，具体定义如下：

关联方向：电流正方向与电位降方向一致。

非关联方向：电流正方向与电位降方向相反。

两种方向示意图如图 1-7 所示。

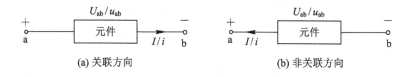

(a) 关联方向　　　　　　　　　　　　(b) 非关联方向

图 1-7　电压与电流的两种方向示意图

注意：电流总是流经元件的，而电压却是跨在元件两端的。

1.3 直流电和交流电

1.3.1 直流电

人类社会最早投入使用的电力系统是直流电系统。19世纪末，爱迪生发明的直流电系统就在美国的纽约和新泽西投入照明运行。

在现代社会中，虽然电力系统提供的是交流电，但绝大多数电路和小电器都采用直流电工作，而一些看似需要接交流电源工作的仪器或设备，如电视机、计算机、数控车床等，在其内部还是要把交流电源转换为直流电源。可见直流电在人们的生活和生产中占有重要地位。

<u>直流电</u>：只有一个方向的电流和电压。

直流电用字符"DC"（Direct Current）表示。通常，直流电流用大写字母 I 表示，直流电压用大写字母 V 或 U 表示。默认直流电的大小恒定，不随时间的变化而变化。

为与默认直流电相区别，可把大小随时间作周期性变化的直流电称为"脉动电"。

直流电和脉动电的波形如图 1-8 所示。其中，图 1-8(a) 的直流电流和直流电压可分别写为

$$I = 10\ \text{A} \qquad (1.3-1)$$
$$U = 10\ \text{V} \qquad (1.3-2)$$

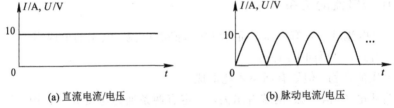

(a) 直流电流/电压　　　　　(b) 脉动电流/电压

图 1-8 直流电和脉动电波形示意图

1.3.2 交流电

1891年，法兰克福博览会首次使用了正弦交流电照明系统。

相对于直流电，可定义：

<u>交流电</u>：大小和方向随时间作周期性变化且一个周期内平均值为零的电流和电压。

<u>正弦交流电</u>：大小和方向随时间按正弦规律变化的电流和电压。

图 1-9 是交流电和正弦交流电波形示意图。显然，交流电的特征是有两个交替出现的方向。

正弦交流电可简称为"交流电"，用字符"AC"（Alternating Current）表示，其瞬时值常用 $u(t)$ 和 $i(t)$ 表示，简记为 u 和 i，并可以用三角函数描述。比如，图 1-9(b) 中的 i 和 u 可分别表示为

$$i(t) = I_\text{m}\sin(\omega t + \varphi) \qquad (1.3-3)$$

$$u(t) = U_{\mathrm{m}}\sin(\omega t + \varphi) \tag{1.3-4}$$

式中，I_{m} 和 U_{m} 分别为电流和电压的振幅值，$\omega = \dfrac{2\pi}{T}$ 是角频率，φ 是初相位。

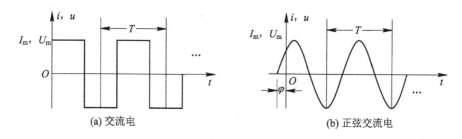

(a) 交流电　　　　　　　　　　　(b) 正弦交流电

图 1-9　交流电和正弦交流电波形示意图

因交流电的瞬时值随时间作周期性变化，所以，为了更好地描述其功效，人们定义了一个不随时间变化的物理量——有效值，并用字母 I 和 U 表示。

若周期电流 $i(t)$ 在一个周期 T 内流过电阻 R 时，所消耗的平均功率与一个大小为 I 的直流电流通过该电阻时所消耗的功率相同，则把 I 称为周期电流 $i(t)$ 的有效值。

用数学语言可描述如下：

当周期电流 $i(t)$ 满足 $\dfrac{1}{T}\displaystyle\int_0^T Ri^2(t)\,\mathrm{d}t = RI^2$ 时，其有效值为

$$I = \sqrt{\frac{1}{T}\int_0^T i^2(t)\,\mathrm{d}t} \tag{1.3-5}$$

式(1.3-5)表明，电流 $i(t)$ 的有效值 I 在数值上等于其瞬时值在一个周期上的"方均根"。所谓方均根，是指"先平方，再积分求平均，最后开根号"的运算结果。

交流电压有效值的概念与上述交流电流有效值的概念类似。

将式(1.3-3)代入式(1.3-5)，可得交流电流的有效值与其振幅值的关系为

$$I = \sqrt{\frac{1}{T}\int_0^T I_{\mathrm{m}}^2\sin^2(\omega t + \varphi)\,\mathrm{d}t} = \frac{I_{\mathrm{m}}}{\sqrt{2}} \tag{1.3-6a}$$

同理可得交流电压的有效值与其振幅值的关系为

$$U = \sqrt{\frac{1}{T}\int_0^T U_{\mathrm{m}}^2\sin^2(\omega t + \varphi)\,\mathrm{d}t} = \frac{U_{\mathrm{m}}}{\sqrt{2}} \tag{1.3-6b}$$

这样，式(1.3-3)和式(1.3-4)就可变为

$$i(t) = \sqrt{2}\,I\sin(\omega t + \varphi) \tag{1.3-7}$$

$$u(t) = \sqrt{2}\,U\sin(\omega t + \varphi) \tag{1.3-8}$$

在生活和生产中常见的 220 V 和 380 V 交流电压指的就是有效值。为便于分析，规定：

"有效值""频率""初相"为交流电的"三要素"。

需要说明的是：

(1) 字母 I 和 U 既可表示直流电流和直流电压，也可表示交流电流和交流电压的有效值。

(2) 因正弦信号和余弦信号的变化规律相同，所以在电子及通信领域可将它们统称为

"正弦型信号"。若不作说明，后面出现的正弦信号均指正弦型信号。

（3）正弦交流电也可用余弦形式表示。因为在初相上余弦波形比正弦波形超前90°，所以，在交流电路分析中，若规定正弦形式为标准式，则以余弦形式出现的交流电就要转化为正弦形式，即 $\cos(\omega t \pm \varphi) = \sin[\omega t + (90° \pm \varphi)]$；若规定余弦形式为标准式，则以正弦形式出现的交流电就要转化为余弦形式，即 $\sin(\omega t \pm \varphi) = \cos[\omega t - (90° \mp \varphi)]$。比如，式(1.3-3)和式(1.3-4)用余弦形式可表示为

$$i(t) = I_m \cos[\omega t - (90° - \varphi)] \qquad (1.3-9)$$

$$u(t) = U_m \cos[\omega t - (90° - \varphi)] \qquad (1.3-10)$$

两种形式间的转换在"信号与系统"和"通信原理"等课程中绘制"相频谱"时会用到。

为避免产生歧义，本书以正弦函数表达式作为交流电的标准式。

1.3.3　直流电路和交流电路

在本课程中，定义：

直流电路：对直流电流和电压进行处理或变换的电路。

交流电路：对交流电流和电压进行处理或变换的电路。

为便于后续"信号与系统"课程的学习，这里给出直流/交流信号处理电路在系统概念下的示意图，如图1-10所示，图中的系统可以是多激励和多响应系统。

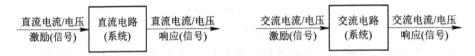

图 1-10　直流系统和交流系统示意图

1.4　电阻、电感、电容及其模型

一个实际电路就是一个实物系统，如果不对其进行抽象、概括及提炼，就很难在理论上进行电路的研究、设计、分析及计算。

由于构成电路的要素是元件（设备也是由元件构成的）和导线，因此，必须将各种元件（电源也可认为是一种元件）和导线抽象为某种图形（元件电路模型），并根据实际电路的连接方式及规则用线段（导线的电路模型）将各元件图形连接起来，形成纸面上的电路图形（电路模型）。这样，就可以"纸上谈兵"，大大降低电路分析的难度。

因本课程的电路元件主要是电阻、电感和电容，所以，下面分别介绍它们的基本物理特性及根据它们的物理特性抽象出来的数学模型，同时给出相应的电路模型。

元件数学模型：能够反映元件物理特性的数学表达式。

元件电路模型：能够标识元件的图形。

1.4.1　电阻器及其模型

电荷在物体中移动时会出现受阻现象，即物体都有阻碍电流的特性。

人们把物体阻碍电流的能力（作用）称为"电阻"，并用"电阻值"表示这种能力的大小。

在温度一定的情况下，任何一种材料做成柱体(比如圆柱体)的电阻值 R 可由公式

$$R = \rho \frac{l}{A} \tag{1.4-1}$$

确定。式中，ρ 为材料电阻率，l 为柱体长度，A 为柱体横截面积。

表 1-1 给出了常温下几种常见材料的电阻率，以便读者查用。

表 1-1　常温下几种常见材料的电阻率

材料名称	电阻率/(Ω·m)	用途	材料名称	电阻率/(Ω·m)	用途
银	1.64×10^{-8}	导体	硅	2.52×10^{-4}	半导体
铜	1.72×10^{-8}	导体	碳	4.0×10^{-5}	半导体
金	2.45×10^{-8}	导体	纸张	1.0×10^{10}	绝缘体
铝	2.83×10^{-8}	导体	云母	5.0×10^{11}	绝缘体
锗	0.47	半导体	玻璃	1.0×10^{12}	绝缘体

电阻器(简称电阻)是一种专门用于限制电流的元件，常用字母 R 或 r 表示，主要参数是阻值和功率。阻值的常用单位是"欧姆(Ω)""千欧姆(kΩ)""兆欧姆(MΩ)"，它们的换算关系为 $1 \text{ M}\Omega = 10^3 \text{ k}\Omega = 10^6 \text{ }\Omega$。通常，用数字或不同颜色的色环将阻值印制在电阻表面上。功率可间接表示电阻在电路中能够承受的最大电流值或电压值，常用的是 1/8 W、1/4 W、1/2 W、1 W 电阻。功率越大，电阻的体积越大。

根据不同标准，电阻有多种分类。

(1) 根据材质的不同，电阻可分为线绕电阻、水泥电阻、碳膜电阻和金属膜电阻等。常见的是碳膜电阻和金属膜电阻。

(2) 根据阻值是否可变，电阻可分为固定电阻和可变电阻。固定电阻为二端元件，而可变电阻一般是三端元件。

(3) 根据影响阻值的因素不同，电阻可分为气敏电阻、光敏电阻、热敏电阻和压敏电阻等。这些电阻实际上常作为传感器使用。

图 1-11 为常用电阻的实物及电路模型。

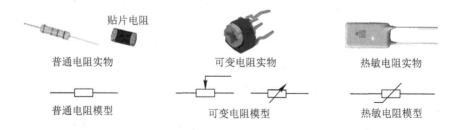

图 1-11　常用电阻的实物及电路模型

在电路中，电阻的端电压 $u_R(t)$ 和流过电阻的电流 $i_R(t)$ 在图 1-12(a)所示的关联方向下，与其阻值 R 满足由德国物理学家乔治·西蒙·欧姆(Georg Simon Ohm)于 1826 年发现的欧姆定律。

欧姆定律：电阻两端的电压与流过该电阻的电流成正比，即

$$u_R(t) = R i_R(t) \tag{1.4-2}$$

若 $u_R(t)$ 与 $i_R(t)$ 的参考方向为非关联，则式（1.4-2）变为

$$u_R(t) = -Ri_R(t) \qquad (1.4-3)$$

欧姆定律说明，在关联方向下，一个电阻的端电压与流过它的电流满足线性关系——一条过原点且位于第一、三象限的直线，直线斜率是电阻的阻值，如图 1-12(b) 所示。这种关系被称为电阻的数学模型或外特性，也称为伏安特性，常用 VCR 表示。

通过研究，人们给出了理想电阻的电路模型，如图 1-12(a) 所示。该模型只描述了电阻器的电阻特性，忽略了其实际存在的电感和电容效应，而这正是集中参数元件特性的体现。

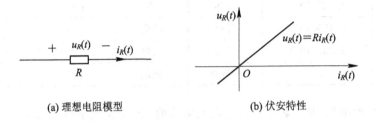

(a) 理想电阻模型   (b) 伏安特性

图 1-12　理想电阻模型及电阻的伏安特性

为便于理解和分析，常把电阻的倒数定义为"电导"，用字母 G 或 g 表示，即

$$G = \frac{1}{R} \qquad (1.4-4)$$

电导表示物体对电流的导通能力，其单位为"西门子(S)"。

基于电导的概念，欧姆定律可写为另一种形式：

$$i_R(t) = Gu_R(t) \qquad (1.4-5)$$

对于直流电路而言，电阻的端电压 $u_R(t)$ 及流过电阻的电流 $i_R(t)$ 均与时间无关，即 $u_R(t) = U_R$，$i_R(t) = I_R$，则式（1.4-2）和式（1.4-5）可分别改写为

$$U_R = RI_R \qquad (1.4-6)$$

$$I_R = GU_R \qquad (1.4-7)$$

因此，图 1-12 也适合直流电路，即电阻的交、直流数学模型和电路模型是一样的。

电阻的基本功能是调节电路中的电流大小，如同一个阀门调节管路中的气流或水流大小。它在电路中主要用于降压、限流、分压、分流、阻抗变换、电流信号与电压信号的相互转换。

由欧姆定律可知，若给电阻通以电流，则其两端必然产生电压，若给电阻两端施加电压，则必定产生流过电阻的电流，即电阻具有当前"输出"仅取决于当前"输入"而与以前或以后的输入无关的"即时特性"或"无记忆特性"。另外，无论是在直流还是交流电路中，电阻都会通过发热消耗电能，比如电炉、电热毯和电吹风都是以此原理工作的。因此，可认为：

电阻是一种即时元件、无记忆元件、无储能元件、静态元件、耗能元件。

电阻的应用非常广泛，在一般的电子产品中，电阻可以占元件总数的 40% 左右。

需要说明的是，厂家不是什么阻值的电阻器都生产，而是按一定标准只生产一些特定阻值的电阻器。其中，基础阻值称为标称值，其余的称为序列值。把标称值按 10 的倍数依次扩大即可得到序列值，比如：标称值 1.1 Ω，其序列值为 11 Ω、110 Ω、1100 Ω 等。表 1-2 给出了精度为 5% 的碳膜电阻的标称值(E24 系列，指在数字 1～10 之间有 24 个取值)。

表 1-2　精度为 5% 的碳膜电阻(E24 系列)标称值(单位：Ω)

24 个	1.0	1.1	1.2	1.3	1.5	1.6	1.8	2.0	2.2	2.4	2.7	3.0
标称值	3.3	3.6	3.9	4.3	4.7	5.1	5.6	6.2	6.8	7.5	8.2	9.1

从表中可见，市场上没有 4 Ω、5 Ω、6 Ω、7 Ω、8 Ω、10 Ω 等阻值及对应按 10 的倍数变化的电阻。具体应用中，只能选取最接近标称值的电阻。

1.4.2　电感器及其模型

电感器(简称电感)由导线围绕磁芯或空芯绕制而成，通常也是一个二端元件，用字母 L 表示。常用电感的实物及电路模型见图 1-13，可用这些模型表示的电感称为理想电感。

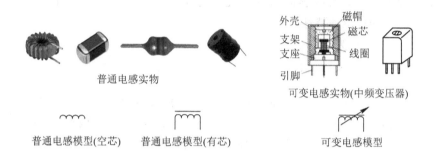

图 1-13　常用电感的实物及电路模型

电感的主要参数是可衡量其储能或对交流电流阻碍作用大小的物理量——电感量，也用字母 L 表示，常用的单位是"亨利"(简称"亨")、"毫亨"和"微亨"，分别用字母"H""mH""μH"表示，它们的换算关系为 $1 \text{ H} = 10^3 \text{ mH} = 10^6 \text{ μH}$。单位"亨利"是为了纪念美国物理学家约瑟夫·亨利(Joseph Henry)而命名的。电感量标称值也符合上述电阻标称值采用的 E 系列标准。

因线圈匝数不易改变，即电感量不易改变，所以，实际应用中的电感多为固定电感。若想改变电感量，最简单的方法就是改变电感磁芯的位置，如图 1-13 所示的中频变压器就是通过旋拧磁帽，改变其与线圈的相对位置，以达到改变电感量的目的。

若设电感的电感量为 L、穿过电感的磁链为 $\Psi(t)$、流过电感的电流为 $i_L(t)$，则在满足关联方向的前提下(见图 1-14(a))，三者具有如下关系：

$$\Psi(t) = Li_L(t) \qquad (1.4-8)$$

式中，$\Psi(t)$ 的单位是"韦伯(Wb)"，L 的单位是"亨"，$i_L(t)$ 的单位是"安"。该式就是电感的

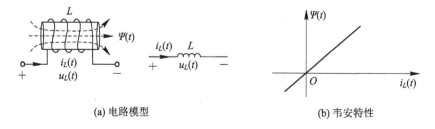

(a) 电路模型　　　　　　　　　　(b) 韦安特性

图 1-14　电感的电路模型及韦安特性

一种外特性，称为"韦安特性"，可用图 1-14(b)描述。

根据电磁感应原理可知，变化的电流 $i_L(t)$ 会在线圈两端产生感应电压 $u_L(t)$，即有

$$u_L(t) = \frac{\mathrm{d}\Psi(t)}{\mathrm{d}t} = L\frac{\mathrm{d}i_L(t)}{\mathrm{d}t} \tag{1.4-9}$$

式(1.4-9)说明，电感上的电压与电流呈微分关系，任何一个时刻的电感电压不是像电阻一样取决于该时刻电流的大小，而是由该时刻电流的变化率决定。电流变化越快，电压就越大。这个特性称为"动态特性"，电感也因此称为"动态元件"。同时，式(1.4-9)也说明电感电流不能突变，因为若 $i_L(t)$ 突变，则其导数不存在，即电压 $u_L(t)$ 不存在。若电流 $i_L(t)$ 不变化，即为直流，则电压 $u_L(t)=0$，此时，电感可等效为一根"短路"线，也就是说，电感具有"通直流"特性。所谓短路，是指电路的电阻为零。

式(1.4-9)就是根据电感的物理特性提炼出的数学模型，称为电感的"伏安特性(VCR)"，是常用的电感外特性。

将式(1.4-9)变形为

$$i_L(t) = \frac{1}{L}\int_{-\infty}^{t} u_L(\tau)\mathrm{d}\tau \tag{1.4-10}$$

可见，任一时刻 $t=t_i$ 的电流 $i_L(t_i)$ 的大小不但与该时刻的电压 $u_L(t_i)$ 有关，还与 $-\infty \to t_i$ 时间段内的所有 $u_L(t)$ 值有关，即 $i_L(t)$ 与 $u_L(t)$ 的全部历史有关。因此，电感具有记忆作用，也称为"记忆元件"。该式也可当作电感伏安特性的另一种形式。

式(1.4-10)可进一步写成

$$i_L(t) = \frac{1}{L}\int_{-\infty}^{0_-} u_L(\tau)\mathrm{d}\tau + \frac{1}{L}\int_{0_-}^{t} u_L(\tau)\mathrm{d}\tau = i_L(0_-) + \frac{1}{L}\int_{0_-}^{t} u_L(\tau)\mathrm{d}\tau \tag{1.4-11}$$

式中，

$$i_L(0_-) = \frac{1}{L}\int_{-\infty}^{0_-} u_L(\tau)\mathrm{d}\tau \tag{1.4-12}$$

称为电感电流的起始值或起始状态，反映了在 $t=0_-$ 时刻电感上已经积累的电流情况。

在图 1-14(a)的关联方向下，电感吸收的瞬时功率为

$$p_L(t) = u_L(t)i_L(t) \tag{1.4-13}$$

若 $p_L(t)>0$，则表明电感从电源中吸收电能并转化为磁能储存起来（充电）；若 $p_L(t)<0$，则表明电感将储存的磁能再转化成电能返给电源（放电）。电感的充、放电过程就是与电源进行能量交换的过程。因为电感模型中没有电阻分量，所以电感本身并不耗能，是一种"储能元件"。

注意：电感的充电/放电过程本质上应该是充磁/放磁过程。

电感从初始时刻 t_0 到 t 时刻吸收的能量为

$$w_L(t) = \int_{t_0}^{t} p_L(\tau)\mathrm{d}\tau = \int_{t_0}^{t} u_L(\tau)i_L(\tau)\mathrm{d}\tau = \frac{1}{2}L[i_L^2(t) - i_L^2(t_0)] \tag{1.4-14}$$

如果电感的初始电流 $i_L(t_0)=0$，则

$$w_L(t) = \frac{1}{2}Li_L^2(t) \tag{1.4-15}$$

可见，电感储存的能量 $w_L(t)$ 大于等于零，且只与流过电感的电流有关而与其端电压无关。因此，式(1.4-15)也说明电感是一种储能元件。

【例 1-1】　设通过一个 0.1 H 的电感的电流为 $i_L(t)=10te^{-5t}$ A，求该电感的端电压及储能值。

解　由式(1.4-9)可得

$$u_L(t) = L\frac{di_L(t)}{dt} = 0.1\frac{d(10te^{-5t})}{dt} = (1-5t)e^{-5t}\text{ V}$$

由式(1.4-15)可得

$$w_L(t) = \frac{1}{2}Li_L^2(t) = \frac{1}{2}\times 0.1\times 100t^2 e^{-10t} = 5t^2 e^{-10t}\text{ J}$$

综上所述，有以下结论：

(1) 电感具有"动态""记忆""储能"三个特性。因此，可认为：

电感是一种动态元件、记忆元件、储能元件。

(2) 电感在电路中的主要作用有三个：储能、滤波(移相)、信号变换。

比如，收音机和电视机的"选台"功能就是利用谐振，即电感和电容的滤波特性完成的；汽油发动机的点火任务就是利用电感的储能特性完成的。

(3) 在直流电路中，电感相当于一根电阻为零的导线。

(4) 在交流电路中，电感多用于滤波(移相)。

(5) 电感因其动态特性常用于信号处理或变换。

1.4.3　电容器及其模型

电容器(简称电容)由两块平行金属板及中间的绝缘介质构成，通常也是一个二端元件，用字母 C 表示。常用电容器实物及电路模型见图 1-15，可用这些模型表示的电容称为理想电容。

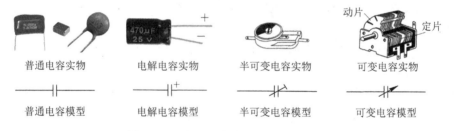

图 1-15　常用电容器实物及电路模型

电容的主要参数是可衡量其储能或对交流电流阻碍作用大小的物理量——电容量，也用字母 C 表示。常用的单位是"法拉第"(为纪念英国科学家迈克尔·法拉第(Michael Faraday)而命名，简称"法(F)")、"微法(μF)"和"皮法(pF)"，它们的换算关系为 1 F＝10^6 μF＝10^{12} pF。电容也按标称值取值且符合表 1-2 给出的 E24 系列标准。

在应用中，我们还关心电容的另一个参数，即表示电容能够承受最大直流电压大小的物理量——额定工作电压(耐压值)，其常用单位是伏(V)或千伏(kV)。实践中，通常要保证选用电容的耐压值是其实际工作电压的两倍以上。

根据电介质材料的不同，电容可分为纸介电容、瓷片电容、云母电容、涤纶电容、聚丙烯电容等。

根据是否有极性，电容可分为无极性普通电容和有极性的电解电容。普通电容包括固定电容、半可变电容和可变电容。

电容器的容量改变比较容易，通常是通过改变两块平行金属板的重叠面积来实现的。

若设电容的电容量为 C，施加在其两端的电压为 $u_C(t)$，聚集在两块金属板上的电荷分别为 $+q$ 和 $-q$，则在满足关联方向的前提下(见图 $1-16$(a))，三者具有如下关系：

$$q(t) = Cu_C(t) \tag{1.4-16}$$

式中，电荷量 $q(t)$ 的单位是"库"，电容量 C 的单位是"法"，电压 $u_C(t)$ 的单位是"伏"。该式是电容的一种外特性，称为"库伏特性"，可用图 $1-16$(b)描述。

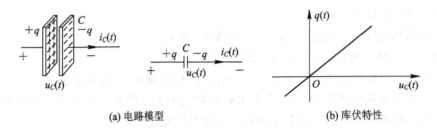

(a) 电路模型   (b) 库伏特性

图 $1-16$ 电容的电路模型及库伏特性

若电容的端电压 $u_C(t)$ 与通过电容的电流 $i_C(t)$ 满足图 $1-16$(a)的关联参考方向，则有

$$i_C(t) = \frac{\mathrm{d}q(t)}{\mathrm{d}t} = C\frac{\mathrm{d}u_C(t)}{\mathrm{d}t} \tag{1.4-17}$$

式(1.4-17)说明，电容上的电流与电压呈微分关系，任一时刻电容上的电流取决于该时刻的电压变化率，而与该时刻的电压大小无关，电压变化越快，电流就越大。显然，与电感类似，电容也具有"动态特性"，也称为"动态元件"。同时，式(1.4-17)也说明电容电压不能突变，因为若 $u_C(t)$ 突变，则其导数不存在，即电流 $i_C(t)$ 不存在。若电压 $u_C(t)$ 不变化，即为直流，则电流 $i_C(t)=0$，此时，<u>电容可等效为一根"开路"线，也就是说，电容具有"隔直流"特性</u>。所谓开路，是指电路的电阻为无穷大。

式(1.4-17)就是根据电容的物理特性提炼出的数学模型，称为电容的"伏安特性(VCR)"，是常用的电容外特性。

将式(1.4-17)变形为

$$u_C(t) = \frac{1}{C}\int_{-\infty}^{t} i_C(\tau)\mathrm{d}\tau \tag{1.4-18}$$

可见，任一时刻 $t=t_i$ 的电压 $u_C(t_i)$ 大小不但与该时刻的电流 $i_C(t_i)$ 有关，还与 $-\infty \to t_i$ 时间段内的所有 $i_C(t)$ 值有关，也就是说，$u_C(t)$ 与 $i_C(t)$ 的全部历史有关。因此，电容也具有记忆作用，也称为"记忆元件"。该式也可当作电容伏安特性的另一种形式。

式(1.4-18)可进一步写成

$$u_C(t) = \frac{1}{C}\int_{-\infty}^{0_-} i_C(\tau)\mathrm{d}\tau + \frac{1}{C}\int_{0_-}^{t} i_C(\tau)\mathrm{d}\tau = u_C(0_-) + \frac{1}{C}\int_{0_-}^{t} i_C(\tau)\mathrm{d}\tau \tag{1.4-19}$$

式中，

$$u_C(0_-) = \frac{1}{C}\int_{-\infty}^{0_-} i_C(\tau)\mathrm{d}\tau \tag{1.4-20}$$

称为电容电压的起始值或起始状态，反映了在 $t=0_-$ 时刻电容上已经积累的电压情况。

在图 $1-16$(a)的关联方向下，电容吸收的瞬时功率为

$$p_C(t) = u_C(t)i_C(t) \qquad (1.4-21)$$

若 $p_C(t) > 0$，则表明电容从电源中吸收电能并储存起来（充电）；若 $p_C(t) < 0$，则表明电容将储存的电能返给电源（放电）。电容的充、放电过程也是与电源进行能量交换的过程。因为电容模型中没有电阻分量，所以电容不消耗能量，也是一种"储能元件"。

电容从初始时刻 t_0 到 t 时刻吸收的电能量为

$$w_C(t) = \int_{t_0}^{t} p_C(\tau)\mathrm{d}\tau = \int_{t_0}^{t} u_C(\tau)i_C(\tau)\mathrm{d}\tau = \frac{1}{2}C[u_C^2(t) - u_C^2(t_0)] \qquad (1.4-22)$$

如果电容的初始电压 $u_C(t_0) = 0$，则

$$w_C(t) = \frac{1}{2}Cu_C^2(t) \qquad (1.4-23)$$

可见，电容储存的能量 $w_C(t)$ 大于等于零，且只与电容的端电压有关而与其电流无关。因此，式(1.4-23)也说明电容是一种储能元件。

【例 1-2】　一个 $200\ \mu F$ 电容上的电压如图 1-17(a)所示，求通过该电容的电流。

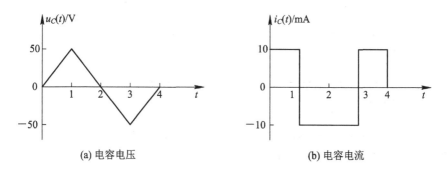

(a) 电容电压　　　　　　　　　　　　(b) 电容电流

图 1-17　例 1-2 图

解　根据图 1-17(a)，电容电压可写为

$$u_C(t) = \begin{cases} 50t & 0 < t \leqslant 1 \\ 100 - 50t & 1 < t \leqslant 3 \quad \text{V} \\ -200 + 50t & 3 < t \leqslant 4 \end{cases}$$

根据式(1.4-17)可得电容电流为

$$i_C(t) = C\frac{\mathrm{d}u_C(t)}{\mathrm{d}t} = 200 \times 10^{-6} \times \begin{cases} 50 & 0 < t \leqslant 1 \\ -50 & 1 < t \leqslant 3 = \\ 50 & 3 < t \leqslant 4 \end{cases} \begin{cases} 10 & 0 < t \leqslant 1 \\ -10 & 1 < t \leqslant 3 \quad \text{mA} \\ 10 & 3 < t \leqslant 4 \end{cases}$$

其波形见图 1-17(b)。

综上所述，有以下结论：

(1) 电容具有"动态""记忆""储能"三个特性。因此，可认为：
电容是一种动态元件、记忆元件、储能元件。

(2) 电容在电路中的主要作用有四个：储能、滤波(移相)、耦合(隔直流通交流)、信号变换。

比如，一些 IC 卡就是利用电容储能特性为其短时间供电，而电容的电能来自读卡器的无线充电；利用超级电容作为电源的短途电动汽车(公交车)也是典型的应用实例。

(3) 在直流电路中，电容相当于一根电阻为无穷大的开路线。

（4）在交流电路中，电容多用于滤波（移相）和信号耦合。

（5）电容因其动态特性常用于信号处理或变换。

1.4.4　电感与电容的特性对比

通过上述分析不难发现，电感和电容是一对"对偶"元件。

为了便于读者对比、记忆和查用，表 1-3 给出了电感和电容的主要特性。

表 1-3　电感和电容的主要特性

元件	电路模型	外特性	动态特性	记忆特性	储能特性
电感	$i_L(t)$　L　$u_L(t)$	$\Psi(t)$ 对 $i_L(t)$	$u_L(t) = L\dfrac{di_L(t)}{dt}$	$i_C(t) = \dfrac{1}{L}\displaystyle\int_{-\infty}^{t} u_L(\tau)\,d\tau$	$w_L(t) = \dfrac{1}{2}Li_L^2(t)$
电容	$+q$　C　$-q$　$i_C(t)$　$u_C(t)$	$q(t)$ 对 $u_C(t)$	$i_C(t) = C\dfrac{du_C(t)}{dt}$	$u_C(t) = \dfrac{1}{C}\displaystyle\int_{-\infty}^{t} i_C(\tau)\,d\tau$	$w_C(t) = \dfrac{1}{2}Cu_C^2(t)$

1.4.5　线性元件的概念

本课程讨论、分析的是由线性电阻、电感和电容构成的线性电路。

线性电阻：满足 $u_R(t) = Ri_R(t)$ 伏安特性的电阻。

线性电感：满足 $\Psi(t) = Li_L(t)$ 韦安特性的电感。

线性电容：满足 $q(t) = Cu_c(t)$ 库伏特性的电容。

若从"电感电压与电流变化率"和"电容电流与电压变化率"的关系上看，$u_L(t) = L\dfrac{di_L(t)}{dt}$ 和 $i_C(t) = C\dfrac{du_C(t)}{dt}$ 的波形也是直线，则这两个伏安特性也可作为线性电感和线性电容的认定条件。

由于 RLC 元件的端电压与流过它的电流的关系（VCR）约束了元件上的电压与电流的变化行为，因此，$u_R(t) = Ri_R(t)$、$u_L(t) = L\dfrac{di_L(t)}{dt}$ 和 $i_C(t) = C\dfrac{du_C(t)}{dt}$ 是电路分析中必不可少的理论依据。我们用图 1-18 给出三种线性元件之间的关系。

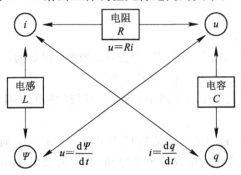

图 1-18　三种线性元件之间的关系

1.5 电源及其模型

1.5.1 电源的概念及分类

电源：能够产生并输出电能的装置或设备。

电源在电路中可看作一个有源元件。

依照不同标准，电源有多种分类。

（1）根据电流的变化特性，电源可分为直流电源和交流电源。

（2）根据是否含有内阻，电源可分为理想电源和实际电源。

（3）根据输出是电压还是电流，电源可分为电压源和电流源。

（4）根据输出是否被电路中其他参数所控制，电源可分为受控电源和独立电源。

当然，电源的种类不止这些，但上述各种电源都是本课程中会出现的常用电源。

1.5.2 直流电源和交流电源

1. 直流电源

直流电源：能够产生并输出直流电能的装置或设备。

常见的直流电源有两种，一种是电池，另一种是将市电（交流电）变换为直流电的"变换设备"，即"直流稳压电源"或"电源适配器"。

干电池是我们最熟悉的一种直流电源，因其内部电解质是一种不能流动的糊状物而得名。干电池输出电能的基本原理如下：

（1）电池内部物质的化学反应会在电池正极板积聚大量正电荷，在负极板积聚与正电荷等量的负电荷，从而在正、负极板之间建立起电场，出现电位差（电压）。

（2）当外电路把正、负极连接起来时，聚集在正极的正电荷就会在电场力的作用下，沿着外电路"跑"到电池的负极。

（3）到达负极的正电荷又在化学力作用下，在电池内部从负极返回正极。

这样，在电池与外电路构成的回路中就会有不断流动的正电荷，也就是电流。电流在外电路中会做功，意味着电池输出了电能。

由上述（3）可知，为维持电路中的电流不断，在电池内部要由非电场力（化学能）将从外电路返回负极的正电荷"搬移"到正极。为衡量电池这种搬移能力的大小，给出如下定义：

电动势：电池将单位正电荷由负极搬移到正极所做的功。

电池电动势一般用字母 E 表示，单位与电压相同，在数值上等于电池的开路端电压 U，但与端电压方向相反，端电压的方向从正极指向负极，而电动势的方向从负极指向正极，或者说，电动势的方向是"电位升"的方向。

干电池工作原理示意图见图 1-19(a)，这与水塔要保证为用户连续供水就必须借助非重力场力（比如电力驱动的水泵）将水从地下提升到水塔储水罐中的原理是一样的。

电池内部搬移电荷的能力（电动势）是有限的，这种能力的衰竭，也就意味着电池寿命的终结。电池的"没电"现象在内部通常就体现在内阻的增大上，也就是内部电荷移动的难度变大，显然，内阻越大，可输出的电流就越小。

人们在生活及工作中常用的电池除干电池外，还有纽扣电池、手机电池、汽车电瓶(蓄电池)等，见图1-19(b)，它们的工作原理与干电池类似，这里不再赘述。

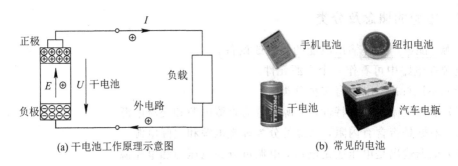

(a) 干电池工作原理示意图　　(b) 常见的电池

图1-19　干电池工作原理示意图及常见的电池

在实际应用中，主要需要了解电池的"标称电压"和"电池容量"这两个参数。"标称电压"就是电池的开路端电压，在数值上等于电动势，比如，常见的干电池的标称电压是1.5 V，汽车电瓶的标称电压是12 V等。"电池容量"反映电池能够正常使用的时间，用"安时(A·h)"或"毫安时(mA·h)"表示，比如一节干电池的容量为500 mA·h，表示理论上电池以500 mA的电流放电能够持续1小时，如果实际放电电流为250 mA，则理论上放电时间为2小时。

随着科技和经济的发展，人们生活中又出现了一种直流电源——移动电源，俗称"充电宝"，其主要功能是为一些便携式电子设备，比如手机、平板电脑等充电。从本质上讲，它就是一个大容量的可充电电池(电池组)，使用时主要关注的参数也是标称电压和额定容量。

因为充电宝具有一定的危险性，所以，2014年中国民用航空局发布了《关于民航旅客携带"充电宝"乘机规定的公告》，其中规定"严禁携带额定能量超过160W·h的充电宝；携带额定能量超过100 W·h但不超过160 W·h的充电宝，必须经航空公司批准且不得超过两个"。这里出现了一个新概念——额定能量。

额定能量：电池(电池组)的额定容量乘电池(电池组)的标称电压，以W·h为单位。

假设你买了一块标称电压为3.7 V、额定容量为20 000 mA·h的充电宝，则其额定能量为3.7 V×20 000 mA·h=3.7 V×20 A·h=74 W·h<160 W·h，因此，你可以带它乘坐飞机。

需要强调的是，废旧电池千万不能随意丢弃！因为废旧电池潜在的污染非常严重，如果随意丢弃，其内含的大量废酸、废碱等电解质溶液和镉、铅、汞等重金属物质会破坏水源，侵蚀庄稼和土地，直接或间接威胁人类的健康与生存。

直流稳压电源(见图1-20)的原理是这样的：

(1)降压。通常我们需要的直流电源电压都小于市电电压220 V，因此，必须通过变压器将220 V市电降到所需的电压附近，一般不能低于所需电压。

(2)整流。变压器输出的低压电仍然是交流电，因此，必须通过二极管构成的"整流"电路，将其变换为"脉动"直流电。

(3)滤波。整流器输出的"脉动"直流电要通过主要由电容构成的滤波器变为大小基本

"恒定"的直流电。

(4) 稳压。由稳压管等元件构成的稳压器可将滤波器输出的直流电压稳定在某一个数值上(负载所需电压值),进一步提高输出的直流电压质量。

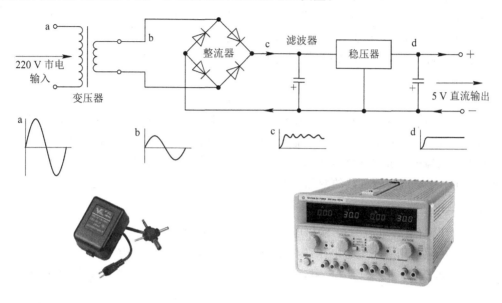

图 1-20 直流稳压电源及其原理图

2. 交流电源

交流电源:能够产生并输出交流电能的装置或设备。

生活中人们使用的交流电源主要是来自发电厂的 380 V 工业用电和 220 V 民用市电,而在电路的设计、测试及维修过程中,人们会使用一种由振荡电路产生交流波形的交流信号源。

1.5.3 理想电压源和实际电压源

1. 理想电压源

理想电压源:输出电压不随负载变化的无内阻电源。

理想电压源是一个二端元件,它的电路符号如图 1-21(a)所示(该符号既可表示交流电压源,也可表示直流电压源),其输出电压为

$$u = u_S(t) \tag{1.5-1}$$

式(1.5-1)表明,理想电压源的输出电压是一个时间函数,其大小与负载无关。

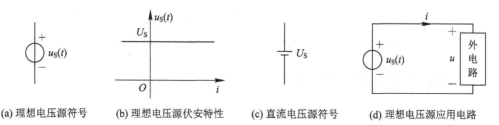

(a) 理想电压源符号　　(b) 理想电压源伏安特性　　(c) 直流电压源符号　　(d) 理想电压源应用电路

图 1-21 理想电压源及其特性和应用示意图

若电源在所有时刻的输出电压均为常数且不随电流的变化而变化，即 $u=u_S(t)=U_S$，其伏安特性如图 1-21(b)所示，则这种电压源称为直流电压源或恒压源，其符号见图 1-21(c)，通常，电池就用这种符号表示。

若 $u_S(t)$ 为一交流电压源，则其两端的"＋"和"－"只能说明某一时段的电压符合这个极性，没有实际意义，可认为是分析计算时假设的电源电压正方向。

理想电压源对外电路(负载)的供电连接见图 1-21(d)。此时($u_S(t)$ 与 i 为非关联方向)，电压源功率为

$$p=u_S(t)i \tag{1.5-2}$$

若计算出的 p 为正值，则表示电压源是一个产能元件，输出能量(功率)；若 p 为负值，则表示电压源是一个耗能元件，消耗能量(功率)，此时，外电路对电压源充电。

理想电压源可以放出或吸收无穷大的能量，但只存在于理论研究中，其使用特点是输出电压恒定，输出电流随负载的变化而变化。

2. 实际电压源

实际电压源(有伴电压源)：输出电压不随负载变化的有内阻电源。

实际电压源可用一个理想电压源与一个电阻串联结构描述，如图 1-22(a)所示，其中 $u_S(t)$ 是理想电压源，R_0 是等效内阻，其值通常很小。据此可得实际电压源的电压与电流的关系为

$$u=u_S(t)-R_0 i \tag{1.5-3}$$

可见，当 $i=0$，即实际电压源两端开路时，$u=u_S(t)$ 为实际电压源的开路电压；当 $u=0$，即实际电压源两端短路时，短路电流为 $i=u_S(t)/R_0$。这样，就可得出实际电压源的伏安特性，如图 1-22(b)所示。显然，内阻 R_0 越小，伏安特性越平坦，实际电压源的特性就越接近理想电压源。由于 R_0 一般都很小，在负载短路状态下，产生的短路电流 $i=u_S(t)/R_0$ 会很大，短时间内有可能烧坏电压源，因此，实际使用时，千万不能将电压源短路。另外，需要注意的是，电源内阻通常可用 R_0、R_S 或 R_i 表示，本书统一使用 R_0。

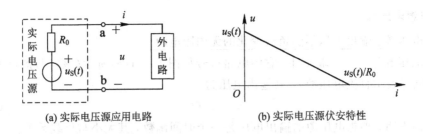

(a) 实际电压源应用电路　　　　　　　(b) 实际电压源伏安特性

图 1-22　实际电压源及其特性示意图

平常使用的各类电池和 220 V 电源插座都是实际电压源的实例。

1.5.4　理想电流源和实际电流源

1. 理想电流源

理想电流源：输出电流不随负载变化的无内阻电源。

理想电流源也是一个二端元件，它的电路符号如图 1-23(a)所示(该符号既可表示交流电流源，也可表示直流电流源)，其输出电流为

$$i = i_S(t) \qquad (1.5-4)$$

式(1.5-4)表明，理想电流源的输出电流是一个时间函数，其大小与负载无关。

若电源在所有时刻的输出电流均为常数且不随电压的变化而变化，即 $i = i_S(t) = I_S$，其伏安特性如图 1-23(b)所示，则这种电流源称为直流电流源或恒流源，用 I_S 表示。

若 $i_S(t)$ 为一交流电流源，则表示其方向的"箭头"符号也没有实际意义，可认为是分析计算时假设的电流正方向。

理想电流源对外电路(负载)的供电连接见图 1-23(c)。

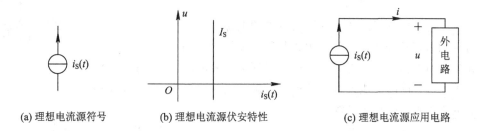

(a) 理想电流源符号　　　(b) 理想电流源伏安特性　　　(c) 理想电流源应用电路

图 1-23　理想电流源及其特性和应用示意图

类似电压源，在图 1-23(c)所示的电压与电流关联方向下，理想电流源的功率为

$$p = ui_S(t) \qquad (1.5-5)$$

若计算出的 p 为正值，则表示该电流源输出功率；若 p 为负值，则表示该电流源吸收功率，也就是外电路对电流源充电。

理想电流源可以放出或吸收无穷大的能量，但只存在于理论研究中，其使用特点是输出电流恒定，输出电压随负载的变化而变化。

2. 实际电流源

实际电流源(有伴电流源)：输出电流不随负载变化的有内阻电源。

实际电流源可用一个理想电流源与一个电阻并联结构描述，如图 1-24(a)所示，其中 $i_S(t)$ 是理想电流源，R_0 是等效内阻，其值通常很大。据此可得实际电流源的电压与电流的关系为

$$i = i_S(t) - \frac{u}{R_0} \qquad (1.5-6)$$

可见，当 $i=0$，即实际电流源 a、b 两端开路时，$u = R_0 i_S(t)$ 为实际电流源的开路电压；当 $u=0$，即实际电流源两端短路时，$i = i_S(t)$ 为实际电流源的短路电流。据此，可以得出实际电流源的伏安特性，如图 1-24(b)所示。显然，内阻 R_0 越大，伏安特性就越陡峭，也就越接近理想电流源特性。

生活中，独立恒流源比较少见，计算器上的光电池是一个典型实例。恒流源更多的是通过电压源转换得到(比如恒流充电器)或以受控源的形式出现在各种处理电路中。

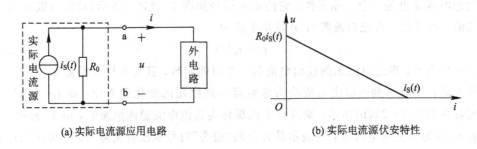

(a) 实际电流源应用电路　　　　　　　(b) 实际电流源伏安特性

图 1-24　实际电流源及其特性示意图

1.5.5　独立电源和受控电源

独立电源：自身可以产生并输出电能的电源。

常用的电源均属独立电源，比如各种电池、220 V 市电。

在实际电路的设计和分析中，还会遇到另一种电源——受控电源。

"独立电源"与
"受控电源"

受控电源：输出电能来自外部独立电源且电能的大小受外部电路参数控制的伪电源，简称受控源。

受控源是一个四端元件，有两个控制端(输入端)和两个受控端(输出端)，可看作一个双口网络。根据控制量和受控量的不同，受控源可分为四种类型，如图 1-25(a)所示。

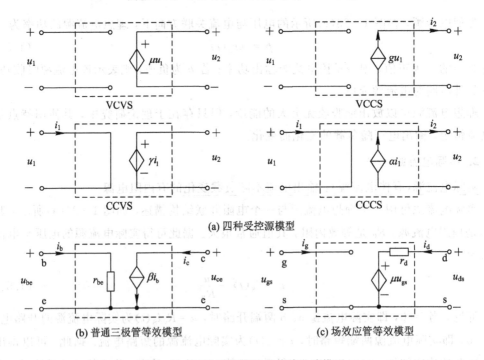

(a) 四种受控源模型

(b) 普通三极管等效模型　　　　　　　(c) 场效应管等效模型

图 1-25　四种受控源及晶体管电路模型

(1) 电压控制电压源(Voltage Controlled Voltage Source，VCVS)，其伏安特性为

$$u_2 = \mu u_1 \tag{1.5-7}$$

(2) 电压控制电流源(Voltage Controlled Current Source，VCCS)，其伏安特性为

$$i_2 = gu_1 \qquad (1.5-8)$$

（3）电流控制电压源（Current Controlled Voltage Source，CCVS），其伏安特性为

$$u_2 = \gamma i_1 \qquad (1.5-9)$$

（4）电流控制电流源（Current Controlled Current Source，CCCS），其伏安特性为

$$i_2 = \alpha i_1 \qquad (1.5-10)$$

式（1.5-7）至式（1.5-10）中，μ、g、γ 和 α 统称为控制系数。μ 无量纲，是电压控制电压源的转移电压比或电压放大倍数；g 具有电导量纲，是电压控制电流源的转移电导；γ 具有电阻量纲，是电流控制电压源的转移电阻；α 无量纲，是电流控制电流源的转移电流比或电流放大倍数。因为这四个系数都是常数，所以这四种受控源的控制端与受控端之间的关系都是线性时不变的，即这四种元件都是线性时不变元件。

"时不变"特性指响应不随激励接入系统时间的变化而变化的特性（详见《信号与系统》）。

受控源不是真正的能量源，只是为了更好地描述一些电子元件的特性而构造的一种虚拟模型，是一种借助图形反映元件内部参数之间关系的手段或方法，其本质是一种处理电路。

比如在模拟和数字电路中，三极管就可等效为 CCCS，如图 1-25(b)所示；场效应管可等效为 VCCS 或 VCVS，如图 1-25(c)所示。它们并不是真正的小信号放大元件（这不符合能量守恒定律），其"放大"的实质是用外部输入的小信号控制独立电源输出大信号，就像用一个小水流控制一个大水管的阀门，让大水管中的大水流随小水流的变化规律而变化。

1.6　电 路 模 型

在 1.4 节的元件模型的基础上，我们就可以讨论电路模型了，即俗称的"电路图"。

电路图：由各种电子元件模型（含设备模型）和线段按一定规则互连而成的可以反映实际电路物理特性的图形。

有了电路图，就可以"坐而论道"，在纸面上进行电路研究、设计及分析了。因此，本课程所有内容都建立在"电路图"之上。图 1-26 就是一个由电阻与电源构成的电路图实例。

"电路图"与"图"

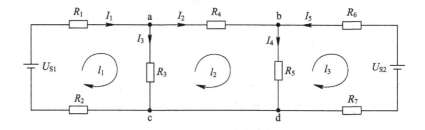

图 1-26　电阻电路模型（电路图）

这里需要介绍几个电路图术语。

（1）支路：由一个二端元件或多个二端元件串联而成的图形，通常用字母"b"表示。支路的特点是没有分岔，所有元件流过同一电流。比如图1-26中的R_3、R_4和R_5是单元件支路，而$R_1-R_2-U_{S1}$和$R_6-R_7-U_{S2}$就是多元件支路。在分析时，需要设置支路电流方向。

（2）节点：三条或三条以上支路的连接点，通常用字母"n"表示。比如图1-26中的"a"点和"b"点。因"c"点和"d"点由导线连接，故可合并为一个节点。

（3）路径：从一个节点出发，沿着一些支路连续移动到达另一个节点所经过的支路集合。若起点与终点相同，则称此路径为闭合路径。

（4）回路：电路中从一个节点出发，沿着一些支路连续移动又回到该节点的闭合路径，且途中没有一个节点是再次相遇的，通常用字母"l"表示。回路通常由多条支路构成，其特点是回路上各元件的电流可以相同也可以不同，回路内可以包含支路也可以不包含支路。比如图1-26中的$R_1-R_2-R_3-U_{S1}$和$R_3-R_4-R_6-R_7-U_{S2}$都是回路。

（5）网孔：平面网络中，内部没有支路的回路。比如图1-26中的$R_1-R_2-R_3-U_{S1}$、$R_3-R_4-R_5$和$R_5-R_6-R_7-U_{S2}$都是网孔，而回路$R_3-R_4-R_6-R_7-U_{S2}$中有支路R_5，因此不是网孔。显然，网孔必是回路，而回路不一定是网孔。通常，网孔个数小于回路个数。

这样，图1-26中包括5条支路、6个回路、3个网孔和3个节点。

从"物理电系统"到"理论电路图"或到一个"数学表达式"是一个从具体到抽象、从实践到理论的演变过程，这个过程称为"建立模型"，简称"建模"。比如，把手电筒抽象为电路图就是一个建模实例，如图1-27所示。

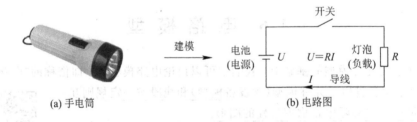

(a) 手电筒   (b) 电路图

图1-27　手电筒及其电路图

"建模"是人们从事科学研究的一种基本思路或方法，应用广泛，意义重大。

1.7　电路基本定律

能量守恒定律：能量既不会凭空产生，也不会凭空消失，它只能从一种形式转化为其他形式，或者从一个物体转移到另一个物体，在转化或转移的过程中，能量的总量不变。

"定律"通常认为是被实践和事实所证明，反映客观事物在一定条件下发展变化规律的陈述或论断，或者说是通过大量具体客观事实归纳而成的结论，是描述客观世界变化规律的表达式或文字。而"定理"是指通过逻辑证明为真的陈述或结论。

构建电路的目的就是要利用电能为人类服务，故电路也必须符合"能量守恒"定律。而电路中的能量守恒由基尔霍夫定律保证，即电路要在基尔霍夫定律的约束下工作。

德国物理学家古斯塔夫·罗伯特·基尔霍夫(Gustav Robert Kirchhoff)于 1845 年提出了著名的基尔霍夫电流定律和基尔霍夫电压定律，它们描述了电路中所有元件上的电流、电压应遵循的约束关系，是电路理论中最基本的定律，对线性/非线性、交流/直流、时变/非时变电路都适用。

1.7.1　基尔霍夫电流定律

基尔霍夫电流定律(KCL)：在任何一个时刻，流入任何一个节点(一个闭合界面)的电流代数和恒等于零，即

$$\sum_{k=1}^{N} i_k = 0 \qquad (1.7-1)$$

式中，N 为与该节点相连的支路数，i_k 为流入或流出该节点的第 k 条支路的电流。

若设流入节点的电流为 $i_{入}$，流出节点的电流为 $i_{出}$，则式(1.7-1)可改写为

$$\sum i_{入} = \sum i_{出} \qquad (1.7-2)$$

基尔霍夫电流定律也称为基尔霍夫第一定律，描述的是电路中任何一个节点上各支路电流之间的约束关系，其基础是电荷守恒定律。应用基尔霍夫电流定律时要注意以下两点：

(1) 对于式(1.7-1)，要设定电流的符号。通常，流入节点为正，流出节点为负。

(2) 对于式(1.7-2)，流入和流出节点的电流都为正。

比如，在图 1-26 中，对于节点 a，有 $I_1 - I_2 - I_3 = 0$ 或 $I_1 = I_2 + I_3$；对于节点 b，有 $I_2 + I_5 - I_4 = 0$ 或 $I_2 + I_5 = I_4$。

1.7.2　基尔霍夫电压定律

基尔霍夫电压定律(KVL)：在任何一个时刻，任何一个回路(一个闭合路径)中全部支路电压的代数和恒等于零，即

$$\sum_{k=1}^{M} u_k = 0 \qquad (1.7-3)$$

式中，M 为该回路中的支路数，u_k 为该回路中第 k 条支路的电压。

若设非电源元件上电压为 $u_{降}$，电源电动势为 $u_{升}$，则式(1.7-3)可改写为

$$\sum u_{降} = \sum u_{升} \qquad (1.7-4)$$

基尔霍夫电压定律也称为基尔霍夫第二定律，描述的是电路中任何一个回路上各元件电压之间的约束关系，其基础是能量守恒定律。应用基尔霍夫电压定律时要注意以下两点：

(1) 对于元件，若元件电压方向与回路方向一致，则电压取正值；反之，则电压取负值。

(2) 对于电源，在式(1.7-3)中，电源电压方向(由正极到负极)与回路方向一致时取正值，反之，取负值；在式(1.7-4)中，电源电动势方向(由负极到正极)与回路方向一致时取正值，反之，取负值。

比如，在图 1-26 中，对于回路 l_1，有 $U_{R1} + U_{R2} + U_{R3} - U_{S1} = 0$ 或 $U_{R1} + U_{R2} + U_{R3} = U_{S1}$；对于回路 l_2，有 $U_{R4} + U_{R5} - U_{R3} = 0$；对于回路 l_3，有 $U_{S2} - U_{R7} - U_{R6} - U_{R5} = 0$ 或 $U_{R7} + U_{R6} + U_{R5} = U_{S2}$。

1.8 电路分析的基本概念

1. 电路变量

在电路分析中,电压和电流是我们最关心的物理量,因此,把它们称为"电路基本变量",而把功率、效率、相位、阻抗、元件参数等可以通过基本变量计算得到的物理量称为"电路变量"。通常,二者可统称为"电路变量"。

2. 电路分析

"电路分析"指对主要由电阻、电感、电容构成的线性电路,在直、交流电(信号)或跳变信号激励下,进行电路变量求解并研究变量之间的关系及其对电路性能影响的过程或方法。

简言之,电路分析就是求解以电流和电压为主要变量(未知量)的 RLC 电路方程。

这里的"电路方程"主要指根据基尔霍夫定律和 RLC 元件伏安特性得到的包含电路变量(未知量)的代数方程和微分方程。

3. 电路分析要遵循的两个基本原则

(1) 元件的约束条件,比如电阻、电感和电容的伏安关系。

(2) 电路的约束条件,主要是基尔霍夫定律。

4. 电路分析的内容

"电路分析"课程以讨论信号处理电路的功能为主,具体内容包括:

(1) 分析由电阻构成的电路对直流电的处理功能,即"直流电路分析"。

(2) 分析由电阻、电感和电容构成的电路对交流电的处理功能,即"交流电路分析"。

(3) 分析由电阻、电感和电容构成的电路对跳变信号的处理功能,即"动态电路分析"。

后续的"模拟电路""数字电路"课程主要介绍有源线性处理电路,比如放大器、倍频器、调制器、存储器、触发器、运算放大器等的基本原理和分析方法。

5. 电路分析的方法

本课程介绍的电路分析方法主要是:

(1) 等效化简分析法,简称等效法。

(2) 基本定律分析法,简称定律法。

6. 学习电路分析的意义

(1) 作为一门现代生活常识课,"电路分析"课程可以帮助我们更好地生活和工作。

(2) 作为一门专业基础课,"电路分析"课程为后续的"模拟电路""数字电路""高频电路""信号与系统""通信原理""自动控制原理"等课程奠定了基础。

7. 常见用于构成十进倍数和分数单位的词头及其所表示的因数

为熟悉各种单位之间的换算,便于计算电路变量,表 1-4 给出常见用于构成十进倍数和分数单位的词头及其所表示的因数。

表 1 - 4　常见用于构成十进倍数和分数单位的词头及其所表示的因数

词头名称		词头符号	所表示的因数
英文	中文		
giga	吉	G	10^9
mega	兆	M	10^6
kilo	千	k	10^3
milli	毫	m	10^{-3}
micro	微	μ	10^{-6}
nano	纳	n	10^{-9}
pico	皮	p	10^{-12}

1.9　结　　语

综上所述,本章的主要内容可以用图 1 - 28 概括。

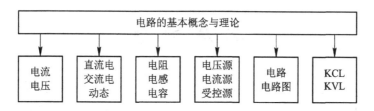

图 1 - 28　第 1 章主要内容示意图

1.10　小知识——接地

在各种电子设备或仪器的使用和维修中,常常会遇到一个重要问题:接地。

通常,家用电器、电子设备或仪器的电源线(插头)都有火线、零线和地线三根线。火线和零线是电能传输线,连接在用电器的输入端口,电流通过火线进入用电器,然后通过零线返回电源,完成电能从电源到用电器的传递。按照规范,用电器的电源开关要接在火线与用电器之间的线路上,以保证开关断开时,零线不带电。

生活中,有些用电器需要从金属外壳上引出一根导线接到用户区附近深埋于地下的金属导体上(地线),将因意外或故障引起的用电器外壳电流(漏电)导入地下。因为零线在发电厂也是接地的,所以"漏电流"可通过大地返回发电厂,从而避免流入人体造成人身伤害。可见,地线不参与电能传递,正常情况下,无论用电器是否工作,地线都不带电。

一般的用电器不用接地线,只接火线和零线即可正常工作,比如一些只配有两脚插头的电热毯、台灯、电剃须刀、充电器等小型用电器。有些用电器若不接地线就无法正常运行，其实是一种为保证使用者人身安全而设计的保护措施。

220 V市电是单相电，220 V电压指火线与零线间的电压。墙壁上的三孔插座中，左边孔是零线，右边孔是火线，即"左零右火"，中间是地线。当用电器的三脚插头背面对着自己时，其接线为"左零右火"。一般黄色或红色表示火线，蓝色或黑色是零线，黄绿相间的是地线。如果拆开插座，可以看到，有 L 标记的点接火线，有 N 标记的点接零线，地线有个专门的符号。图 1-29 给出了接地符号、市电插座及插头接线示意图。

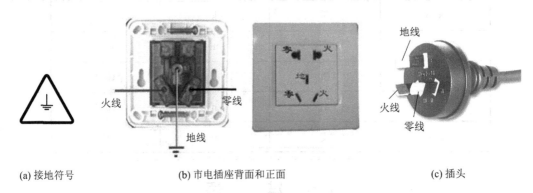

(a) 接地符号   (b)市电插座背面和正面   (c) 插头

图 1-29　接地符号、市电插座和插头接线示意图

综上所述，接地的目的是安全，接地的原理是分流。

本 章 习 题

1-1　为什么说电路中任意两点间形成电流的前提条件是两点间要有电压？

1-2　一个电阻的一端接在一个电源的正极，而另一端悬空，请问电阻中有电流吗？为什么？如果要让电阻中有电流，应该如何连接？

1-3　我们知道电阻的电路模型是一个矩形框，电感的是一段螺旋线，电容的是两段平行线，那么，它们的数学模型分别是什么？

1-4　一个 1 F 电容在某一时刻的端电压为 10 V，能否知道该时刻通过电容的电流值？为什么？

1-5　如果已知电容端电压为 $u=5t^2$，则题 1-4 的结果如何？

1-6　若一个电感的端电压为零，是否其储能也为零？若一个电容的电流为零，是否其储能也为零？

1-7　为什么一个理想电压源的端电压与其电动势大小相等、方向相反？

1-8　一个 1 μF 电容的端电压为 $u_C(t)=100\cos(1000t)$ V，求该电容电流 $i_C(t)$。

1-9　一个 10 μF 电容的电流为 $i_C(t)=10e^{-100t}$ mA，若 $u_C(0)=-10$ V，求该电容电压 $u_C(t)$。

1-10　波形如图 1-30(a)所示的电压加在图 1-30(b)电容上，求 $i_C(t)$ 并画出波形。

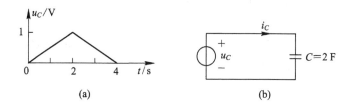

图 1 - 30 习题 1 - 10 图

1 - 11 波形如图 1 - 31(a)所示的电流加在图 1 - 31(b)电容上, 已知 $u_C(0)=0$, 求 $u_C(t)$并画出波形。

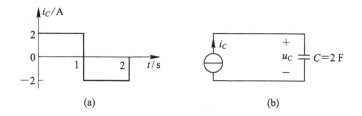

图 1 - 31 习题 1 - 11 图

1 - 12 设备的电流和电压方向如图 1 - 32 所示, 计算设备吸收或输出的功率。

图(a): $u=-2$ V, $i=1$ A; 图(b): $u=-3$ V, $i=2$A; 图(c): $u=2$ V, $i=-3$ A; 图(d): $u=10$ V, $i=5$ mA。

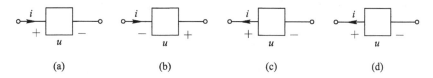

图 1 - 32 习题 1 - 12 图

(输出 2 W; 吸收 6 W; 吸收 6 W; 输出 0.05 W)

1 - 13 如图 1 - 33 所示电路中, 已知 $U_1=8$ V, $U_2=3$ V, $U_3=5$ V, $U_4=U_5=6$ V, $U_6=-9$ V, $U_7=14$ V, $I_1=1.2$ A, $I_2=-0.4$ A, $I_3=-1$ A, $I_4=1.6$ A, $I_5=0.8$ A, $I_6=1.4$ A, $I_7=2.2$ A, 求各元件的功率, 并判断是吸收功率还是输出功率, 同时验证能量守恒定律。

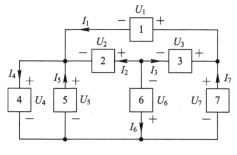

图 1 - 33 习题 1 - 13 图

(9.6 W 吸收，－1.2 W 输出，－5 W 吸收，9.6 W 吸收，4.8 W 输出，－12.6 W 吸收，30.8 W 输出)

1-14　求图1-34所示各电路a、b两端的电压U_{ab}及电阻吸收功率P_R。(9 V，3.6 W；8 V，2 W；5 V，4 W)

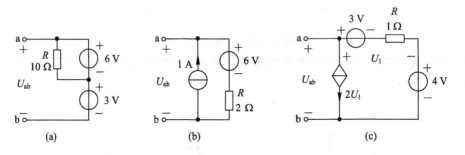

图1-34　习题1-14图

1-15　已知如图1-35所示电路，求电流$I_1 \sim I_6$。(－2 A，1 A，5 A，1 A，－4 A，3 A)

1-16　已知如图1-36所示电路，求a点和b点电位U_a、U_b及电压U_{ab}。($U_a = 12$ V，$U_b = 8$ V，$U_{ab} = 4$ V)

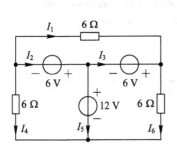 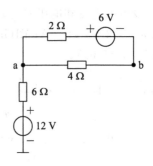

图1-35　习题1-15图　　　　图1-36　习题1-16图

1-17　已知如图1-37所示电路，求受控源吸收的功率。(6 W)

1-18　已知如图1-38所示电路，求受控源的端电压U。(4.5 V)

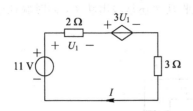 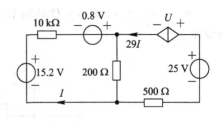

图1-37　习题1-17图　　　　图1-38　习题1-18图

1-19　已知如图1-39所示电路，求电压源的电流I和电流源的端电压U。(1/3 A，2 V)

1-20　已知如图1-40所示电路，求U。(－5 V)

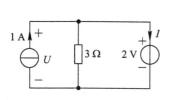

图 1-39 习题 1-19 图

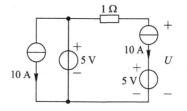

图 1-40 习题 1-20 图

1-21 求图 1-41 所示电路受控源输出的功率，已知 $U=10$ V。(0.16 W)

1-22 求图 1-42 所示各元件的功率。(电阻吸收 36 W，受控源输出 72 W，电流源吸收 36 W)

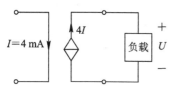

图 1-41 习题 1-21 图

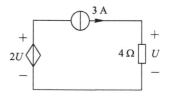

图 1-42 习题 1-22 图

1-23 在如图 1-43 所示电路中，请问 U 和 I 各是多少？

((a) 8 A/4 V; (b) -10 A/0 V; (c) -2 A/-4 V; (d) 11 A/10 V; (e) 0 A/-2 V; (f) 1.5 A/-1 V)

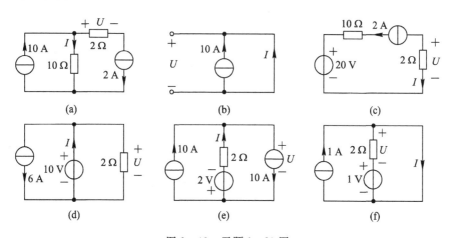

图 1-43 习题 1-23 图

1-24 如图 1-44 所示电路中，已知 $i=2$ A，$r=0.5$ Ω，求电流源电流 i_s。(7 A)

1-25 已知如图 1-45 所示电路，求输出电压与输入电压之比 $\dfrac{u_\mathrm{o}}{u_\mathrm{s}}$。$\left(-\dfrac{gR_1R_\mathrm{L}}{R_1+R_\mathrm{s}}\right)$

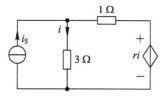

图 1-44 习题 1-24 图

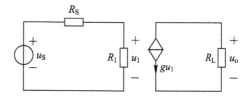

图 1-45 习题 1-25 图

1-26 在如图1-46所示电路中，问电阻 R 为何值时，$I_1 = I_2$？并求此时 R 吸收的功率。(0.25 Ω, 16 W)

1-27 如图1-47所示电路中，已知 $I_1 = 20$ A，$I_2 = 15$ A，$U_{S1} = 230$ V，$U_{S2} = 260$ V，求两个电源输出的功率。(5750 W, 5200 W)

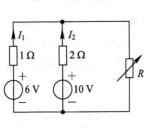

图1-46 习题1-26图

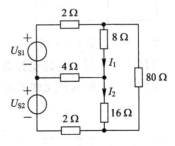

图1-47 习题1-27图

第 2 章　直流电路等效化简分析法

引子　直流电路通常只由电阻类元件构成，是"电路分析"课程的基础。虽然直流电路的分析方法相对简单且在生活中的应用并不多，但研究并学习这种分析方法的理论价值重大。

2.1　等效化简分析法

"等效"是电路理论的一个重要概念。"等效化简"是常用的一种电路分析方法。

分析一个如图 2-1(a)所示的电路时，若只关心某两个节点(比如 a 和 b)上的端电压或节点间的端电流，而不关心电路其他地方的变量，则可以节点 a 和 b 为界，把电路划分为两个部分且都用一个黑盒子封起来，分别用 N_1 和 N_2 表示。这样，原电路就改画为如图 2-1(b)所示电路。

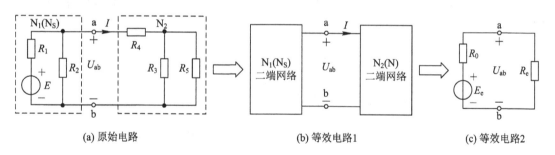

(a) 原始电路　　　　　　　(b) 等效电路1　　　　　　　(c) 等效电路2

图 2-1　二端(单端口)网络等效示意图

由于 N_1 和 N_2 都有两个端钮 a 和 b，因此都可称为"二端网络"。因两个端钮可形成一个端口，故又称为"单端口网络"或"单口网络"。若二端网络内部有电源，则称为"含源二端网络"，常用 N_S 表示；否则，就称为"无源二端网络"，用 N 表示。据此，可得如下概念：

等效：在对外端钮处或分界处具有相同端电压、端电流或伏安关系(VCR)的若干个网络，在求解网络外部电路的参数或变量时，可以相互替换的操作、过程或方法。

简言之，等效就是在不影响网络外部特性的前提下，用一个网络替换另一个网络。

比如，为求解图 2-1 网络 N_2 的端电压 U_{ab} 和端电流 I，就可用一个等效电阻 R_e 代替网络 N_2，用一个有伴电压源 E_e 代替网络 N_1，如

"电路分析"的主要内容是什么

图 2-1(c)所示。显然，利用等效可将电路化简，进而简化分析过程与计算，这就给出了一条分析电路的捷径。

等效化简分析法：在保证端电压和端电流不变的前提下，用等效网络替换原网络，使网络得到简化，然后基于简化网络进行电路分析的一种方法。

用等效化简法分析电路的一般步骤如下：

（1）在电路中，以某两个关心的节点处为界，把电路划分成两个或多个部分。

（2）分别对各部分电路进行等效化简，求出其简化的等效电路。

（3）用简化的等效电路替代原电路，求出外部端电压或端电流。

（4）若还需求解电路中其他支路上的电压或电流，则应再回到原电路中，根据已求得的端电压或端电流进行计算。

对于某些常见的具有特定结构的电路，可以利用等效方法先求出其简化的等效电路并作为结论，在以后的电路分析中可直接引用。

注意：等效分析法只能用于对外电路的分析，不能用于对等效电路内部的分析。

2.2 电阻网络的等效分析

一个电阻电路在结构上可以认为是一个由多个电阻互连而成的网络。电阻互连的形式有三种：串联、并联、混联。下面逐一进行分析。

2.2.1 串联电阻网络的分析

将 n 个电阻 R_1、R_2、$\cdots$、R_n 作如图 2-2(a)所示的连接，就构成了串联电阻网络。

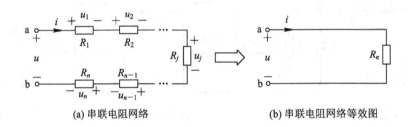

(a) 串联电阻网络　　　　　　　(b) 串联电阻网络等效图

图 2-2　串联电阻网络及其等效图

显然，该网络由一个多电阻支路构成，流过所有电阻的电流均为 i。若各电阻上的电压分别为 u_1、u_2、$\cdots$、u_n，则该电阻网络可等效为一个电阻 R_e，如图 2-2(b)所示，即

$$R_e = \frac{u_1 + u_2 + \cdots + u_n}{i} = \frac{u_1}{i} + \frac{u_2}{i} + \cdots + \frac{u_n}{i}$$

$$= R_1 + R_2 + \cdots + R_n = \sum_{k=1}^{n} R_k \qquad (2.2-1)$$

式(2.2-1)表明：

一个串联电阻网络可等效为一个电阻，该电阻的大小等于所有串联电阻之和。

因各分电阻电压之和等于总电压，故任一分电阻 R_j 上的电压 u_j 与总电压 u 的关系为

$$u_j = R_j \times i = \frac{R_j}{\sum\limits_{k=1}^{n} R_k} u \tag{2.2-2}$$

式(2.2-2)称为串联电阻的分压公式。它表明，串联电阻越大，其分得的电压越大。若只有两个电阻 R_1 与 R_2 相串联，则这两个电阻上的电压为

$$\begin{cases} u_1 = \dfrac{R_1}{R_1 + R_2} u \\[2mm] u_2 = \dfrac{R_2}{R_1 + R_2} u \end{cases} \tag{2.2-3}$$

式(2.2-3)是常用的分压公式，希望读者熟记。另外，从该式可见，两个电阻的电压比等于它们的阻值比，这意味着大电阻分得大电压，小电阻分得小电压，即

$$\frac{u_1}{u_2} = \frac{R_1}{R_2} \tag{2.2-4}$$

综上所述，电阻串联有两个主要作用：

(1) 提高电阻阻值。当一个电阻因阻值小而不能满足要求时，可采用多个电阻串联。

(2) 将高电压变为低电压。比如收音机的音量调节和万用表的测电压功能都基于该原理。

【例 2-1】　图 2-3(a)是常见的输出电压调节电路。设输入电压 $U = 30$ V，电位器(可变电阻)$R = 200$ Ω。已知不接负载 R_L 时的 $U_{ab} = 15$ V，且输入电压 U 保持不变。

(1) 当接入负载 R_L 时，见图 2-3(b)，若测得 R_L 的电流为 100 mA，则此时的 U_{ab} 是多少？

(2) 若需 R_L 的端电压 $U_{ab} = 15$ V，则电位器的滑动头 a 应在何处？

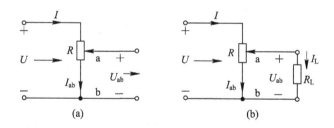

图 2-3　例 2-1 图

解　该电路就是一个分压电路，滑动头 a 把电阻 R 分为两个电阻相串联。

(1) 不接负载 R_L 时，$U_{ab} = 15$ V，则滑动头 a 应处于中间位置，$R_{ab} = 100$ Ω。接入 R_L 后，在图 2-3(b)中，根据 KCL 和 KVL，有

$$\begin{cases} U_{ab} = 100 I_{ab} \\[2mm] \dfrac{30 - U_{ab}}{100} = 0.1 + I_{ab} \end{cases}$$

解上述方程组，得

$$U_{ab} = 10 \text{ V}, \quad I_{ab} = 100 \text{ mA}$$

则

$$R_L = \frac{U_{ab}}{0.1} = 100 \text{ Ω}$$

(2) 因为 $U_{ab}=15$ V, $R_L=100$ Ω, 所以, $I_L=150$ mA。根据 KCL, 有

$$\frac{30-U_{ab}}{200-R_{ab}}=\frac{U_{ab}}{R_{ab}}+0.15$$

整理得 $0.15R_{ab}^2=3000$, 解得 $R_{ab}=141.4$ Ω。即 a 点需要滑动到 $R_{ab}=141.4$ Ω 的位置。这也是收音机的音量调节原理。

【例 2-2】 为保证晶体管处于放大状态, 需要利用偏置电阻给晶体管提供偏置电压和偏置电流。图 2-4 是一个典型的晶体管共发射极放大电路的直流通路, 其中 R_{B1} 和 R_{B2} 为偏置电阻。设 $U_{CC}=6$ V, $R_{B2}=10$ kΩ, 欲使基极偏置电压 $U_B=4$ V, 试确定 R_{B1} 的值。

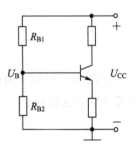

解 因为偏置电阻 R_{B1} 与 R_{B2} 构成分压关系, 所以, 利用式 (2.2-4)可得

$$\frac{U_{CC}-U_B}{U_B}=\frac{R_{B1}}{R_{B2}} \quad \rightarrow \quad \frac{2}{4}=\frac{R_{B1}}{10} \quad \rightarrow R_{B1}=5 \text{ kΩ}$$

图 2-4 例 2-2 图

即为保证偏置电压 $U_B=4$ V, 需要 $R_{B1}=5$ kΩ。

严格地讲, 流过电阻 R_{B1} 和 R_{B2} 的电流并不相等, 但由于差别不大, 所以, 在放大电路设计时, 常常认为它们近似相等, 即 R_{B1} 和 R_{B2} 近似满足分压公式。

2.2.2 并联电阻网络的分析

将 n 个电阻 R_1、R_2、$\cdots$、R_n 作如图 2-5(a)所示的连接, 就构成了并联电阻网络。

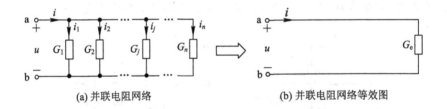

(a) 并联电阻网络　　　　　　　　　　(b) 并联电阻网络等效图

图 2-5 并联电阻网络及其等效图

显然, 该网络由 n 个单电阻支路构成, 加在所有电阻上的电压均为 u。若各电阻上的电流分别为 i_1、i_2、$\cdots$、i_n, 则由 KCL 可知该电阻网络能等效为一个电导 G_e, 如图 2-5(b)所示, 即

$$G_e=\frac{1}{R}=\frac{i}{u}=\frac{i_1+i_2+\cdots+i_n}{u}=\frac{i_1}{u}+\frac{i_2}{u}+\cdots+\frac{i_n}{u}$$

$$=G_1+G_2+\cdots+G_n=\sum_{k=1}^{n}G_k \qquad (2.2-5)$$

或

$$\frac{1}{R_e}\doteq\sum_{k=1}^{n}\frac{1}{R_k} \qquad (2.2-6)$$

式(2.2-5)和式(2.2-6)表明:

一个并联电阻网络可等效为一个电导, 该电导的大小等于所有并联电导之和。

若只有两个电阻 R_1 与 R_2 相并联, 则可得等效总电阻为

$$R_e = R_1 /\!/ R_2 = \frac{R_1 R_2}{R_1 + R_2} \qquad (2.2-7)$$

式(2.2-7)是常用的并联电阻计算公式。为方便计，两个电阻的并联可表示为 $R_1 /\!/ R_2$。

若 n 个相同的电阻 R 并联，则等效电阻为

$$R_e = \frac{R}{n} \qquad (2.2-8)$$

因各并联电阻电流之和等于总电流，故任一分电导 G_j 上的电流 i_j 与总电流 i 的关系为

$$i_j = G_j \times u = \frac{G_j}{\sum\limits_{k=1}^{n} G_k} i \qquad (2.2-9)$$

式(2.2-9)称为并联电阻的分流公式。它表明，并联电阻越小，其分得的电流越大。若只有两个电阻 R_1 与 R_2 相并联，则这两个电阻上的电流为

$$\begin{cases} i_1 = \dfrac{R_2}{R_1 + R_2} i \\[2mm] i_2 = \dfrac{R_1}{R_1 + R_2} i \end{cases} \qquad (2.2-10)$$

式(2.2-10)是常用的分流公式，希望读者熟记。另外，从该式可见，两个电阻的电流比等于它们的阻值比的倒数，这意味着大电阻分得小电流，而小电阻却分得大电流，即

$$\frac{i_1}{i_2} = \frac{R_2}{R_1} \qquad (2.2-11)$$

综上所述，电阻并联主要有两个作用：

(1) 减小电阻的阻值。当一个电阻因阻值大而不能满足要求时，可采用多个电阻并联，并联后的总电阻小于最小的分电阻。

(2) 将大电流分为小电流。比如万用表的测电流功能就是利用电阻分流原理实现的。

【例 2-3】　张同学在做电路试验时，要测量一个大小为 100 mA 左右的电流，但他只有一个满量程为 200 μA、内阻为 2 kΩ 的电流表头和一些电阻及电线，请问他如何完成测量？

解　因为表头最大测量值 200 μA 远小于待测电流，所以，不能直接用该表头进行测量。张同学可采用并联电阻的方法，将大电流分为小电流，完成测量任务。测量电路如图 2-6 所示。

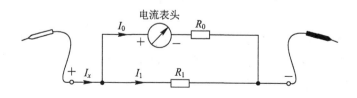

图 2-6　例 2-3 图

设待测电流为 I_x，表头流过的电流为 I_0，表头内阻为 R_0，并联电阻 R_1 上的电流为 I_1，并联电阻后的表头最大测量值为 $I_{x\max} = 200$ mA。

当 $I_x = I_{x\max} = 200\ \text{mA}$ 时，需要表头达到满刻度，即表头流过的电流为

$$I_0 = I_{0\max} = 200\ \mu\text{A} = 0.2\ \text{mA}$$

此时，分流电阻 R_1 的电流应该为

$$I_{1\max} = I_{x\max} - I_{0\max} = 200 - 0.2 = 199.8\ \text{mA}$$

根据式(2.2-11)可得并联电阻为

$$R_1 = \frac{0.2\ \text{mA}}{199.8\ \text{mA}} 2\ \text{k}\Omega = 0.002\ \text{k}\Omega = 2\ \Omega$$

即给电流表头并联一个 $2\ \Omega$ 的电阻，就可将最大测量电流从 $200\ \mu\text{A}$ 扩展为 $200\ \text{mA}$。

需要说明的是，无论是串联电阻网络还是并联电阻网络，等效电阻的额定功率都会大于各分电阻的额定功率，即等效电阻的额定功率等于各分电阻额定功率之和。

上述内容使用交流电符号 u 和 i，表明分析结论对交、直流电激励的电阻网络都适用。

2.2.3　混联电阻网络的分析

既有串联又有并联的电阻网络称为混联电阻网络。

对于单口混联电阻网络的等效，通常是从距端口最远的末端开始，逐个对电阻进行分析，厘清每个电阻与相邻电阻的结构关系（串联或并联），再利用串联和并联等效公式，从后向前逐步合并等效，最终求得该网络的等效电阻。

【例 2-4】　求解图 2-7 所示电路的等效电阻 R_{ab}。

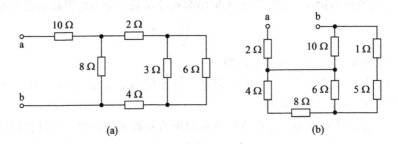

图 2-7　例 2-4 图

解　对于图 2-7(a)，从电路末端(右端)开始，$3\ \Omega$ 电阻与 $6\ \Omega$ 电阻并联，然后与 $2\ \Omega$ 电阻和 $4\ \Omega$ 电阻串联，再与 $8\ \Omega$ 电阻并联，最后与 $10\ \Omega$ 电阻串联，即有

$$R_{ab} = (3 /\!/ 6 + 2 + 4) /\!/ 8 + 10 = (2 + 2 + 4) /\!/ 8 + 10 = 4 + 10 = 14\ \Omega$$

对于图 2-7(b)，从电路末端(下端)开始，$4\ \Omega$ 电阻与 $8\ \Omega$ 电阻串联，然后与 $6\ \Omega$ 电阻并联，再与 $1\ \Omega$ 电阻和 $5\ \Omega$ 电阻串联，再与 $10\ \Omega$ 电阻并联，最后与 $2\ \Omega$ 电阻串联，即有

$$R_{ab} = ((4+8) /\!/ 6 + 1 + 5) /\!/ 10 + 2 = (4 + 1 + 5) /\!/ 10 + 2 = 5 + 2 = 7\ \Omega$$

在一些电路中，特殊的结构和元件参数的特别取值会造成电路中某些点的电位相等或某些支路电流为零的现象。根据电路基本原理，对这两种情况可进行如下等效处理：

(1) 等电位的点可以连接起来。

(2) 电流为零的支路可以断开。

【例 2-5】　如图 2-8(a)所示电路中，若 $R_1 = R_2 = R_3 = R_4 = R$，求等效电阻 R_{ab}。

解　这种电路称为"电桥"，电阻 R_B 为"桥电阻"，电阻 R_1、R_2、R_3 和 R_4 为"桥臂"。"电桥"常被用来测量未知电阻。比如在图 2-8(b)中，R_x 为未知电阻，桥是一个电流表，

R_1、R_2 为已知电阻。调节 R_3 可使电流表示数为零，此时，电阻 R_1、R_2、R_3 与 R_x 满足：

$$R_1 R_3 = R_2 R_x \qquad (2.2-12)$$

即"对臂电阻之积相等"。式(2.2－12)也叫桥平衡条件。因为 R_3 的变化可通过刻度盘示出，所以，利用桥平衡条件可解出未知电阻 R_x 的值。

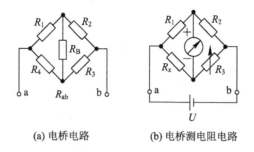

(a) 电桥电路　　　　　(b) 电桥测电阻电路

图 2－8　例 2－5 图

图 2－8(a)满足桥平衡条件，R_B 上无电流，可以去掉(也可短路)，则等效电阻为

$$R_{ab} = (R_1 + R_2) \mathbin{/\mkern-5mu/} (R_3 + R_4) = 2R \mathbin{/\mkern-5mu/} 2R = R$$

【例 2－6】　求图 2－9 所示电路的等效电阻 R_{ab}。

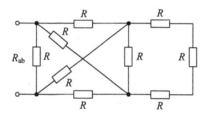

图 2－9　例 2－6 图

解　右边 4 个电阻可等效为一个桥电阻，中间 4 个电阻为桥臂，左边 1 个电阻与桥电路并联。显然，桥为平衡桥，根据例 2－5 可知其等效电阻为 R，则该电路的等效电阻为 $R_{ab} = \dfrac{R}{2}$。

【例 2－7】　求图 2－10 所示的由 12 个阻值为 r 的电阻构成的立体网络的等效电阻 R_{ab}。

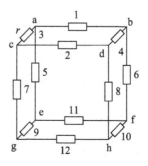

图 2－10　例 2－7 图

解　该题用串、并联关系无法解出，可用"等电位的点可以连接"原理求解。

从 a、b 两点看进去，网络结构对称。因此，若电流从 a 点流入并从 b 点流出，则 d、f 两点等电位，c、e 两点等电位。将 d、f 两点和 c、e 两点分别相连得到图 2-11，则所求等效电阻为

$$R_{ab}=R_1 /\!/ [R_3 /\!/ R_5 + (R_2 /\!/ R_{11}) /\!/ (R_7 /\!/ R_9 + R_{12} + R_8 /\!/ R_{10}) + R_4 /\!/ R_6] = \frac{7}{12}r$$

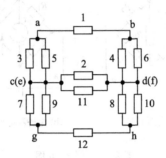

图 2-11　例 2-7 解题图

解这类题的关键在于利用电路对称性找到等电位的点。读者可以尝试求出 R_{ad} 和 R_{ah}。

【例 2-8】　已知如图 2-12 所示电路。

(1) 若 $U=6$ V，求电流 I。

(2) 若 $I=1$ A，求电压 U。

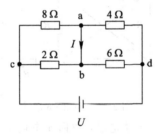

图 2-12　例 2-8 图

解　(1) 先利用分压公式求出电压 U_{ca} 和 U_{ad}，有

$$U_{ca} = \frac{8/5}{8/5 + 12/5} \times 6 = \frac{12}{5} \text{ V}, \quad U_{ad} = 6 - \frac{12}{5} = \frac{18}{5} \text{ V}$$

则 8 Ω 电阻和 4 Ω 电阻上的电流分别为

$$I_{ca} = \frac{U_{ca}}{8} = \frac{3}{10} \text{ A}, \quad I_{ad} = \frac{U_{ad}}{4} = \frac{9}{10} \text{ A}$$

根据 KCL，有

$$I = I_{ca} - I_{ad} = \frac{3}{10} - \frac{9}{10} = -\frac{3}{5} \text{ A}$$

(2) 若 $I=1$ A，则根据 KCL 和 KVL 有

$$I_{ca} = I_{ad} + 1 \rightarrow \frac{U_{ca}}{8} = \frac{U_{ad}}{4} + 1 = \frac{U - U_{ca}}{4} + 1$$

$$\frac{U}{8/5 + 12/5} = I_{ca} + I_{cb} = \frac{U_{ca}}{8} + \frac{U_{ca}}{2} = \frac{5}{8}U_{ca}$$

化简可得

$$\begin{cases} 3U_{ca} = 2U + 8 \\ 2U = 5U_{ca} \end{cases}$$

解得

$$U = -10 \text{ V}$$

答案说明实际电池方向与图示方向相反。

2.2.4　三角形网络和星形网络的分析

电阻的星形(Y 形或 T 形)网络和三角形(△形或 π(Π)形)网络如图 2-13 所示。由于它们都有三个端钮,因此可称为"三端电阻网络"。

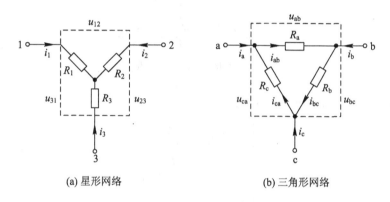

(a) 星形网络　　　　　　　　　　(b) 三角形网络

图 2-13　星形网络和三角形网络等效示意图

在电路分析中,常要进行星形网络和三角形网络之间的等效变换。显然,要想使两个网络等效,就需要它们的端电压和端电流分别相等,即

$$\begin{cases} u_{12} = u_{ab} \\ u_{23} = u_{bc} \\ u_{31} = u_{ca} \end{cases} \text{和} \begin{cases} i_1 = i_a \\ i_2 = i_b \\ i_3 = i_c \end{cases} \quad (2.2-13)$$

1. 星形—三角形变换

星形—三角形变换就是将 Y 形网络的三个电阻 R_1、R_2 和 R_3 等效变换为△形网络的三个电阻 R_a、R_b 和 R_c。

在图 2-13(b)中,有

$$\begin{cases} i_1 = i_a = i_{ab} - i_{ca} = \dfrac{u_{ab}}{R_a} - \dfrac{u_{ca}}{R_c} \\[2mm] i_2 = i_b = i_{bc} - i_{ab} = \dfrac{u_{bc}}{R_b} - \dfrac{u_{ab}}{R_a} \\[2mm] i_3 = i_c = i_{ca} - i_{bc} = \dfrac{u_{ca}}{R_c} - \dfrac{u_{bc}}{R_b} \end{cases} \quad (2.2-14)$$

在图 2-13(a)中,有

$$\begin{cases} u_{12} = R_1 i_1 - R_2 i_2 \\ u_{23} = R_2 i_2 - R_3 i_3 \\ i_1 + i_2 + i_3 = 0 \end{cases} \quad (2.2-15)$$

从式(2.2-15)中解出 i_1、i_2 和 i_3，即有

$$\begin{cases} i_1 = \dfrac{R_3 u_{12}}{R_1 R_2 + R_2 R_3 + R_3 R_1} - \dfrac{R_2 u_{31}}{R_1 R_2 + R_2 R_3 + R_3 R_1} \\[2mm] i_2 = \dfrac{R_1 u_{23}}{R_1 R_2 + R_2 R_3 + R_3 R_1} - \dfrac{R_3 u_{12}}{R_1 R_2 + R_2 R_3 + R_3 R_1} \\[2mm] i_3 = \dfrac{R_2 u_{31}}{R_1 R_2 + R_2 R_3 + R_3 R_1} - \dfrac{R_1 u_{23}}{R_1 R_2 + R_2 R_3 + R_3 R_1} \end{cases} \qquad (2.2-16)$$

可见，要想使两个网络等效，就需要式(2.2-14)与式(2.2-16)相等。结合式(2.2-13)，可得

$$\begin{cases} R_a = \dfrac{R_1 R_2 + R_2 R_3 + R_3 R_1}{R_3} \\[2mm] R_b = \dfrac{R_1 R_2 + R_2 R_3 + R_3 R_1}{R_1} \\[2mm] R_c = \dfrac{R_1 R_2 + R_2 R_3 + R_3 R_1}{R_2} \end{cases} \qquad (2.2-17)$$

若将式(2.2-17)写为电导形式，则有

$$\begin{cases} G_a = \dfrac{G_1 G_2}{G_1 + G_2 + G_3} \\[2mm] G_b = \dfrac{G_2 G_3}{G_1 + G_2 + G_3} \\[2mm] G_c = \dfrac{G_3 G_1}{G_1 + G_2 + G_3} \end{cases} \qquad (2.2-18)$$

特别地，若星形网络三个电阻都相等，即 $R_1 = R_2 = R_2 = R_Y$，则三角形网络三个电阻也都相等，即有 $R_a = R_b = R_c = R_\triangle$，其中：

$$R_\triangle = 3R_Y \qquad (2.2-19)$$

为便于记忆，可将式(2.2-18)写成

$$\triangle\,电导 = \frac{Y\,形相邻电导之积}{Y\,形电导之和} \qquad (2.2-20)$$

2. 三角形—星形变换

三角形—星形变换就是将△形网络的三个电阻 R_a、R_b 和 R_c 等效变换为 Y 形网络的三个电阻 R_1、R_2 和 R_3。

这时，只需将式(2.2-17)变换即可，可得

$$\begin{cases} R_1 = \dfrac{R_a R_c}{R_a + R_b + R_c} \\[2mm] R_2 = \dfrac{R_a R_b}{R_a + R_b + R_c} \\[2mm] R_3 = \dfrac{R_b R_c}{R_a + R_b + R_c} \end{cases} \qquad (2.2-21)$$

特别地，若三角形网络三个电阻都相等，即 $R_a = R_b = R_c = R_\triangle$，则星形网络三个电阻也都相等，即有 $R_1 = R_2 = R_2 = R_Y$，其中：

$$R_Y = \frac{1}{3} R_\triangle \qquad (2.2-22)$$

为便于记忆,可将式(2.2－21)写成

$$Y \text{ 电阻} = \frac{\triangle \text{形相邻电阻之积}}{\triangle \text{形电阻之和}} \qquad (2.2-23)$$

【例 2－9】 已知如图 2－14(a)所示电路,求该电路的等效电阻 R_{ab}。

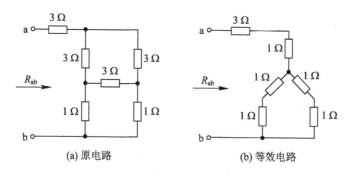

(a) 原电路　　　　　　　　　　　(b) 等效电路

图 2－14　例 2－9 图

解　该电路无法直接用串、并联关系求解,必须先进行△-Y等效变换,等效电路如图 2－14(b)所示。

根据式(2.2－22)有

$$R_{Y} = \frac{1}{3}R_{\triangle} = \frac{3}{3} = 1 \ \Omega$$

再根据串、并联关系可得

$$R_{ab} = 3+1+(1+1) /\!/ (1+1) = 5 \ \Omega$$

注意:该题还可用"电桥"法求解。

2.3　电阻网络的功率分析

2.3.1　能量与功率

电阻电路的一个重要特性是消耗能量。定义:

功率:单位时间电路消耗能量的大小,用 $p(t)$ 表示。

$p(t)$ 常用的单位是"毫瓦(mW)""瓦(W)""千瓦(kW)",它们的换算关系为 $1 \ kW = 10^{3}$ $W = 10^{6} \ mW$。

下面通过图 2－15 对电阻电路的耗能或功率问题进行分析、讨论。

在图 2－15(a)中,设电路消耗的能量为 $w(t)$、功率为 $p(t)$,则有

$$p(t) = \frac{\mathrm{d}w(t)}{\mathrm{d}t} \qquad (2.3-1)$$

结合式(1.2－1)和式(1.2－2)可得

$$p(t) = \frac{\mathrm{d}w(t)}{\mathrm{d}t} = \frac{\mathrm{d}w(t)}{\mathrm{d}q(t)} \frac{\mathrm{d}q(t)}{\mathrm{d}t} = u(t)i(t) \qquad (2.3-2)$$

式(2.3－2)表明:

一个电阻网络消耗的功率 $p(t)$ 等于该网络的端电压 $u(t)$ 和流过该网络的电流 $i(t)$ 之积。

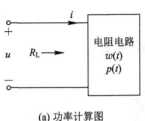
(a) 功率计算图

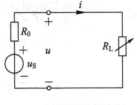
(b) 功率匹配示意图

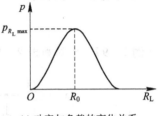
(c) 功率与负载的变化关系

图 2-15　电阻电路功率分析图

若在图 2-15(a)所示的关联方向下，计算 $p(t)$ 的结果为负值，则表明该网络不消耗能量，即释放能量，是一个含源网络。

注意：若电池是可充电的，则在充电状态下，含源网络的 $p(t)$ 也为正值（网络储能）。

在给定的时间段 $[t_0, t]$ 内，电阻网络消耗的能量 $w(t)$ 可表示为

$$w(t) = \int_{t_0}^{t} p(t)\mathrm{d}t = \int_{t_0}^{t} u(t)i(t)\mathrm{d}t \tag{2.3-3}$$

在直流或交流条件下，上式变为

$$W = P(t - t_0) = UI(t - t_0) \tag{2.3-4}$$

式中，U 和 I 为直流电压和电流或交流电压和电流有效值，$P = UI$ 为有功功率。

能量 $w(t)$ 的单位是"焦耳(J)"，但实际应用中多用"千瓦·时"，也就是我们常说的"度"，表示一个 1 kW 的用电器在 1 小时内消耗电能的多少。比如，家里买了个电热淋浴器，半个小时消耗了 1.5 度电，则该淋浴器的功率为 3000 W。这给我们提供了一种估算用电器功率的方法：让用电器单独工作，观察电度表的读数变化并开始计算时间，比如 10 分钟(1/6 小时)后得到读数变化为 1 度，则该用电器的功率就是 6000 W。

2.3.2　功率平衡

在图 2-15(b)中，把一个实际电源与一个电阻相连的目的就是将电源能量传输给电阻（负载）。在这个能量传输过程中，负载 R_L 所获功率的大小与电源产生的功率有何关系呢？

根据 KVL 有

$$u_S = R_0 i + R_L i \tag{2.3-5}$$

式(2.3-5)两边同乘 i，移项后可得

$$u_S i - R_0 i^2 = R_L i^2 \tag{2.3-6}$$

式中，$u_S i$ 是电源产生的功率，$R_0 i^2$ 是电源内阻消耗的功率，$u_S i - R_0 i^2$ 表示电源输出的功率；$R_L i^2 = ui$ 是负载消耗或吸收的功率。因此，可以得出如下结论：

电源输出功率＝负载消耗功率＝电源产生功率－内阻消耗功率。

这就是电路中的"功率平衡"概念，也是能量守恒定律在电路中的具体体现。

为衡量电源本身的质量，定义：

电源效率：电源输出功率与产生功率之比，用 η 表示，即

$$\eta = \frac{ui}{u_S i} = \frac{R_L i^2}{R_0 i^2 + R_L i^2} = \frac{R_L}{R_0 + R_L} \tag{2.3-7}$$

可见，效率与内阻有关。内阻越低，效率越高，电源质量越好。

2.3.3　负载获得最大功率的条件

由式(2.3-6)可知，负载获得功率的大小与内阻的大小有直接关系，那么，当给定一个实际电压源(即给定电压电动势和内阻)时，如何选择负载电阻的大小使之获得最大功率呢？

在图 2-15(b)中，$i = \dfrac{u_S}{R_0 + R_L}$，则负载电阻 R_L 消耗的功率为

$$p_{R_L} = R_L i^2 = \frac{u_S^2}{(R_0 + R_L)^2} R_L \qquad (2.3-8)$$

从式(2.3-8)可见，p_{R_L} 与负载电阻 R_L 不是直线关系而是曲线关系。根据高等数学知识可知，曲线可能存在极值。因此，对 p_{R_L} 求极值，即令

$$\frac{\mathrm{d}p_{R_L}}{\mathrm{d}R_L} = \frac{(R_L + R_0)^2 - 2R_L(R_L + R_0)}{(R_L + R_0)^4} u_S^2 = 0 \qquad (2.3-9)$$

解得 $R_L = R_0$，也就是说，当负载电阻等于电源内阻时，负载电阻获得极大值功率。容易验证该极大值也是最大值，其大小为

$$p_{R_L \max} = p_{R_L} \mid_{R_L = R_0} = \frac{u_S^2}{4R_0} \qquad (2.3-10)$$

由此得出结论：

负载电阻获得最大功率的条件是负载电阻的大小等于电源内阻大小，即 $R_L = R_0$。

这种电路工作状态称为负载与电源匹配，简称"功率匹配"。由式(2.3-7)可见，功率匹配时，电源效率 $\eta = 50\%$。功率与负载的变化关系见图 2-15(c)。

需要说明的是，生活中绝大多数用电器(负载)需要在一个确定的工作电压下才能正常工作，而这个电压值通常与电源输出电压相等，比如市电 220 V。若改变电源内阻，使电路达到功率匹配，则此时理论上负载会获得最大功率，但负载上的实际工作电压只有正常工作电压的一半，负载不能正常工作，研究其最大功率也就没有了实际意义。另外，在很多实际应用中，提高电源效率比获得最大功率更重要。因此，功率匹配只适用于负载对工作电压或人们对效率没有高要求的场合，比如信号处理电路中。

2.4　独立电源电路的等效分析

2.4.1　电源的串联和并联

对于独立电源而言，其标称电压、标称电流及容量是我们在应用中需要考虑的重要指标。因一个电池的指标参数有限，难以满足一些实际需求，比如一节干电池的标称电压为 1.5 V，而收音机一般需要 6 V 供电，所以，需要考虑多块电池组合应用的情况。

1. 理想电源的串、并联

多个理想电压源可以串联使用，串联后总电源的标称电压等于各子电源标称电压之和。电压源串联允许各子电源标称电压不同。在需要高电压供电的场合，可考虑电压源串联。

多个理想电流源可以并联使用，并联后总电源的标称电流等于各子电源标称电流之和。电流源并联允许各子电源标称电流不同。在需要大电流输出的场合，可考虑电流源并联。

理论上，多个电压值(电流值)和极性相同的理想电压源(电流源)可以并联(串联)，并等效于一个电压值(电流值)和极性都不变的电压源(电流源)，但没有实际意义，因此，理想电压源(电流源)不需要并联(串联)使用。

注意：电压不同或极性不同的理想电压源不能并联，电流不同或极性不同的理想电流源不能串联，因为违背了基尔霍夫定律。

2. 实际电源的串、并联

实际电压源可以串联。串联后总电源的标称电压等于各子电源标称电压之和，总内阻等于各子电源内阻之和。串联电压源允许各子电源的标称电压、内阻和容量不一样，其总容量以子电源中的最小容量为准。现实生活中，电压源串联应用的例子很多，比如电视和空调的遥控器、收音机、门铃等都是用两节或四节干电池串联供电。

注意：新、旧电池不要混用。混用不仅不省钱，反而会加剧电池老化，得不偿失。

通常，实际电压源不能并联使用。但在一些需要在一定的电压下提供大电流的特殊场合，可以考虑实际电压源的并联。不过要注意每个并联子电源的标称电压要一致，内阻要一致，否则会在并联电源组内部形成回流，不但影响对外供电，还可能出现事故。比如，电动汽车的电池组常常会采用串联加并联的混合模式供电，但需要频繁检查和控制每个电池的内阻和端电压。总而言之，电压源的并联使用一定要慎重！

实际电流源可以并联。并联后总电源的标称电流等于各子电源标称电流之和，总内电导等于各子电源内电导之和。并联电流源允许各子电源的标称电流和内电导不一样。通常，实际电流源不能串联使用。

图 2-16 给出了电源串、并联示意图。

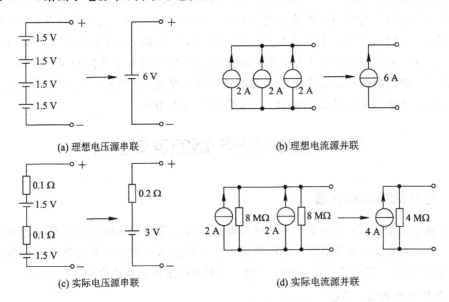

(a) 理想电压源串联   (b) 理想电流源并联

(c) 实际电压源串联   (d) 实际电流源并联

图 2-16 电源串、并联示意图

2.4.2 有伴电源的相互等效

图 2-17(a)、(b)所示电路分别是有伴电压源和有伴电流源。实际应用中的电压源和

电流源均为有伴电源，换句话说，有伴电源也就是实际电源的模型。

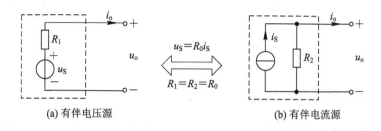

(a) 有伴电压源　　　　　(b) 有伴电流源

图 2-17　有伴电源转换示意图

在电路分析中，常常需要将有伴电压源与有伴电流源互相转换，而这种转换必须保证对外电路(负载)没有影响，即转换前后的电路是等效的。这里的"等效"指两种电源端钮处的电压和电流均相等或两种电源具有相同的伏安关系。

对于图 2-17(a)所示的有伴电压源，端钮处的伏安关系为

$$u_o = u_S - R_1 i_o \tag{2.4-1}$$

对于图 2-17(b)所示的有伴电流源，端钮处的伏安关系为

$$i_o = i_S - \frac{u_o}{R_2} \quad 或 \quad u_o = R_2 i_S - R_2 i_o \tag{2.4-2}$$

比较式(2.4-1)和式(2.4-2)，若要两式的 u_o 或 i_o 相等，则需 $u_S = R_2 i_S$ 和 $R_1 = R_2$。因此，有如下结论：

等效转换条件：电压源的电压值等于电流源的电流值乘电阻或电流源的电流值等于电压源的电压值除以电阻。

这里的电阻是两个电源的内阻，设它们都等于 R_0，即有

$$\begin{cases} u_S = R_0 i_S, \ i_S = \dfrac{u_S}{R_0} \\ R_1 = R_2 = R_0 \end{cases} \tag{2.4-3}$$

【例 2-10】　求图 2-18(a)所示电路中的电流 I。

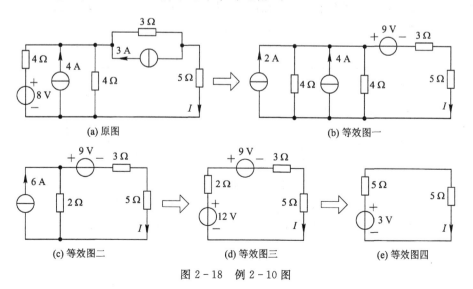

(a) 原图　　　　　　　　(b) 等效图一

(c) 等效图二　　　　(d) 等效图三　　　　(e) 等效图四

图 2-18　例 2-10 图

解 利用有伴电压源与有伴电流源的等效变换及理想电压源和理想电流源的串、并联关系,将图 2-18(a)所示电路依次变换为图 2-18(b)、(c)、(d)、(e)所示电路,最终得到所求电流为

$$I = \frac{3}{5+5} = 0.3 \text{ A}$$

2.4.3 理想电源与任一元件连接的等效

在理论分析时,存在理想电压源与任一元件并联和理想电流源与任一元件串联两种特殊情况。图 2-19 给出了两种情况下的等效电路。

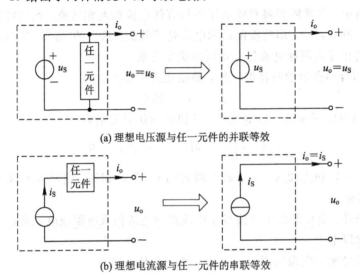

(a) 理想电压源与任一元件的并联等效

(b) 理想电流源与任一元件的串联等效

图 2-19 理想电源与任一元件的连接等效图

对于外电路(端钮右端)而言,任一元件与理想电压源并联并不改变端钮处的电流和电压。同样,任一元件与理想电流源串联也不改变端钮处的电流和电压。因此,该元件的并入或串入没有实际意义。即在上述两种情况下,接入的元件可以去掉或忽略。

【例 2-11】 求图 2-20(a)所示电路中的电流 I。

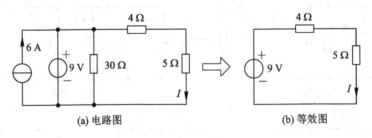

(a) 电路图   (b) 等效图

图 2-20 例 2-11 图

解 因为 6 A 电流源和 30 Ω 电阻与 9 V 理想电压源是并联关系,对于未知量 I 而言,它们没有作用(电流源被电压源短路),所以可以拿掉。这样图 2-20(a)所示电路就可等效为图 2-20(b)所示电路。显然,有

$$I = \frac{9}{4+5} = 1 \text{ A}$$

2.5　受控电源电路的等效分析

当电路中含有受控源时，可按下列步骤进行等效分析：

(1) 将受控源当作独立源看待，列写其伏安关系式。

(2) 补充列写一个受控源的受控关系表达式。

(3) 联立上述两个方程，求解得到最简单的端钮伏安关系式。

(4) 依据第三步的伏安关系式画出该受控源的最简等效电路。

图 2-21(a)、(b)是一个含受控电压源和电阻的二端网络及其等效电路图。端钮 a、b 处的电压为

$$u = Ri + ri = (R + r)i \qquad (2.5-1)$$

式中，r 是受控电压源的控制系数。若令 $R_{eq} = R + r$，则上式可写成 $u = R_{eq}i$。

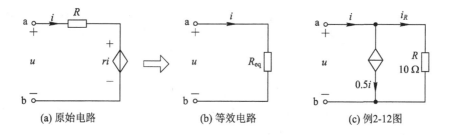

(a) 原始电路　　　　　(b) 等效电路　　　　　(c) 例2-12图

图 2-21　受控源和电阻电路等效图及例 2-12 图

从上面的分析可知，受控源可以等效为一个电阻，其阻值可正可负。需要注意的是，对于含受控源的二端网络，其输入电阻或等效电阻的求解不能用电阻串、并联方法，而只能利用输入电阻的定义，即用二端网络的端电压除以端电流。

【例 2-12】　求图 2-21(c)所示二端网络的输入电阻 R_{ab}。

解　由图 2-21(c)可知，$i_R = i - 0.5i = 0.5i$，则

$$u = 10i_R = 10 \times 0.5i = 5i$$

因此，二端网络的输入电阻为 $R_{ab} = \dfrac{u}{i} = 5 \ \Omega$。

【例 2-13】　求图 2-22(a)所示二端网络的最简等效电路。

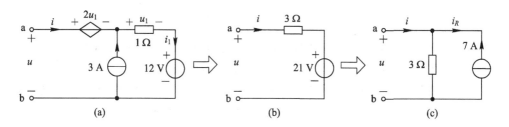

(a)　　　　　　　　　(b)　　　　　　　　　(c)

图 2-22　例 2-13 图

解　由 KCL 可知，$i_1 = i + 3$，则有

$$u_1 = 1 \times i_1 = i + 3 \qquad (1)$$

由 KVL 可得

$$u = 2u_1 + u_1 + 12 = 3u_1 + 12 \qquad (2)$$

把式(1)代入式(2)，得

$$u = 3i + 21 \qquad (3)$$

由式(3)又可得到

$$i = \frac{u}{3} - 7 \qquad (4)$$

由式(3)和式(4)得到最简等效电路，如图 2-22(b)和(c)所示。

【例 2-14】 求图 2-23(a)所示电路中 a、b 两端的短路电流 I_{ab}。

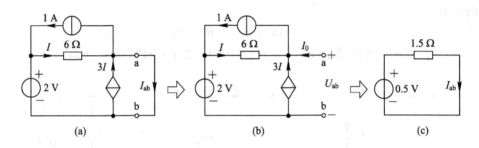

图 2-23 例 2-14 图

解 为计算 a、b 两端的短路电流 I_{ab}，可以先把 a、b 两端的左边电路进行等效化简，变为一个有伴电压源支路，然后计算 I_{ab}。

在图 2-23(b)中，由 KCL 得

$$I + 3I + I_0 = 1$$

即有

$$I = \frac{1 - I_0}{4}$$

则根据 KVL 有

$$U_{ab} = 2 - 6I = 0.5 + 1.5I_0$$

该式表明图 2-23(b)所示电路可等效为一个 0.5 V 的电压源和一个 1.5 Ω 电阻相串联的支路，用该支路代替 a、b 端左边的电路，即可得图 2-23(c)所示电路。这样，可得 a、b 两端的短路电流为

$$I_{ab} = \frac{0.5}{1.5} = \frac{1}{3} \text{ A}$$

注意：对含受控源电路进行分解时，不要把受控源的控制量和受控源分开。

【例 2-15】 求图 2-24 所示电路中 4 A 电流源发出的功率。

解 欲求 4 A 电流源发出的功率，只要求得 4 A 电流源两端的电压即可。为此，将 4 A 电流源左边电路，即图 2-24(b)所示电路等效为图 2-24(c)所示电路。

在图 2-24(b)中，由 KVL 可得

$$6I + 4I_1 = 10 \qquad (1)$$

由 KCL 可得

$$I_1 = I + I_0 \qquad (2)$$

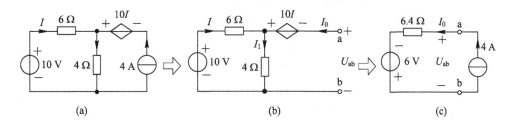

图 2-24　例 2-15 图

把式(2)代入式(1)，得

$$10I + 4I_0 = 10 \quad \rightarrow \quad I = 1 - 0.4I_0 \tag{3}$$

又由 KVL 得

$$U_{ab} = -10I - 6I + 10 = -16I + 10 \tag{4}$$

把式(3)代入式(4)，得

$$U_{ab} = -16 + 6.4I_0 + 10 = 6.4I_0 - 6 \tag{5}$$

由式(5)画出等效电路，如图 2-24(c)所示。

因为 $I_0 = 4$ A，所以，由 KVL 可得

$$U_{ab} = 6.4I_0 - 6 = 19.6 \text{ V}$$

则 4 A 电流源发出的功率为

$$P = 4U_{ab} = 4 \times 19.6 = 78.4 \text{ W}$$

2.6　线 性 定 理

根据第 1 章介绍的线性电路的概念，本节给出可用于实际电路分析的两个重要定理。

叠加定理：在具有两个或两个以上独立电源作用的线性电路中，任何一个支路上的电流或任意两点间的电压都等于各电源单独作用而其他电源为零(电压源短路，电流源开路)时，在该支路产生的电流或在该两点间产生的电压的代数和。

齐次定理：在具有一个独立电源作用的线性电路中，若电源扩大或缩小 k 倍，则电路中任何一个支路的电流或任意两点间的电压也扩大或缩小 k 倍。

将叠加定理和齐次定理结合起来，就会得到如下结论：

线性定理：在具有多个独立电源作用的线性电路中，若所有电源同时扩大或缩小 k 倍，则电路中任何一个支路的电流或任意两点间的电压也扩大或缩小 k 倍。

【**例 2-16**】 试用叠加定理求图 2-25(a)所示电路中 3 Ω 电阻上的电压 U 及功率 P。

解 当 12 V 电压源单独工作时，电流源开路，得等效图 2-25(b)。由分压公式得

$$U' = -\frac{3}{3+6} \times 12 = -4 \text{ V}$$

当 3 A 电流源单独激励时，电压源短路，得图 2-25(c)。将图 2-25(c)变换为图 2-25(d)，则

$$U'' = 3 \times \frac{3 \times 6}{3+6} = 6 \text{ V}$$

当电压源和电流源共同作用时，由叠加定理得 3 Ω 电阻上的电压及功率分别为

$$U = U' + U'' = -4 + 6 = 2 \text{ V}$$

$$P = \frac{U^2}{R} = \frac{2^2}{3} = \frac{4}{3} \text{ W}$$

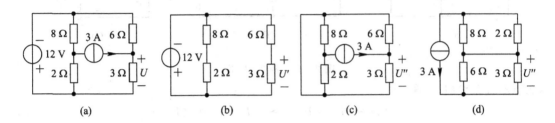

图 2-25 例 2-16 图

注意：计算功率时不能用叠加定理。如果采用叠加定理，则有

$$P = P' + P'' = \frac{U'^2}{3} + \frac{U''^2}{3} = \frac{16}{3} + 12 = \frac{52}{3} \text{ W}$$

显然，该结果与上述正确结果 $\frac{4}{3}$ W 不符。

【**例 2-17**】 用叠加定理计算图 2-26(a)所示电路中受控源两端的电压及功率。

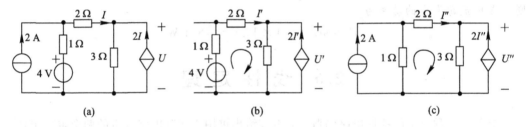

图 2-26 例 2-17 图

解 当 4 V 电压源单独作用时，电流源开路，图 2-26(a)等效为图 2-26(b)。对于由 3 个电阻和电压源构成的回路，利用 KVL 可得

$$(1+2)I' + 3(I' + 2I') = 4$$

从中解出

$$I' = \frac{1}{3} \text{ A}$$

则

$$U' = 3(I' + 2I') = 3 \text{ V}$$

当 2 A 电流源单独作用时，电压源短路，图 2-26(a)可变为图 2-26(c)并可得回路的 KVL 方程为

$$2I'' + 3(I'' + 2I'') = 1 \times (2 - I'')$$

从中解出

$$I'' = \frac{1}{6} \text{ A}$$

则

$$U'' = 3(I'' + 2I'') = 1.5 \text{ V}$$

当电压源和电流源共同作用时,利用叠加定理可得

$$I = I' + I'' = \frac{1}{3} + \frac{1}{6} = 0.5 \text{ A}$$

受控源的端电压为

$$U = U' + U'' = 3 + 1.5 = 4.5 \text{ V}$$

从图 2-26(a)可得受控源的功率为

$$P = -2IU = -2 \times 0.5 \times 4.5 = -4.5 \text{ W}$$

【例 2-18】 在图 2-27 的梯形电路中,$U_S = 6$ V,试用齐次定理计算支路电流 I_5。

解 我们不用电阻的串、并联关系求解,而是设一个容易计算的 I_5 值,比如 $\widetilde{I}_5$,然后倒推出一个 U_S,比如 $\widetilde{U}_S$,则根据齐次定理有 $\dfrac{\widetilde{U}_S}{\widetilde{I}_5} = \dfrac{U_S}{I_5}$,从中即可方便地解出 I_5。

设支路电流 $\widetilde{I}_5 = 1$ A,则有

$$\widetilde{I}_4 = \frac{1 \times (15 + 15)}{30} = 1 \text{ A}$$

$$\widetilde{I}_3 = \widetilde{I}_4 + \widetilde{I}_5 = 1 + 1 = 2 \text{ A}$$

$$\widetilde{I}_2 = \frac{15\widetilde{I}_3 + 30\widetilde{I}_4}{30} = 2 \text{ A}$$

$$\widetilde{I}_1 = \widetilde{I}_2 + \widetilde{I}_3 = 2 + 2 = 4 \text{ A}$$

这样,

$$\widetilde{U}_S = 15\widetilde{I}_1 + 30\widetilde{I}_2 = 120 \text{ V}$$

由 $\dfrac{\widetilde{U}_S}{\widetilde{I}_5} = \dfrac{U_S}{I_5}$ 可得

$$I_5 = U_S \frac{\widetilde{I}_5}{\widetilde{U}_S} = 6 \times \frac{1}{120} = 0.05 \text{ A}$$

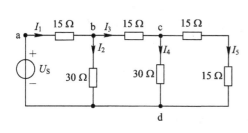

图 2-27 例 2-18 图

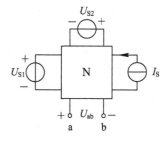

图 2-28 例 2-19 图

【例 2-19】 在图 2-28 中,N 是不含独立源的线性网络,但有 3 个独立源共同对其激励,a、b 两端的电压 U_{ab} 为 10 V。当电压源 U_{S1} 和电流源 I_S 反向而 U_{S2} 不变时,U_{ab} 变为 5 V。当电压源 U_{S2} 和电流源 I_S 反向而 U_{S1} 不变时,U_{ab} 变为 3 V。试问:只有电流源 I_S 反向而电压源 U_{S1} 和 U_{S2} 不变时,U_{ab} 变为多少?

解 根据叠加定理,3 个独立源共同激励时,电路的响应为

$$U_{ab} = k_1 U_{S1} + k_2 U_{S2} + k_3 I_S = 10 \text{ V} \tag{1}$$

式中，k_1、k_2 和 k_3 为常数，由电路结构和元件参数共同决定。

当电压源 U_{S1} 和电流源 I_S 反向而 U_{S2} 不变时，电路结构和元件参数不变，即 k_1、k_2 和 k_3 的大小不变，但 k_1 和 k_3 都要乘系数 -1，这时 a、b 两端的电压为

$$U_{ab}' = -k_1 U_{S1} + k_2 U_{S2} - k_3 I_S = 5 \text{ V} \tag{2}$$

当电压源 U_{S2} 和电流源 I_S 反向而 U_{S1} 不变时，k_2 和 k_3 都要乘系数 -1，这时 a、b 两端的电压为

$$U_{ab}'' = k_1 U_{S1} - k_2 U_{S2} - k_3 I_S = 3 \text{ V} \tag{3}$$

式(2)＋式(3)，得

$$-2k_3 I_S = 8 \text{ V} \tag{4}$$

若只有电流源 I_S 反向而电压源 U_{S1} 和 U_{S2} 不变，则 a、b 两端的电压为

$$U_{ab}''' = k_1 U_{S1} + k_2 U_{S2} - k_3 I_S = k_1 U_{S1} + k_2 U_{S2} + k_3 I_S - 2k_3 I_S$$
$$= U_{ab} - 2k_3 I_S = 10 + 8 = 18 \text{ V}$$

应用叠加定理和齐次定理时，必须注意以下问题：

(1) 它们是线性电路的重要特性，不能用于非线性电路。

(2) 当某个激励单独作用时，其他激励均视为零，意味着要将其他独立电压源短路、独立电流源开路。因此，需分别画出各独立源单独作用时的等效电路。

(3) 受控源不是真正的电源。因此，在叠加定理应用过程中，受控源要被当作普通元件处理。独立源单独作用时，受控源要保留在电路中。

(4) 它们只适用于计算电压或电流，而不适用于计算功率，因为功率计算不满足线性关系。

2.7 替 代 定 理

我们已经知道，根据"等电位的点可以相连，电流为零的支路可以断开"的等效概念能够简化电路计算。那么，对于有电位差的点和有电流的支路是否也可以进行某种等效呢？

替代定理：在一个电路中，一个已知的电压可以用一个大小和方向均相同的理想电压源替代；一个已知的电流可以用一个大小和方向均相同的理想电流源替代。替代之后，电路中其他支路的电压和电流均不变。

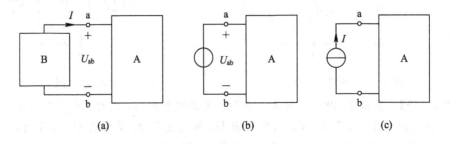

图 2-29 替代定理示意图

在图 2-29(a)的电路中，假设 U_{ab} 或 I 已知。为计算 A 部分电路中的未知量，B 部分电路可等效为一个支路，即 B 支路可用一个恒压源 U_{ab} 代替，如图 2-29(b)所示，也可用一

个恒流源 I 代替，如图 2 - 29(c)所示。特别地，若 U_{ab} 或 I 为零，则从图 2 - 29(b)和(c)中可得到如下结论：

<u>零电压支路可以用短路线代替，零电流支路可以用开路线代替。</u>

需要说明的是，替代定理对于线性电路和非线性电路都成立。

【例 2 - 20】 在如图 2 - 30(a)所示电路中，设 $U_S = 4.5\text{ V}$，$R_1 = 1\text{ k}\Omega$，$R_2 = 10\text{ k}\Omega$，R_3 为可变电阻，R_4 为被测电阻。调节电阻 R_3，若当 $R_3 = 0.5\text{ k}\Omega$ 时，电流 $I_B = 0$，求此时被测电阻 R_4 及电压源供出的电流 I。

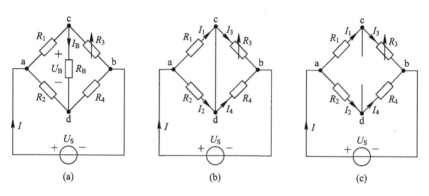

图 2 - 30 例 2 - 20 图

解 当电桥平衡时，$I_B = 0$，R_B 上的电压 $U_B = 0$，cd 桥支路可短路，如图 2 - 30(b)所示。显然，$U_{ac} = U_{ad}$，$U_{cb} = U_{db}$，则有

$$\begin{cases} R_1 I_1 = R_2 I_2 \\ R_3 I_3 = R_4 I_4 \end{cases} \tag{1}$$

式(1)虽然简化了电路，但对解题没有帮助，必须另辟蹊径。

由于 $I_B = 0$，因此 cd 桥支路可开路，如图 2 - 30(c)所示。显然，$I_1 = I_3$，$I_2 = I_4$，再加上 $U_{ac} = U_{ad}$，$U_{cb} = U_{db}$，则有

$$\begin{cases} R_1 I_1 = R_2 I_2 \\ R_3 I_1 = R_4 I_2 \end{cases} \tag{2}$$

方程组(2)中两式相除，得

$$\frac{R_1}{R_3} = \frac{R_2}{R_4} \rightarrow R_1 R_4 = R_2 R_3 \tag{3}$$

由式(3)可得被测电阻为

$$R_4 = R_3 \frac{R_2}{R_1} = 5\text{ k}\Omega$$

再由图 2 - 30(b)或图 2 - 30(c)得电桥平衡时，a、b 两端的等效电阻为

$$R_{ab} = (R_1 \mathbin{/\mkern-5mu/} R_2) + (R_3 \mathbin{/\mkern-5mu/} R_4) = (R_1 + R_3) \mathbin{/\mkern-5mu/} (R_2 + R_4) \approx 1.36\text{ k}\Omega$$

则平衡时电压源输出的电流为

$$I = \frac{U_S}{R_{ab}} = \frac{4.5}{1.36} \approx 3.3\text{ mA}$$

【例 2 - 21】 在图 2 - 31(a)所示电路中，已知含源二端网络 N_S 的端电压 $U = 2\text{ V}$，求受控源的端电压 U_1。

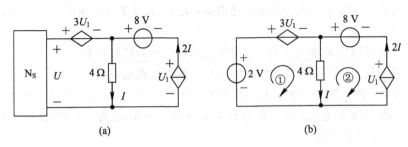

图 2-31 例 2-21 图

解 用 2 V 电压源替代 N_S，如图 2-31(b)所示。在图 2-31(b)中，利用 KVL 列写回路方程。

对回路①，有

$$3U_1 + 4I = 2 \tag{1}$$

对回路②，有

$$U_1 + 8 = 4I \tag{2}$$

联立式(1)和式(2)，可解得受控源的端电压为

$$U_1 = -1.5 \text{ V}$$

2.8 等效电源定理

有两个非常重要的等效定理可以帮助我们简化对线性二端网络的分析与计算，下面分别介绍。

2.8.1 戴维南定理

法国电报工程师戴维南(M. Leon Thevenin)于 1883 年提出了如下定理：

戴维南定理：对外电路而言，任何一个线性含源二端网络 N_S 都可等效为一个有伴电压源。其中，电压源电压等于该网络两端的开路电压 u_{OC}，内阻 R_0 等于该网络内部所有电源为零(电压源短路，电流源开路)时，从两端看进去的等效电阻 R_{ab}。等效模型见图 2-32。

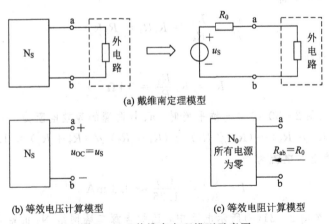

(a) 戴维南定理模型

(b) 等效电压计算模型 (c) 等效电阻计算模型

图 2-32 戴维南定理模型示意图

在实际分析时，戴维南模型可按以下步骤得到：

第一步：找出含源二端网络。从全网络中去掉外电路，得到欲简化的含源二端网络。

第二步：计算开路电压 u_{OC}。可以采用任何一种求两点之间电压的方法，如节点电压法、网孔电流法、叠加定理等。

第三步：画出零电源二端网络 N_0。在第一步的基础上，将所有独立电压源短路、独立电流源开路，得到零电源二端网络。

第四步：求等效内阻 R_0。可采用下列方法计算零电源二端网络 N_0 的等效电阻。

(1) 串、并联法。若 N_0 中没有受控源，则可用电阻的串、并联方法计算。

(2) 外加电压(电流)法。在 N_0 的端钮处外加一个电压 u 或电流 i 后，求出端钮处的电流 i 或电压 u，则等效内阻为 $R_0 = \dfrac{u}{i}$。该法尤其适合含有受控源的电路。

(3) 欧姆定律法。分别求出 N_0 的开路电压 u_{OC} 和短路电流 i_{SC}，则 $R_0 = \dfrac{u_{OC}}{i_{SC}}$。

若可得到含源二端网络的伏安特性 $u = ki + d$，k 和 d 均为常数，则戴维南模型为

$$\begin{cases} u_{OC} = d \\ R_0 = k \end{cases} \tag{2.8-1}$$

【例 2-22】　在图 2-33(a)所示电路中，问当 R 为何值时，它能获得最大功率？该功率为多大？

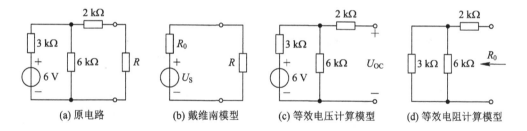

(a) 原电路　　　(b) 戴维南模型　　　(c) 等效电压计算模型　　　(d) 等效电阻计算模型

图 2-33　例 2-22 图

解　原电路的戴维南模型如图 2-33(b)所示。求解开路电压和内阻的等效图如图 2-33(c)和(d)所示。利用分压公式和串、并联公式可得

$$U_{OC} = \frac{6}{3+6}6 = 4 \text{ V}, \quad R_0 = 2 + \frac{3 \times 6}{3+6} = 4 \text{ k}\Omega$$

当 $R = R_0 = 4 \text{ k}\Omega$ 时，由式(2.3-10)可得最大功率为

$$p_{max} = \frac{U_{OC}^2}{4R_0} = \frac{4^2}{4 \times 4 \times 10^3} = 1 \text{ mW}$$

【例 2-23】　在图 2-34(a)所示电路中，求电流 I_0。

解　求解模型见图 2-34(b)、(c)、(d)。

在图 2-34(b)中，由 KCL 可得

$$I_2 = 2 - I_1, \quad I_3 = 2 + 2I_1$$

在电压源回路中，由 KVL 可得

$$3I_1 + 10 - 2I_2 = 0 \rightarrow 3I_1 + 10 - 2(2 - I_1) = 0 \rightarrow 5I_1 + 6 = 0$$

从中解出

$$I_1 = -\frac{6}{5} \text{ A}$$

再由 KVL 可得

$$U_{\text{OC}} = (2I_1 + 2) \times 1 + 3I_1 + 10 = 5I_1 + 12 = 5\left(-\frac{6}{5}\right) + 12 = 6 \text{ V}$$

也可以分别计算 10 V 电压源和 2 A 电流源单独作用下的开路电压,再由叠加定理合成为总的开路电压。

为方便计,先将受控电流源化为电压源得到图 2-34(c),为计算内阻,假设在开路端外加一个电压源 U,其在电路中产生的电流为 I。

由分流公式可得

$$I_1 = \frac{2}{3+2}I = \frac{2}{5}I$$

由 KVL 可得

$$U = 2I_1 + 1 \times I + 3I_1 = 5I_1 + I = 2I + I = 3I \rightarrow \frac{U}{I} = 3 \text{ }\Omega = R_0$$

在图 2-34(d)中,由欧姆定律可得

$$I_0 = \frac{U_{\text{OC}}}{R_0 + 2} = \frac{6}{3+2} = 1.2 \text{ A}$$

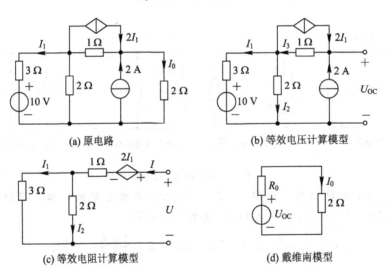

图 2-34 例 2-23 图

上述例题说明,戴维南定理适合求解一个支路的电压、电流、功率和电阻等变量。

2.8.2 诺顿定理

戴维南定理可将一个支路以外的电路等效为一个实际电压源。那么,出于同样的目的,能否将一个支路以外的电路等效为一个实际电流源?诺顿定理回答了这个问题。

美国贝尔实验室工程师诺顿(E. L. Norton)于 1926 年提出了如下定理:

诺顿定理:对外电路而言,任何一个线性含源二端网络 N_S 都可等效为一个有伴电流源。其中,电流源的电流等于该网络两端的短路电流 i_{SC},内阻 R_0 等于该网络内部所有电源为零(电压源短路,电流源开路)时,从两端看进去的等效电阻 R_{ab}。等效模型见图 2-35。

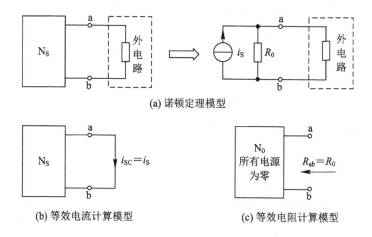

(a) 诺顿定理模型

(b) 等效电流计算模型　　　　(c) 等效电阻计算模型

图 2-35　诺顿定理模型示意图

比较诺顿定理模型与戴维南定理模型可以发现,它们的差异仅仅是电流源与电压源之别。那么,对于同一个网络 N_s 而言,为保证对外电路的作用一致,诺顿模型和戴维南模型必须可以互相等效。若设戴维南模型的内阻为 R_{0T},诺顿模型的内阻为 R_{0N},则这两个模型必须满足:

$$\begin{cases} R_{0T} = R_{0N} = R_0 \\ u_{OC} = R_0 i_{SC} \end{cases} \tag{2.8-2}$$

因此,在实际应用中,一个二端网络可以等效为戴维南模型,也可以等效为诺顿模型。可见,戴维南模型与诺顿模型具有对偶性,可以等效互换,如图 2-36 所示。

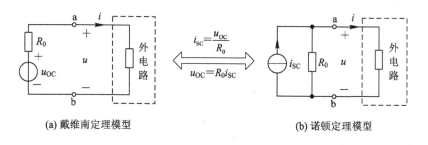

(a) 戴维南定理模型　　　　　　　　　　(b) 诺顿定理模型

图 2-36　两种模型互换示意图

诺顿模型的获得方法可参考戴维南模型的获得方法,其中获得内阻的方法一样。

若可得到含源二端网络的伏安特性 $u = ki + d$, k 和 d 均为常数,则诺顿模型为

$$\begin{cases} i_{SC} = -\dfrac{d}{k} \\ R_0 = k \end{cases} \tag{2.8-3}$$

综上所述,可得如下结论:

(1) 戴维南定理和诺顿定理可分别称为等效电压源定理和等效电流源定理,也可统称为"等效电源定理"。

(2) 它们适用于对一个支路(或二端网络)端电压和端电流的求解问题。

（3）它们只能用于对线性电路的分析。

【例 2-24】 在图 2-37(a)所示电路中，利用诺顿定理求电流 I。

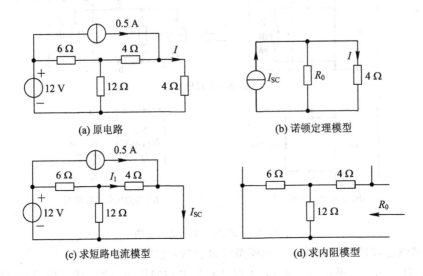

(a) 原电路　　　　　　　　　　(b) 诺顿定理模型

(c) 求短路电流模型　　　　　　(d) 求内阻模型

图 2-37 例 2-24 图

解 诺顿模型如图 2-37(b)所示，求解短路电流 I_{SC} 的模型如图 2-37(c)所示，求解 R_0 的模型如图 2-37(d)所示。

在图 2-37(c)中，根据串、并联关系，分压公式和欧姆定律可得 4 Ω 电阻上的电流为

$$I_1 = \left[\frac{4 \,/\!/\, 12}{6 + (4 \,/\!/\, 12)} \times 12\right] \div 4 = 1 \text{ A}$$

再由 KCL 可得

$$I_{SC} = 0.5 + I_1 = 1.5 \text{ A}$$

在图 2-37(d)中，根据串、并联关系可得

$$R_0 = 4 + (6 \,/\!/\, 12) = 8 \text{ Ω}$$

则在图 2-37(b)中，由分流公式可得

$$I = \frac{R_0}{4 + R_0} \times I_{SC} = \frac{8}{4 + 8} \times 1.5 = 1 \text{ A}$$

当然，该题也可用戴维南定理求解，读者不妨一试。

【例 2-25】 在图 2-38(a)所示电路中，已知 $I_1 = 2$ mA，含源二端网络 N 的伏安特性为 $U = 2I + 10$，其中电压单位为 V，电流单位为 mA。试给出网络 N_1 的诺顿模型。

解 将 N_1 的诺顿模型代入原电路中，得到图 2-38(b)。

分别令伏安特性 $U = 2I + 10$ 中的 I 和 U 为零，可得网络 N 的开路电压和短路电流为

$$U = U_{OC} = 10 \text{ V}, \quad I = I_{SC1} = -5 \text{ mA}$$

则由求内阻的欧姆定律法可得网络 N 的等效内阻为

$$R_0 = \frac{U_{OC}}{-I_{SC1}} = \frac{10}{5} = 2 \text{ kΩ}$$

内阻也可直接由伏安特性 $U = 2I + 10$ 的斜率得到，即 $R_0 = 2$ kΩ。

从图 2-38(b)可见，网络 N 和网络 N_1 共用一个内阻，即 N_1 的内阻也为 R_0。

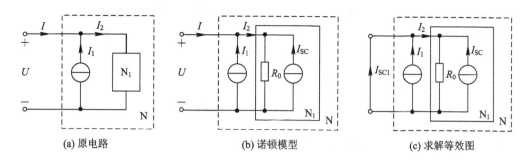

(a) 原电路　　　　　　(b) 诺顿模型　　　　　　(c) 求解等效图

图 2-38　例 2-25 图

在图 2-38(c)的短路模型中，因短路线将内阻 R_0 短路，故 R_0 上无电流，则由 KCL 可得

$$I_{SC} = - I_{SC1} - I_1 = 5 - 2 = 3 \text{ mA}$$

这样，N_1 的诺顿模型为

$$I_{SC} = 3 \text{ mA}, \quad R_0 = 2 \text{ k}\Omega$$

求解本题的关键有两点：① 要理解伏安特性；② 要理解诺顿等效是针对 N_1 以外的电路，而外电路的伏安特性又包含 N_1 的作用。因此，在求等效电流源时，要保留外电路（电流源 I_1）。

2.9　对　偶　原　理

在电路的分析过程中，会发现一个有趣的现象：一些变量、元件、结构和定律会成对出现，它们之间存在明显的对应关系。比如，电压与电流、电阻与电导、电感与电容、串联与并联、网孔与节点、KCL 与 KVL、戴维南定理与诺顿定理等。人们把这种关系称为电路的"对偶"特性，把具有对偶关系的变量、元件、结构和定律统称为对偶元素，把能够用对偶元素替换的数学关系式称为对偶式，比如 $u = Ri$ 与 $i = Gu$ 互为对偶式，$\sum\limits_{k} u_k = 0$ 和 $\sum\limits_{k} i_k = 0$ 互为对偶式。据此，可以给出常见的对偶元素如图 2-39 所示。

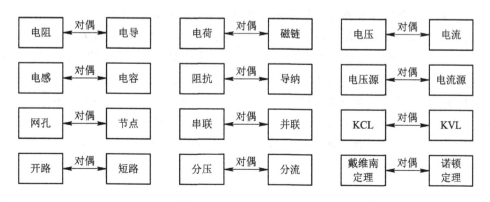

图 2-39　常见对偶关系图

通过对对偶现象的分析，可以得到如下原理：

对偶原理:如果一个电路等式成立,那么它的对偶式一定成立。

对偶原理的重要意义在于它能使得需要证明或推导的公式和等式数量减少一半。比如,证明了戴维南定理也就证明了诺顿定理。

2.10 结 语

综上所述,本章的主要内容可以用图 2-40 概括。

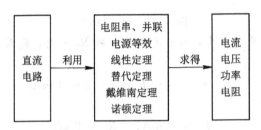

图 2-40 第 2 章主要内容示意图

2.11 小知识——稳压电源的挑选

在生活、学习和工作中,我们经常会遇到购买或更换稳压电源或电源适配器的问题。比如,笔记本、电子琴、录音机、收音机等电器的电源适配器,实验用的单路或双路稳压电源等。这些电源的共同点是将 220 V 交流市电变换为低压直流电,不同点是低压直流电的电压和电流不同,即电源输出的直流电压和直流电流不一样。

在更换电源时,首先必须保证电源的输出电压与用电器的要求一致。比如,一个笔记本的工作电压为 16 V,则必须更换输出电压等于 16 V 的电源,高了会烧坏用电器,低了用电器会工作不正常。然后,还必须考虑电源的输出电流(额定输出电流)大小。通常,要使电源的输出电流大于用电器的额定工作电流。比如,笔记本的工作电压为 16 V,工作电流为 2 A,那么,合适的电源输出电压必须为 16 V,输出电流至少要等于 2 A,最好大于 2 A。这是因为电源的输出电流并不是实际的工作电流,而是可提供的最大工作电流,实际工作电流由用电器(负载)决定。"电源输出电流大于用电器工作电流会烧毁用电器"是错误认知。其实,电源可输出的电流越大,意味着内阻越小,驱动能力越强,质量越好。理想情况下,电源内阻为零,其输出电流可以无穷大。如果电源的输出电流小于用电器的工作电流,就会出现电源容易发热,用电器工作不正常的现象,这种情况可比喻为"小马拉大车"。比如图 2-41 中的电源适配器输出电压为 12 V,输出电流为 1000 mA,那么,它适用于工作电压为 12 V、工作电流小于等于 1000 mA 的用电器,即"大马拉小车"才是正确的使用方法。

除了电压和电流参数问题外,还有一个插头匹配的问题。电源插头的匹配要分别考虑交流电插头(电源的输入)和直流电插头(电源的输出)。交流电插头在我国有两头和三头之分,两头可插入单相插座,三头可插入三孔插座,而直流电输出插头目前多是圆孔型插头

（俗称母头）。选购时要注意插头的外直径、长短和内孔直径，并保证插头的接线极性和用电器一致。通常，插头的外圆柱接电源负极，内孔接电源正极，如图 2-41 所示。

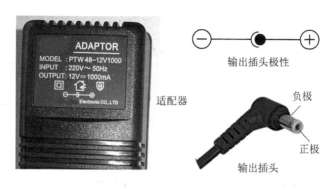

图 2-41　适配器实物图

因此，在挑选电源时要注意以下三点：

（1）电源的输出电压一定要等于用电器的工作电压。

（2）电源的输出电流至少要等于用电器的工作电流，大一点更好。

（3）插头匹配。

本 章 习 题

2-1　电阻串联电路中，总电阻等于分电阻之和的结论是基于什么电路基本理论？

2-2　电阻并联电路中，总电导等于分电导之和的结论是基于什么电路基本理论？

2-3　不同电压的理想电压源不能并联的结论是基于什么电路基本理论？

2-4　不同电流的理想电流源不能串联的结论是基于什么电路基本理论？

2-5　从数学概念上如何理解电阻电路中负载电阻功率会有最大值？

2-6　如图 2-42 所示电路称为双电源直流分压电路。说明电压 U_1 可在 $+15$ V 至 -15 V 之间连续变化。或者说，系数 α 可在 0 至 1 之间连续变化，即 $0 \leqslant \alpha \leqslant 1$。$\alpha R$ 为 1 和 3 端之间的电阻。

2-7　如图 2-43 所示电路中，U_1 应为 -1 V。若测得 $U_1 = 20$ V，请问电路出现了什么故障？若测得 $U_1 = 6$ V，电路又出现了什么故障？

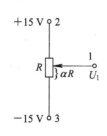

图 2-42　习题 2-6 图

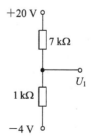

图 2-43　习题 2-7 图

2-8 已知如图 2-44 所示电路，求 u 和 i。

(5 V，5/3 A；3 V，1 A；1 V，1 A；50 V，20 mA；32 V，20/3 A；2 V，1 A)

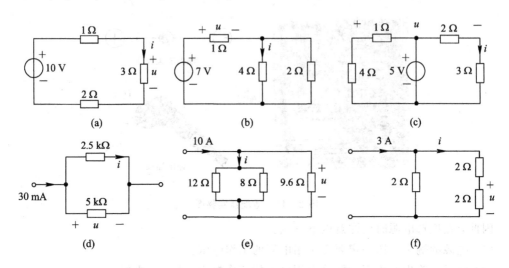

图 2-44 习题 2-8 图

2-9 求如图 2-45 所示电路中 1、2、3 点的电压 U_1、U_2 和 U_3。(6/2/0 V；4/0/-2 V；160/205/0 V)

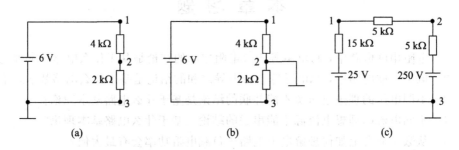

图 2-45 习题 2-9 图

2-10 求图 2-46 所示电路的等效电阻 R_{ab}。(10 Ω；1 Ω)

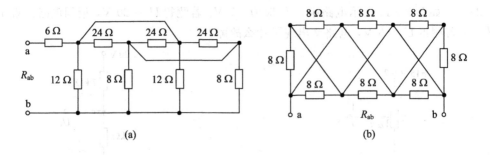

图 2-46 习题 2-10 图

2-11 求图 2-47 所示电路的等效电阻 R_{ab}。(2R/3；30 Ω)

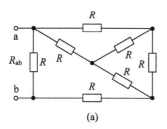

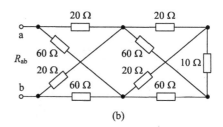

图 2-47　习题 2-11 图

2-11　求图 2-48 所示电路的等效电阻 R_{ab}。（$2R/3$；$5R/4$；1.2；3）

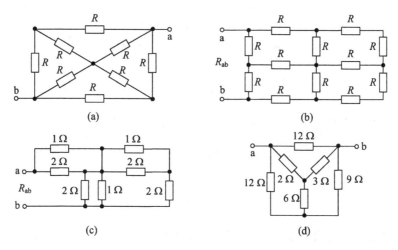

图 2-48　习题 2-12 图

2-13　求图 2-49 所示电路中的电流 I。（$0.25\ \text{A}$）

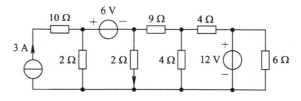

图 2-49　习题 2-13 图

2-14　求图 2-50 所示电路的 I_1、I_2 和各元件吸收的功率。

（$1\ \text{A}$，$2.2\ \text{A}$，电源$-16\ \text{W}$，受控源 $1.2\ \text{W}$，电阻 $9.68\ \text{W}$）

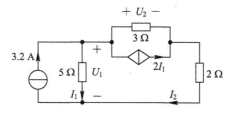

图 2-50　习题 2-14 图

2-15　求图 2-51 所示电路的 I 和 U。（0，$4.5\ \text{V}$；$2\ \text{A}$，$46\ \text{V}$）

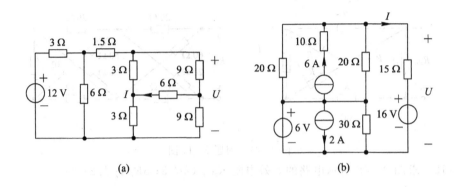

(a)   (b)

图 2-51   习题 2-15 图

2-16   求图 2-52 所示电路的电流 I。（—1.2 A；8 A）

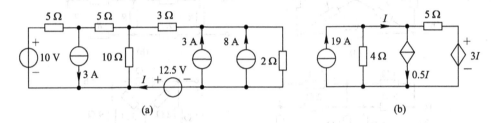

(a)   (b)

图 2-52   习题 2-16 图

2-17   图 2-53 所示电路中，(1) 若电阻 $R=4\ \Omega$，求 U_1 和 I_1；(2) 若 $U_1=4$ V，求电阻 R。（—10/3 V，—3 A；6/7 Ω）

2-18   图 2-54 所示电路中，$R_1=R_2=2\ \Omega$，$R_3=R_4=1\ \Omega$，求电压比 $\dfrac{u_o}{u_S}$。（0.3）

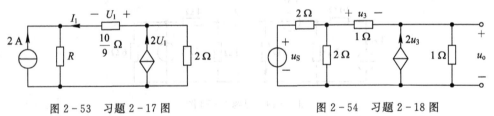

图 2-53   习题 2-17 图   图 2-54   习题 2-18 图

2-19   求图 2-55 所示电路的输入电阻 R_{in}。$\left(-11\ \Omega;\ R_{in}=\dfrac{(\alpha-1)R_1-R_2}{(\alpha-1)(1-\beta)}\right)$

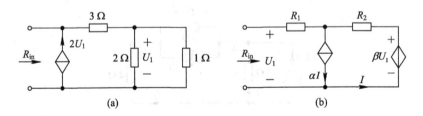

(a)   (b)

图 2-55   习题 2-19 图

2-20　利用叠加定理求图 2-56 所示电路中的电流 I。(1.5 A；1/3 A)

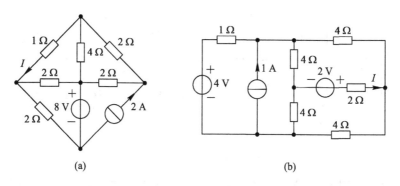

(a)　　　　　　　　　　　(b)

图 2-56　习题 2-20 图

2-21　图 2-57 所示电路中，当 $I_S=2$ A 时，$I=-1$ A；当 $I_S=4$ A 时，$I=0$ A。求 $I=1$ A 时，I_S 为多少。(6 A)

2-22　图 2-58 所示电路中，当 $R=R_1$ 时，$I_1=5$ A，$I_2=2$ A；当 $R=R_2$ 时，$I_1=4$ A，$I_2=1$ A。求 $R=\infty$ 时，电流 I_1 的值。(3 A)

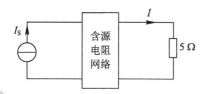　　　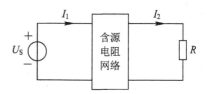

图 2-57　习题 2-21 图　　　　　　　图 2-58　习题 2-22 图

2-23　已知如图 2-59 所示电路，求图(a)的戴维南等效电路，求图(b)的诺顿等效电路。(36 V，16.8 Ω；1 A，7 Ω)

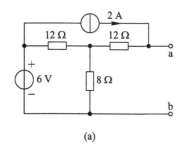　　　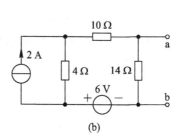

(a)　　　　　　　　　　　(b)

图 2-59　习题 2-23 图

2-24　已知如图 2-60 所示电路，试问电阻 R 为多大时，可获得最大功率？并求此最大功率。(20 Ω，0.2 W；10 Ω，0.1 W)

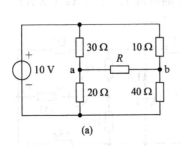 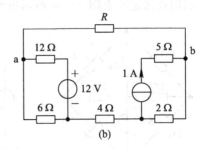

图 2-60　习题 2-24 图

2-25　已知如图 2-61 所示电路，试问电阻 R 为多大时，可获得最大功率？并求此最大功率。（4 Ω，2.25 W）

2-26　已知如图 2-62 所示电路，欲使电压 U_{ab} 不受电压源 U_S 的影响，试确定受控源的控制系数 α。（-1）

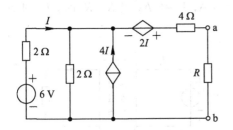 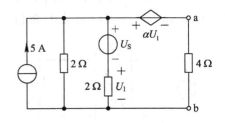

图 2-61　习题 2-25 图　　　　　　图 2-62　习题 2-26 图

2-27　如图 2-63 所示电路中，已知当 $R=0$ 时，$I_2=6$ A；当 $R=\infty$ 时，$I_2=9$ A。若 a、b 端的戴维南等效电阻为 $R_0=9$ Ω，求电流 I_2 与电阻 R 的关系。$\left(I_2=\dfrac{9R+54}{R+9}\right)$

2-28　如图 2-64 所示电路中，已知当 $R_2=6$ Ω 时，$U_2=6$ V，$I_5=-4$ A；当 $R_2=15$ Ω 时，$U_2=7.5$ V，$I_5=-7$ A。问：（1）R_2 获得最大功率的条件是什么？最大功率为多大？（2）当 R_2 为何值时，R_5 获得最小功率？此最小功率为多少？（3 Ω，6.75 W；2.4 Ω，0 W）

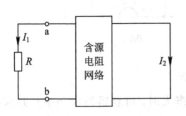 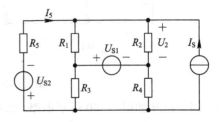

图 2-63　习题 2-27 图　　　　　　图 2-64　习题 2-28 图

2-29　利用等效变换概念求如图 2-65 所示电路的最简等效电路。
（4 A 电流源；4 A 电流源；15 Ω，40 V；8/21 Ω，4/21 V）

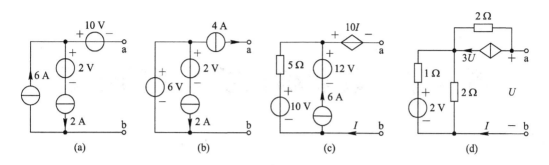

图 2-65　习题 2-29 图

2-30　一个电路在两种情况下画成图 2-66(a)和图 2-66(b)。已知 $U=12.5$ V，$I=10$ mA，求网络 N 对 a、b 端的戴维南等效电路。(5 kΩ，10 V)

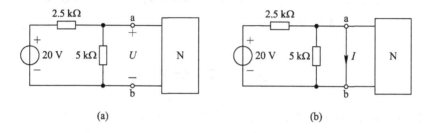

图 2-66　习题 2-30 图

第3章 直流电路基本定律分析法

引子 基于等效原理的电路等效化简分析法对一些结构简单的电路或局部电路的分析及计算是行之有效的。但在实际工作中，常常需要了解一些结构复杂的电路或全电路的特性，也就是要求解的未知量(变量)比较多。此时，等效化简分析法就显得力不从心。那么，能否找到适合全电路或复杂电路的分析方法？这就引出了本章的"基本定律分析法"。

3.1 2b 分析法

分析一个电路，其实就是要计算出其每条支路的电压和电流，从而全面了解电路特性。

对于任一个具有 n 个节点和 b 条支路的电路(网络)，因为共有 $2b$ 个未知量(b 个支路电压和 b 个支路电流)，所以需要列写 $2b$ 个独立的电路方程并求解，才能完成对该电路的分析工作。那么，如何列写所需的 $2b$ 个电路方程呢？

可以证明：

(1) 电路必然有 $(n-1)$ 个独立节点，可列出 $(n-1)$ 个独立 KCL 方程。

(2) 电路必然有 $(b-n+1)$ 个网孔或独立回路，可列出 $(b-n+1)$ 个独立 KVL 方程。

(3) b 条支路必然有 b 个独立的支路伏安方程。

这样，以上 $2b$ 个独立方程就构成了全面分析该电路的一个方程组。对该方程组求解就可得到 b 个支路电压和 b 个支路电流。因此，有如下结论：

$2b$ 分析法：基于 KCL 和 KVL 列写 $2b$ 个多元一次方程组求解电路变量的方法。

虽然 $2b$ 分析法方程数目较多、计算相对繁琐且很少采用，但它包含了电路分析的基本概念和思路，是其他基本定律分析法的基础，因此，这种分析法具有重要的理论意义。

这里的"独立"指"线性无关"，即独立方程不能用其他方程的线性组合表示。

3.2 支 路 电 流 法

根据数学知识可知，要想简化方程组的计算，就必须减少变量或方程的个数。因此，人们提出了支路电流分析法，简称"支路电流法"。

支路电流法：先列出 b 个支路电流变量方程并求出 b 个支路电流，再利用伏安关系出 b 个支路电压，进而完成 $2b$ 个电路变量求解的方法。

其中：

b 个支路电流方程＝$(n-1)$个独立的 KCL 方程＋$(b-n+1)$个独立的 KVL 方程。

相对于 $2b$ 法，支路电流法的方程数减少一半，故可称为"$1b$ 法"。当然，也可以先求出支路电压再求支路电流，相应的方法就是"支路电压法"。两种方法可统称为"支路分析法"。因为它们具有对偶性，所以这里只介绍支路电流法。

用支路电流法分析电路的一般步骤如下：

(1) 确定电路的节点数和网孔数，以便确定独立的 KCL 和 KVL 方程数。

(2) 设定各支路电流的符号及参考方向。

(3) 选取参考点，列写$(n-1)$个 KCL 方程。

(4) 选取$(b-n+1)$个网孔并设定网孔方向，列写各网孔的 KVL 方程。

(5) 联立求解上述 b 个方程，得到 b 条支路的电流。

(6) 根据每条支路的伏安关系，求出 b 条支路的电压。

(7) 根据已求得的支路电流和支路电压，可再求得其他变量，如功率、效率等。

【例 3-1】　求图 3-1(a)所示电路中各支路电流、电压 U_{ab} 及 9 V 电源发出的功率。

解　(1) 电路共有 $n=2$ 个节点和 $b=3$ 条支路。

(2) 设各支路电流的符号和方向如图 3-1(a)所示。

(3) 选取节点 b 为参考点，可列出节点 a 的 KCL 方程：

$$I_1 - I_2 + I_3 = 0 \tag{1}$$

(4) 电路的网孔数为 2。列出 2 个网孔的 KVL 方程：

$$网孔\ I：15 \times I_1 - 1 \times I_3 = 15 - 9 \tag{2}$$
$$网孔\ II：1.5 \times I_2 + 1 \times I_3 = 9 - 4.5 \tag{3}$$

(5) 联立式(1)~式(3)可求得各支路电流为

$$I_1 = 0.5\ A, \quad I_2 = 2\ A, \quad I_3 = 1.5\ A$$

(6) 支路电压为

$$U_{ab} = 9 - 1 \times I_3 = 9 - 1.5 = 7.5\ V$$

当然，U_{ab} 也可由另外 2 条支路求出。

(7) 9 V 电源发出的功率为

$$P = 9 \times I_3 = 9 \times 1.5 = 13.5\ W$$

如果电路中含有受控源，可将受控源当作独立源处理，先按上述方法列写电路方程，再补充一个受控源的受控关系方程，即可联立求解。

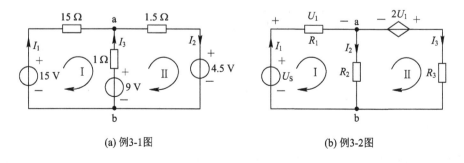

(a) 例3-1图　　　　　　　　(b) 例3-2图

图 3-1　例 3-1、例 3-2 图

【例 3-2】 在图 3-1(b)所示电路中，$R_1=1\,\Omega$，$R_2=2\,\Omega$，$R_3=4\,\Omega$，$U_S=10\,V$，试用支路电流法求 I_1、I_2、I_3。

解 选取节点 b 为参考点，可列出节点 a 的 KCL 方程：

$$I_1=I_2+I_3 \tag{1}$$

对于网孔 I，有

$$R_1I_1+R_2I_2=U_S \tag{2}$$

对于网孔 II，有

$$R_3I_3-R_2I_2=2U_1 \tag{3}$$

再补充一个受控源的受控关系方程：

$$U_1=R_1I_1 \tag{4}$$

联立式(1)～式(4)，可解出

$$I_1=6\,A,\quad I_2=2\,A,\quad I_3=4\,A$$

3.3 节点电压法

与 2b 法相比，支路分析法已经减少了一半的方程数，但人们仍不满足，提出了能否进一步减少方程数的疑问。"节点电压分析法"和"网孔电流分析法"回答了这个问题。

3.3.1 节点电压法介绍

图 3-2 所示电路由 6 个电导和 4 个电流源组成，有 a、b、c、d 共 "对节点电压法"和 4 个节点和 6 条支路（因电流源的电流已知，故可不作为待求支路考 "网孔电流法"的理解 虑）。由于 $n=4$，$b=6$，因此若要计算 6 条电导支路的支路电流，就需要列出 3 个独立的 KCL 方程和 3 个独立的 KVL 方程。仔细分析该电路可以发现，只要求得 4 个节点两两之间的电压，即可利用伏安关系（欧姆定律）求得各支路电流。若设一个节点为参考点，则只需解出另外 3 个节点与参考点的电压（也就是电位），再利用伏安关系求得支路电流即可完成分析任务。

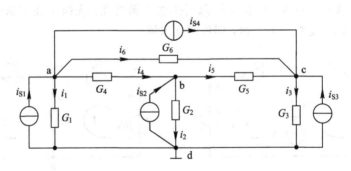

图 3-2 节点电压法原理例图

因为一个电路的节点个数通常小于支路个数，这就为我们在支路分析法基础上进一步减少方程个数提供了一个新思路——用较少的节点电压代替较多的支路电压作未知量建立方程，从而达到减少方程数的目的。这就是"节点电压法"的基本概念。

　　节点电压分析法：**基于 KCL 列写 $(n-1)$ 个以节点电压为未知量的节点电流方程，然后求得 $(n-1)$ 个节点电压，进而完成对电路全面分析的方法。**

　　显然，要列写节点电压方程，先要确定节点电压。

　　节点电压：电路中除参考节点外的其他节点电位。

　　在图 3-2 中，选取节点 d 为参考点，即 $u_d = 0$ V，则支路电压 u_{ad}、u_{bd} 和 u_{cd} 就是节点电压 u_a、u_b 和 u_c。根据欧姆定律，各电导支路的电流可用节点电压表示，有

$$\begin{cases} i_1 = G_1 u_a \\ i_2 = G_2 u_b \\ i_3 = G_3 u_c \\ i_4 = G_4 u_{ab} = G_4(u_a - u_b) \\ i_5 = G_5 u_{bc} = G_5(u_b - u_c) \\ i_6 = G_6 u_{ac} = G_6(u_a - u_c) \end{cases} \qquad (3.3-1)$$

从式(3.3-1)可知，只需求得 3 个未知量 u_a、u_b 和 u_c，即可得到 i_1、i_2、i_3、i_4、i_5 和 i_6。

　　显然，用节点电压法分析电路，只需列写 $(n-1)$ 个 KCL 方程即可，比支路分析法减少了 $(b-n+1)$ 个回路 KVL 方程。

　　下面根据图 3-2 推导出列写节点电压方程的具体步骤。

　　(1) 列出 6 条支路电流与 3 个节点电压的关系，如式(3.3-1)所示。

　　(2) 利用 KCL 列写出 3 个节点的电流方程。

　　对节点 a，有

$$i_1 + i_4 + i_6 = i_{S1} - i_{S4}$$

　　对节点 b，有

$$i_2 - i_4 + i_5 = i_{S2}$$

　　对节点 c，有

$$i_3 - i_5 - i_6 = i_{S3} + i_{S4}$$

　　(3) 将式(3.3-1)代入上述三式，得到

$$\begin{cases} G_1 u_a + G_4(u_a - u_b) + G_6(u_a + u_c) = i_{S1} - i_{S4} \\ G_2 u_b - G_4(u_a - u_b) + G_5(u_b - u_c) = i_{S2} \\ G_3 u_c - G_5(u_b - u_c) - G_6(u_a - u_c) = i_{S3} + i_{S4} \end{cases}$$

整理后，得到

$$\begin{cases} (G_1 + G_4 + G_6)u_a - G_4 u_b - G_6 u_c = i_{S1} - i_{S4} \\ (G_2 + G_4 + G_5)u_b - G_4 u_a - G_5 u_c = i_{S2} \\ (G_3 + G_5 + G_6)u_c - G_6 u_a - G_5 u_b = i_{S3} + i_{S4} \end{cases} \qquad (3.3-2)$$

　　(4) 将连接于一个节点的电导之和称为"自电导"，则节点 a、b、c 的自电导分别为

$$G_{aa} = G_1 + G_4 + G_6$$

$$G_{bb} = G_2 + G_4 + G_5$$

$$G_{cc} = G_3 + G_5 + G_6$$

　　(5) 将连接于两个节点的电导之和称为"互电导"，则节点 a、b、c 的互电导分别为

$$G_{ab} = G_{ba} = G_4$$
$$G_{ac} = G_{ca} = G_6$$
$$G_{bc} = G_{cb} = G_5$$

(6) 设 $i_{Sa}=i_{S1}-i_{S4}$、$i_{Sb}=i_{S2}$、$i_{Sc}=i_{S3}+i_{S4}$ 是流入各节点所有电流源的代数和，并规定流入节点的电流源取正值，流出节点的电流源取负值。

(7) 根据上述步骤，式(3.3-2)就可写成

$$\begin{cases} G_{aa}u_a - (G_{ab}u_b + G_{ac}u_c) = i_{Sa} \\ G_{bb}u_b - (G_{ba}u_a + G_{bc}u_c) = i_{Sb} \\ G_{cc}u_c - (G_{ca}u_a + G_{cb}u_b) = i_{Sc} \end{cases} \tag{3.3-3}$$

式(3.3-3)就是图3-2所示电路的节点电压方程。为便于记忆，将其写为一般形式：

自电导×本节点电压 − $\sum$(互电导×相邻节点电压) = 流入本节点所有电流源的代数和

$$\tag{3.3-4}$$

对上述内容进行概括、提炼，可以给出利用节点电压法分析电路的一般步骤。

(1) 选取参考节点，给其他独立节点编号。

(2) 确定自电导和互电导，按式(3.3-4)列写各节点电压方程的左端。

(3) 设流入节点的电流源为正，流出节点的电流源为负，列出各节点电压方程的右端。

(4) 求解节点电压方程组，得到各节点电压。

(5) 根据各节点电压，再求其他电路未知量，如支路电流、功率、元件参数等。

综上所述，可得如下结论：

(1) 通过节点电压(未知量)分析(求解)电路是以KVL为依据的，即回路中各支路电压的代数和为零，而所有支路电压均可用节点电压表示。

(2) 以节点电压为未知量的方程是基于KCL列写的，即一个节点的电流代数和为零。

(3) "节点电压方程"强调的是方程未知量为"节点电压"，但方程的实质是基于KCL的"节点电流方程"。

【例3-3】 在图3-2所示电路中，若 $G_1=G_2=G_3=2$ S，$G_4=G_5=G_6=1$ S，$i_{S1}=1$ A，$i_{S2}=4$ A，$i_{S3}=7$ A，$i_{S4}=2$ A，求各支路电流。

解 将已知量代入式(3.3-2)，有

$$\begin{cases} 4u_a - u_b - u_c = -1 \\ -u_a + 4u_b - u_c = 4 \\ -u_a - u_b + 4u_c = 9 \end{cases}$$

解得

$$u_a = 1 \text{ V}, \quad u_b = 2 \text{ V}, \quad u_c = 3 \text{ V}$$

则各支路电流为

$$i_1 = G_1u_a = 2 \times 1 = 2 \text{ A}, \quad i_2 = G_2u_b = 2 \times 2 = 4 \text{ A}, \quad i_3 = G_3u_c = 2 \times 3 = 6 \text{ A}$$
$$i_4 = G_4(u_a - u_b) = -1 \text{ A}, \quad i_5 = G_5(u_b - u_c) = -1 \text{ A}, \quad i_6 = G_6(u_a - u_c) = -2 \text{ A}$$

因为节点电压方程的本质是基尔霍夫电流定律，即 $\sum i_{出} = \sum i_{入}$，所以，在节点电压方程中，方程的左边是与节点相连的电导上流出节点的电流之和，方程的右边则是与节点相连的电流源流入该节点的电流之和。若某个电流源上串有电导，则该电导就不能再计入

自电导和互电导之中，因为该电导上的电流就是与它串联的电流源的电流，而该电流已经计入方程右边了，换句话说，忽略与电流源串联的电导，对该电导之外的电路分析没有影响。这也与前面"对外电路而言，与电流源串联的元件可以去掉"的结论相吻合。

【**例 3 - 4**】　试列出图 3 - 3(a)所示电路的节点电压方程。

解　忽略电阻 R_1，则有：

节点 a 的电压方程为

$$\left(\frac{1}{R_2}+\frac{1}{R_4}\right)u_a-\frac{1}{R_4}u_b=i_{S1}-i_{S3}$$

节点 b 的电压方程为

$$\left(\frac{1}{R_3}+\frac{1}{R_4}\right)u_b-\frac{1}{R_4}u_a=i_{S2}$$

为便于分析，可把只有两个节点的电路称为"单节偶电路"。在列写节点电压方程时，任取一个节点为参考点，则另一个节点（独立节点）的电压方程为

$$\left(\sum G\right)u=\sum i_S \tag{3.3-5}$$

式中，$\sum G$ 是独立节点的自电导，u 是独立节点的节点电压，即与参考点之间的电压，可称为"节偶电压"，$\sum i_S$ 是流入独立节点的所有电流源电流的代数和。由该式可得：

弥尔曼定理：对于只有两个节点的单节偶电路，节偶电压等于流入独立节点的所有电流源电流的代数和除以节偶中所有电导之和，即

$$u=\frac{\sum i_S}{\sum G} \tag{3.3-6}$$

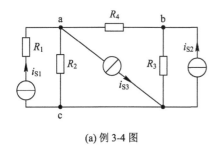
(a) 例 3-4 图

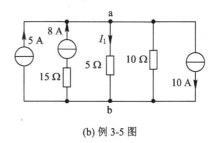
(b) 例 3-5 图

图 3 - 3　例 3 - 4、例 3 - 5 图

【**例 3 - 5**】　已知图 3 - 3(b)所示电路，求电流 I_1。

解　电路只有两个节点，是单节偶电路。由弥尔曼定理可得节偶电压为

$$U_a=\frac{\sum I_S}{\sum G}=\frac{5+8-10}{\frac{1}{5}+\frac{1}{10}}=10 \text{ V}$$

则电流 I_1 为

$$I_1=\frac{U_a}{5}=\frac{10}{5}=2 \text{ A}$$

3.3.2 特殊情况的处理

节点电压法是在电路中只含有电流源的前提下推导得出的。那么，当电路中出现以下情况时，节点电压方程又该如何列写呢？

1. 电路中包含有伴电压源

若电路中包含有伴电压源，则直接将有伴电压源等效成有伴电流源即可。

2. 电路中包含无伴电压源

如果电路中包含无伴电压源，则要根据无伴电压源在电路中的不同位置分别处理。

（1）电压源的一端与参考点相连。在这种情况下，另一端的节点电压就是电压源电压。这样，电路的节点电压方程就会减少一个，电路的计算更简单了。

（2）电压源的两端都不与参考点相连。此时电压源的两端跨接两个独立节点，可以把电压源当作电流源看待，然后设定电压源的电流，按式(3.3-4)列写节点电压方程。这时，所列方程中必然多出一个未知量，即电压源的电流值。为了能解出方程，应利用"电压源的电压等于其跨接的两个独立节点的节点电压之差"的结论，再补充一个方程式，然后联立求解。

3. 电路中包含受控源

若电路中包含受控源，则将受控源当作独立源看待，然后列写节点电压方程。若受控源的控制量不是某个节点电压，则需补充一个反映控制量与节点电压之间关系的方程式。

【例 3-6】 已知图 3-4(a)所示电路，求出电流 I_3。

解 选节点 b 为参考点，列出节点 a 的电压方程为

$$\left(\frac{1}{3}+\frac{1}{9}+\frac{1}{15+6 /\!/ 6}\right)U_a = 6-4+0.9I_3 \tag{1}$$

根据欧姆定律，补充受控参数方程为

$$I_3 = \frac{U_a}{3} \tag{2}$$

联立式(1)和式(2)，解得

$$U_a = 10 \text{ V}, \quad I_3 \approx 3.3 \text{ A}$$

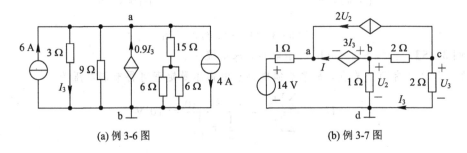

(a) 例3-6图 (b) 例3-7图

图 3-4 例 3-6、例 3-7图

【例 3-7】 已知图 3-4(b)所示电路，试用节点电压法求出电压 U_3。

解 设节点 d 为参考点，节点 a、b、c 的电压分别为 U_1、U_2、U_3，受控电压源用电流 I 替代，则节点 a 的电压方程为

$$U_1 = \frac{14}{1} + 2U_2 + I \tag{1}$$

节点 b 的电压方程为

$$\left(\frac{1}{2} + 1\right)U_2 - \frac{1}{2}U_3 = -I \tag{2}$$

节点 c 的电压方程为

$$\left(\frac{1}{2} + \frac{1}{2}\right)U_3 - \frac{1}{2}U_2 = -2U_2 \tag{3}$$

根据 KVL，补充受控电压源方程为

$$3I_3 = U_2 - U_1 \tag{4}$$

由欧姆定律得

$$I_3 = \frac{U_3}{2} \tag{5}$$

利用式(1)和式(2)消去 I，利用式(4)和式(5)消去 I_3，再结合式(3)可解得

$$U_1 = 13 \text{ V}, \quad U_2 = 4 \text{ V}, \quad U_3 = -6 \text{ V}$$

【例 3 - 8】 列出图 3 - 5 所示电路的节点电压方程。

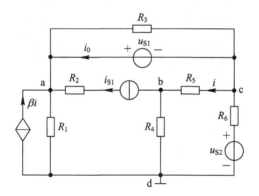

图 3 - 5　例 3 - 8 图

解　注意到电路中含有受控电流源 βi，无伴电压源 u_{S1}，与电流源 i_{S1} 串联的电阻 R_2 以及有伴电压源 u_{S2}。对 u_{S1} 支路用电流 i_0 替代，去掉 R_2，则有

$$\begin{cases} \left(\dfrac{1}{R_1} + \dfrac{1}{R_3}\right)u_a - \dfrac{1}{R_3}u_c = \beta i + i_0 + i_{S1} \\[2mm] \left(\dfrac{1}{R_4} + \dfrac{1}{R_5}\right)u_b - \dfrac{1}{R_5}u_c = -i_{S1} \\[2mm] -\dfrac{1}{R_3}u_a - \dfrac{1}{R_5}u_b + \left(\dfrac{1}{R_3} + \dfrac{1}{R_5} + \dfrac{1}{R_6}\right)u_c = -i_0 + \dfrac{u_{S2}}{R_6} \end{cases} \tag{1}$$

而

$$\begin{cases} i = \dfrac{u_c - u_b}{R_5} \\[2mm] u_a - u_c = u_{S1} \end{cases} \tag{2}$$

在式(1)中，利用第 1 个和第 3 个方程消去电流 i_0，再将式(2)中的 i 代入，消去 i。然后，将所得方程与式(1)中的第 2 个方程及式(2)中的第 2 个方程联立，得到

$$\begin{cases} \dfrac{1}{R_1}u_a + \dfrac{\beta-1}{R_5}u_b + \left(\dfrac{1-\beta}{R_5}+\dfrac{1}{R_6}\right)u_c = i_{S1} + \dfrac{u_{S2}}{R_6} \\[3mm] \left(\dfrac{1}{R_4}+\dfrac{1}{R_5}\right)u_b - \dfrac{1}{R_5}u_c = -i_{S1} \\[3mm] u_a - u_c = u_{S1} \end{cases}$$

3.4 网孔电流法

节点电压法告诉我们，基于 KCL 列写节点电压方程可以降低分析电路的难度。那么根据对偶原理，基于 KVL 列写网孔电流方程是否具有同样的效果呢？回答是肯定的。

3.4.1 网孔电流法介绍

对于一个具有 n 个节点和 b 条支路的待解电路，若选择网孔作为回路，就能列写出 $(b-n+1)$ 个回路电流方程用于电路求解，这就是"网孔电流分析法"的基本概念。

网孔电流分析法：基于 KVL 列写 $(b-n+1)$ 个以网孔电流为未知量的回路电压方程，然后求得 $(b-n+1)$ 个网孔电流，进而完成对电路全面分析的方法。

显然，要列写网孔电流方程，先要确定网孔电流及其正方向。

网孔电流：在网孔中沿着构成该网孔各条支路流动的电流。

在图 3-6 所示电路中，共有 $n=4$ 个节点，$b=6$ 条支路，$b-n+1=3$ 个网孔，其中 i_a、i_b 和 i_c 分别是网孔 a、b、c 的网孔电流。

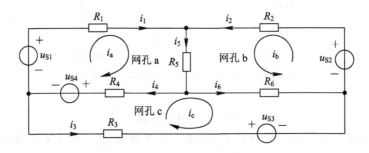

图 3-6　网孔电流法原理例图

有了网孔电流之后，电路中任何一个支路电流就都可以用它们表示。相邻两网孔间的公共支路电流可用两个网孔电流的代数和表示，方向与支路电流相同取正值，反之，取负值。即有

$$i_1 = i_a,\ i_2 = i_b,\ i_3 = -i_c,\ i_4 = i_a - i_c,\ i_5 = i_a + i_b,\ i_6 = i_b + i_c$$

显然，原来 6 个支路电流未知量就变成 3 个网孔电流未知量，只需列写 3 个 KVL 方程即可。

网孔 a 的电流方程为

$$R_1 i_a + R_5(i_a + i_b) + R_4(i_a - i_c) + u_{S4} - u_{S1} = 0$$

网孔 b 的电流方程为

$$R_2 i_b + R_5(i_a + i_b) + R_6(i_b + i_c) - u_{S2} = 0$$

网孔 c 的电流方程为

$$R_3 i_c + R_4(i_c - i_a) + R_6(i_b + i_c) - u_{S4} - u_{S3} = 0$$

整理得

$$
\begin{cases}
(R_1 + R_4 + R_5)i_a + R_5 i_b - R_4 i_c = u_{S1} - u_{S4} \\
R_5 i_a + (R_2 + R_5 + R_6)i_b + R_6 i_c = u_{S2} \\
-R_4 i_a + R_6 i_b + (R_3 + R_4 + R_6)i_c = u_{S3} + u_{S4}
\end{cases}
\tag{3.4-1}
$$

根据式(3.4-1)，可以解出 3 个网孔电流 i_a、i_b 和 i_c，再根据网孔电流与支路电流的关系，即可求得所有支路电流。

若把一个网孔所包含的全部电阻称为该网孔的"自电阻"，用 R_{xx} 表示，把相邻两个网孔间的公共电阻称为"互电阻"，用 R_{xy} 表示，把一个网孔内所有电压源的代数和用 u_{Sx} 表示，则有

$$R_{aa} = R_1 + R_4 + R_5, \quad R_{bb} = R_2 + R_5 + R_6, \quad R_{cc} = R_3 + R_4 + R_6,$$

$$R_{ab} = R_{ba} = R_5, \quad R_{bc} = R_{cb} = R_6, \quad R_{ac} = R_{ca} = -R_4,$$

$$u_{Sa} = u_{S1} - u_{S4}, \quad u_{Sb} = u_{S2}, \quad u_{Sc} = u_{S3} + u_{S4}$$

那么，式(3.4-1)可写为

$$
\begin{cases}
R_{aa} i_a + R_{ab} i_b + R_{ac} i_c = u_{Sa} \\
R_{ba} i_a + R_{bb} i_b + R_{bc} i_c = u_{Sb} \\
R_{ca} i_a + R_{cb} i_b + R_{cc} i_c = u_{Sc}
\end{cases}
\tag{3.4-2}
$$

根据式(3.4-2)可以得到网孔电流方程的一般形式：

$$\text{自电阻} \times \text{本网孔电流} + \sum(\text{互电阻} \times \text{相邻网孔电流}) =$$

$$\text{本网孔电压源沿电位升方向的代数和} \tag{3.4-3}$$

说明：

(1) 自电阻全为正值。

(2) 相邻两网孔电流方向一致时，互电阻为正，反之，互电阻为负。

(3) 电压源的电位升方向与网孔电流方向一致时，该电压源取正值，反之，取负值。

全电路欧姆定律：若电路只有一个回路，其中有若干个电阻和电压源，则回路电流等于沿回路电流方向所有电压源电位升的代数和除以所有电阻之和，即

$$i = \frac{\sum u_S}{\sum R} \tag{3.4-4}$$

至此，可以给出利用网孔电流法分析电路的一般步骤：

(1) 确定网孔数并编号，同时标出网孔电流及其方向。通常，为方便计，所有网孔电流取向一致，或顺时针，或逆时针。

(2) 确定自电阻和互电阻，按式(3.4-3)列写各网孔电流方程的左端。

(3) 确定电压源的正负号，列写各网孔电流方程的右端。

(4) 求解网孔电流方程组，得到各网孔电流。

(5) 根据各网孔电流，再求其他电路未知量，如支路电流、电压、功率、元件参数等。

仔细观察式(3.3-4)和式(3.4-3)，可以发现节点电压与网孔电流是对偶的，另外，节点电压方程与网孔电流方程是对偶的，弥尔曼定理与全电路欧姆定律是对偶的，这验证

了第 2 章"对偶定理"的结论。

综上所述，可得如下结论：

(1) 通过网孔电流(未知量)分析(求解)电路是以 KCL 为依据的，即节点上各支路电流的代数和为零，而所有支路电流均可用网孔电流表示。

(2) 以网孔电流为未知量的方程是基于 KVL 列写的，即一个回路的电压代数和为零。

(3) "网孔电流方程"强调的是方程未知量为"网孔电流"，但方程的实质是基于 KVL 的"回路电压方程"。

【例 3 - 9】 求图 3 - 7(a)所示电路中的各支路电流，已知 $R_1 = 20\ \Omega$，$R_2 = 10\ \Omega$，$R_3 = 20\ \Omega$，$U_{S1} = 30$ V，$U_{S2} = 10$ V。

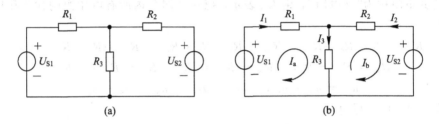

图 3 - 7 例 3 - 9 图

解 设回路电流和支路电流如图 3 - 7(b)所示，则自电阻和互电阻为

$$R_{aa} = R_1 + R_3 = 40\ \Omega, \qquad R_{bb} = R_2 + R_3 = 30\ \Omega, \qquad R_{ab} = -R_3 = -20\ \Omega$$

故网孔方程为

$$\begin{cases} 40I_a - 20I_b = 30 \\ -20I_a + 30I_b = -10 \end{cases}$$

可解出

$$I_a = I_1 = 0.875\ \text{A}, \qquad I_b = I_2 = 0.25\ \text{A}, \qquad I_3 = I_a + I_b = 1.125\ \text{A}$$

3.4.2 特殊情况的处理

网孔电流法是在电路中只包含电压源的前提下推导得出的。那么，当电路中出现以下情况时，网孔电流方程又该如何列写呢？

1. 电路中包含有伴电流源

若电路中包含有伴电流源，则直接将有伴电流源等效成有伴电压源即可。

2. 电路中包含无伴电流源

如果电路中包含无伴电流源，则应根据无伴电流源在电路中的不同位置分别处理。

(1) 电流源处于电路的边界支路上。这种情况下，电流源所在网孔的网孔电流就是电流源的电流，因此，可以少列一个网孔方程。显然，这种情况使问题更简单了。

(2) 电流源处于电路中两个相邻网孔的公共支路上。这种情况通常设电流源两端的电压为变量，把电流源当作电压源处理，列写网孔方程。这样，所列的方程中必然多出一个未知量，即电流源的电压，这时可利用电流源电流与网孔电流之间的 KCL 关系再补充一个方程式。

3. 电路中包含受控源

若电路中包含受控源，则将受控源当作独立源看待，然后列写网孔电流方程。若受控源的控制量不是某个网孔电流，则需补充一个反映控制量与网孔电流之间关系的方程式。

【例 3-10】　在图 3-8 所示电路中，求电流源的端电压 U。

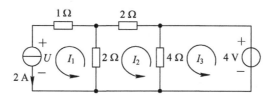

图 3-8　例 3-10 图

解　设三个网孔电流如图 3-8 所示，网孔电流 I_1 等于电流源的电流 2 A，则网孔电流方程为

$$\begin{cases} I_1 = 2 \\ -2I_1 + (2+2+4)I_2 - 4I_3 = 0 \\ -4I_2 + 4I_3 = 4 \end{cases} \tag{1}$$

因网孔 1 中 1 Ω 和 2 Ω 电阻上的电压分别为 $1 \times (-I_1) = -I_1$ 和 $2(I_2 - I_1)$，故电流源的端电压为

$$U = -I_1 + 2(I_2 - I_1) \tag{2}$$

联立式(1)和式(2)，可解得

$$I_2 = 2\ \text{A}, \quad I_3 = 3\ \text{A}, \quad U = -2\ \text{V}$$

【例 3-11】　在图 3-9 所示电路中，求各支路电流。

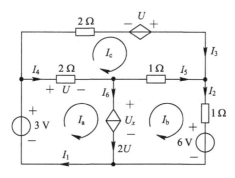

图 3-9　例 3-11 图

解　该电路有 2 个受控源，控制量均为 2 Ω 电阻上的电压 U。因为存在无伴受控电流源 $2U$，所以设其端电压为 U_x，从而网孔方程为

$$\begin{cases} 2I_a - 2I_c = 3 - U_x \\ 2I_b - I_c = -6 + U_x \\ 5I_c - 2I_a - I_b = U \end{cases} \tag{1}$$

根据欧姆定律和 KVL，可得控制量与受控源的关系方程为

$$\begin{cases} 2U = I_a - I_b \\ U_x - 3 + U = 0 \end{cases} \tag{2}$$

将式(2)代入式(1)，整理后得

$$\begin{cases} 3I_a + I_b - 4I_c = 0 \\ I_a + 3I_b - 2I_c = -6 \\ -5I_a - I_b + 10I_c = 0 \end{cases} \tag{3}$$

解得

$$I_a = I_1 = \frac{9}{7} \text{ A}, \quad I_b = I_2 = -\frac{15}{7} \text{ A}, \quad I_c = I_3 = \frac{3}{7} \text{ A}$$

再由 KCL 可得

$$I_4 = I_a - I_c = \frac{6}{7} \text{ A}, \quad I_5 = I_c - I_b = -\frac{18}{7} \text{ A}, \quad I_6 = I_a - I_b = \frac{24}{7} \text{ A}$$

【例 3-12】 在图 3-10(a)所示电路中，利用网孔电流法求电流 i_0。

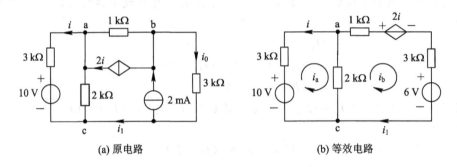

(a) 原电路   (b) 等效电路

图 3-10 例 3-12 图

解 先将受控电流源和独立电流源分别等效为电压源并给出网孔电流及其方向，如图 3-10(b)所示，再列出两个网孔的电流方程：

$$\begin{cases} 5i_a - 2i_b = 10 \\ -2i_a + 6i_b = -2i - 6 \end{cases} \tag{1}$$

补充受控电源方程：

$$i = -i_a \tag{2}$$

将式(2)代入式(1)，先消去 i，再消去 i_a，解得

$$i_b = \frac{5}{11} \text{ mA}$$

回到原电路中，因为 $i_1 = i_b$，所以，根据 KCL 得

$$i_0 = 2 + i_1 = 2 + \frac{5}{11} = \frac{27}{11} \approx 2.45 \text{ mA}$$

求解该题的关键是要记住电源等效不适用于内部，即 2 mA 电流源和 3 kΩ 电阻等效为 6 V 有伴电压源后，i_0 不等于流过该电压源的电流。

本题也可用节点电压法求解。设节点 c 为参考点，将电压源转化为电流源，可得

$$\begin{cases} \left(\dfrac{1}{3} + \dfrac{1}{2} + 1\right)u_a - u_b = \dfrac{10}{3} + 2i \\ -u_a + \left(\dfrac{1}{3} + 1\right)u_b = 2 - 2i \end{cases} \tag{3}$$

补充受控源方程：

$$i = \frac{u_a - 10}{3} \qquad (4)$$

将式(4)代入式(3)，先消去 i，再消去 u_a，可得 $u_b = \dfrac{81}{11}$ V。根据欧姆定律有

$$i_0 = \frac{u_b}{3} = \frac{81}{3 \times 11} = \frac{27}{11} \approx 2.45 \text{ mA}$$

通常，对一个电路的求解，节点电压法和网孔电流法均可采用。若网孔数大于等于节点数，应优先采用节点电压法。

3.5　结　　语

无论是 $1b$ 法、节点电压法，还是网孔电流法，都可有效减少一次求解未知量的个数，从而大大降低了电路分析的复杂度和难度。但是，分析电路的工作量并没有减少，仍然需要求解 $2b$ 个未知量。

相对于 $2b$ 法，上述三种方法只不过是将 $2b$ 个未知量分为两步求解而已，也就是说，先求解以支路电流或电压、节点电压或网孔电流为变量的方程(方程数小于 $2b$)，然后根据 KCL 和 KVL 列写剩余变量的方程，最后求得全部($2b$ 个)未知量。因此，可有如下结论：

如何学好"电路分析"

$1b$ 法、节点电压法和网孔电流法能够简化求解过程的实质就是"化整为零，分而治之"。

综上所述，本章的主要内容可以用图 3-11 概括。

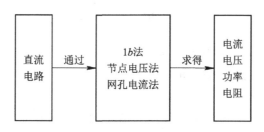

图 3-11　第 3 章主要内容示意图

3.6　小知识——日光灯的工作原理

日光灯是一种常见的照明设备，由灯管、启辉器和镇流器三个部分组成，如图 3-12 所示。灯管是一个内壁涂有一层荧光物质、两端装有灯丝电极(灯丝上涂有受热后易发射电子的氧化物)、内部充有稀薄惰性气体及水银蒸气的玻璃管。启辉器由一个小氖泡和一个小容量电容组成。氖泡内有一个静触片电极和一个由两个膨胀系数不同的金属制成的倒 U 型动触片电极。当温度升高时，倒 U 型电极向膨胀系数低的一侧弯曲，从而与静触片接触，接通两个电极；当温度降低时，倒 U 型电极又可以离开静触片，恢复原来的位置，断开两个电极。镇流器是一个带有铁芯的电感线圈。

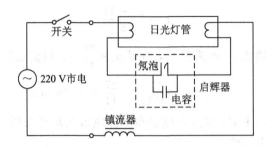

图 3-12　日光灯原理图

当打开电源开关接通 220 V 市电时,由于灯管没有点燃(无电流),启辉器的氖泡(固定触头与倒 U 型双金属片之间)就会因承受 220 V 电压而放电,使倒 U 型双金属片受热弯曲而与固定触头接触,从而接通镇流器、灯丝及启辉器的电流回路,形成"启动电流"。

灯丝在启动电流的作用下被加热而发射电子。同时,氖泡的倒 U 型双金属片由于辉光放电结束而冷却,与固定触头分离,使电路突然断开。在此瞬间,镇流器产生的高感应电压与电源电压叠加的高于电源电压的启动电压(400～600 V)就会加在灯管两端,迫使管内发生弧光放电而导通,使灯管被点亮。灯管点亮后,由于镇流器的限流作用,灯管两端的电压变低(30 W 的灯管约为 100 V)。此时,启辉器因电压较低而不工作,相当于开路。

可见,启辉器就是一个自动开关,可自动瞬间切断电路,使得镇流器产生感应电动势,为灯管的点燃提供高电压。实际中,为节约用电,可用一个人工按钮开关代替启辉器,当断电后再通电,日光灯不会自动点亮,除非有人按一下按钮。教室照明可采用这种方法。

本 章 习 题

3-1　为什么说"节点电压法"的实质是 KCL,而"网孔电流法"的实质是 KVL?

3-2　为何"网孔电流法"的互电阻有正负之分,而"节点电压法"的互电导却总取负值?

3-3　怎样做可以使"网孔电流法"的互电阻始终取负值?

3-4　用支路电流法求图 3-13 所示电路的各支路电流。(6 A,−2 A,4 A)

3-5　用支路电流法求图 3-14 所示电路中两个电压源各自输出的功率。(1.2 W,−0.1 W)

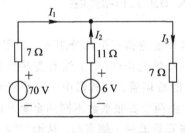

图 3-13　习题 3-4 图

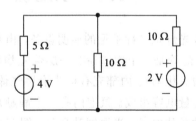

图 3-14　习题 3-5 图

3-6　用节点电压法求图 3-15 所示电路的各支路电流。(1.8 A,2.2 A,0.8 A)

3-7　用节点电压法求图 3-16 所示电路中的 U 和 I。(8 V,1 A)

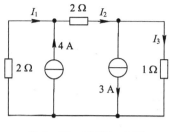

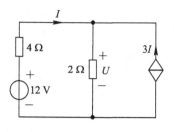

图 3-15　习题 3-6 图　　　　　　　图 3-16　习题 3-7 图

3-8　用节点电压法求图 3-17 所示电路的各支路电流。($U_a=2$ V，$1/3$ A，2 A，1 A，$2/3$ A；$U_a=12/7$ V，$U_b=20/7$ V)

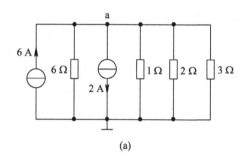

(a)

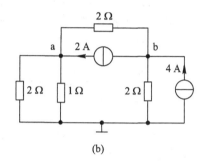

(b)

图 3-17　习题 3-8 图

3-9　已知如图 3-18 所示电路，求 U 和 I。(2 V，2 mA)

3-10　已知如图 3-19 所示电路，求开关 S 打开及闭合时的 U 值。(-100 V，14.3 V)

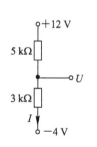

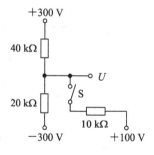

图 3-18　习题 3-9 图　　　　　　　图 3-19　习题 3-10 图

3-11　在如图 3-20 所示电路中，用节点电压法求电压 U。(-1 V)

3-12　在如图 3-21 所示电路中，问 R 为何值时，$I=0$? (3 Ω)

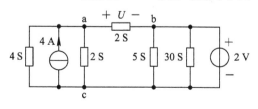

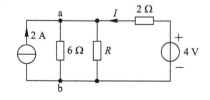

图 3-20　习题 3-11 图　　　　　　　图 3-21　习题 3-12 图

3-13　在如图 3-22 所示电路中，网络 N 的端口特性为 $I=-3U+6$，用戴维南定理或诺顿定理和节点电压法求电流 I_1。(3 A)

3-14 在如图 3-23 所示电路中,用节点电压法求各支路电流。(0.8 A,4.8 A,−2 A,2 A,2/3 A,−2.13 A)

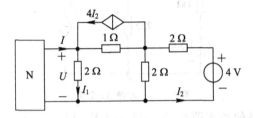

图 3-22 习题 3-13 图

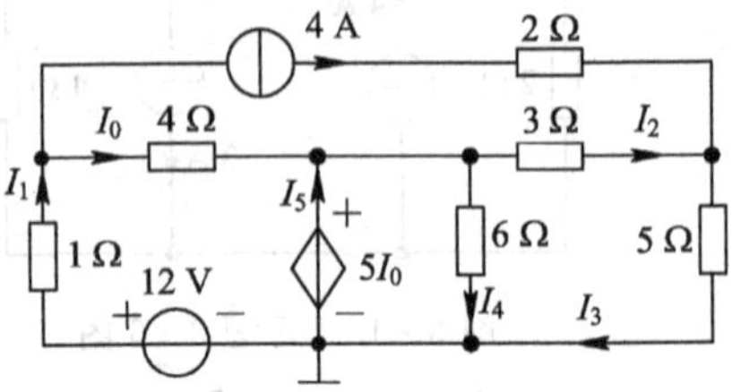

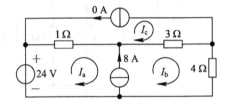

图 3-23 习题 3-14 图

3-15 用网孔电流法求如图 3-24 所示电路中的 I 和 U_{ab}。(3 A,−3 V)

3-16 用网孔电流法求如图 3-25 所示电路中的各支路电流。(−4 A,0,4 A)

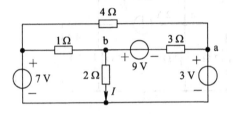

图 3-24 习题 3-15 图

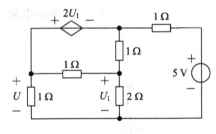

图 3-25 习题 3-16 图

3-17 在如图 3-26 所示电路中,用网孔电流法求流过 8 Ω 电阻的电流。(−3.83 A)

3-18 在如图 3-27 所示电路中,用网孔电流法求电压 U。(3.75 V)

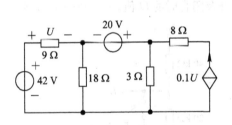

图 3-26 习题 3-17 图

图 3-27 习题 3-18 图

3-19 在如图 3-28 所示电路中,用网孔电流法求电路中的电流 I。(5 A)

3-20 在如图 3-29 所示电路中,用网孔电流法求电路中的电压 U。(7 V)

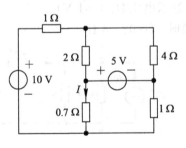

图 3-28 习题 3-19 图

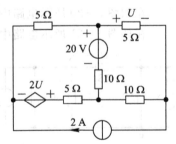

图 3-29 习题 3-20 图

3-21 在如图 3-30 所示电路中,用网孔电流法求电路中的电流 I。(0.8 A)

3-22 在如图 3-31 所示电路中,用网孔电流法求电路中的电压 U。(10 V)

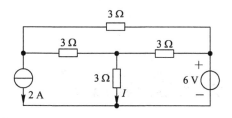

图 3 - 30 习题 3 - 21 图

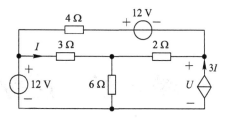

图 3 - 31 习题 3 - 22 图

3 - 23 已知某电路的网孔电流方程为

$$\begin{cases} 3I_{11} - I_{22} - 2I_{33} = 1 \\ -I_{11} + 6I_{22} - 3I_{33} = 0 \\ -2I_{11} - 3I_{22} + 6I_{33} = 6 \end{cases}$$

试画出相应的电路图。

第4章 正弦稳态电路基本理论

引子 前面介绍的在直流电(信号)作用下电阻电路的分析方法可直接用于在正弦交流电(信号)作用下电阻电路的分析,只需把表示直流电的 U 和 I 变为表示正弦交流电的 $u(t)$ 和 $i(t)$ 即可。然而含有动态元件电感和电容的电路在正弦交流电作用下的表现与电阻电路有所不同,这就引出了本章的主要内容——正弦稳态电路及相关概念。

首先介绍几个基本概念。

(1) 稳态响应:在时间趋于无穷大时仍然存在的响应。

(2) 动态电路:包含动态元件的电路。

(3) 正弦稳态电路:在正弦交流电或正弦信号激励下只有稳态响应的动态电路。

严格地讲,在正弦信号激励下,动态电路会产生暂态响应和稳态响应,但暂态响应转瞬即逝,最终只剩下与激励一起长期存在的稳态响应,这时的电路就可称为工作在正弦稳定状态下的电路,简称"正弦稳态电路"。因正弦信号是一种典型的稳态响应形式,故也可以说,激励和响应都是正弦信号的动态电路就是正弦稳态电路。

在"信号与系统"课程中,会遇到"非正弦周期稳态电路",也就是一种周期信号作用下的连续系统,其分析方法基于本章的正弦稳态电路分析方法。

为便于叙述,本书把正弦稳态电路简称为"交流电路"。

4.1 分析交流电路的意义

分析交流电路的意义主要有以下六点:

(1) 交流电与人类息息相关。人们在生活、学习和工作中所用的电能有两个来源,一是各种电池,二是单相 220 V 市电或三相 380 V 工业电。各种家用电器、仪器设备、灯具等都需要用单相交流电,而工业生产过程更是离不开三相交流电。

(2) 正弦信号具有代表性。很多物理现象呈现出正弦变化特性,比如单摆的运动、琴弦的振动、水面的波纹等。

(3) 正弦信号是重要的测试信号,广泛用于电子仪器或设备的性能测试及调试。

(4) 正弦信号可作为分析其他信号的基础信号。任何一个周期信号都可用傅里叶级数分解为无数个不同频率正弦和余弦信号分量的代数和。

(5) 在通信领域中,正弦信号常常作为载波使用。

(6) 正弦信号在物理上易于实现,在数学上易于处理。

因此，学习和掌握交流电路的特性及分析方法，既是生活之必需，也是设计、分析和维护各种信号处理电路(设备)的基础。

4.2　直流电路与交流电路分析的异同点

直流电路与交流电路在分析上主要有以下异同点：

(1) 电路构成不同。直流电路由纯电阻构成，而交流电路至少包含一个动态元件。

(2) 电源或信号源不同。直流电路由直流电源或信号源(各种电池)激励，而交流电路由单相、三相交流电源或正弦信号源激励。

(3) 分析内容不尽相同。交流电路除了研究与直流电路相同的电压、电流、功率、元件参数等变量外，还要关注相位、频率、阻抗、复功率等内容。

(4) 分析方法大同小异。直流电路属于静态电路(没有状态的电路)，交流电路是稳态电路，它们的分析方法基本相同，只要掌握直流电路的分析方法，就不难理解和掌握交流电路的分析方法，二者的主要差别在于交流电路分析需要解决由频率和相位带来的问题。

4.3　复　　数

为了便于分析正弦交流电，人们引入了正弦量的概念。

<u>正弦量：随时间按正弦规律变化的量或随时间按正弦规律变化的电压和电流。</u>

正弦量具有正弦函数和余弦函数两种数学表现形式。

在对交流电路进行分析时，不可避免地要进行正弦量之间的运算，而用三角函数及其波形表示的正弦量在运算时会很麻烦。因此，德国-美国电机工程师斯坦因梅茨(Charles Proteus Steinmetz)于 1893 年提出了一种简洁的正弦量表示方法——相量表示法，从而引出了一种简便的交流电路分析方法——相量分析法。

因为相量分析法涉及复数，所以，我们先简单介绍复数的基本概念及运算特性。

4.3.1　复数的基本概念

复数，顾名思义，可以理解为由一个实数和一个虚数复合而成的"复合数"。

设有一个复数 F，其基本形式为

$$F = a + jb \tag{4.3-1}$$

式中，$j = \sqrt{-1}$ 称为"虚数单位"，与数学中的虚数单位 i 同义。由于在电路分析中，字母"i"常用于表示电流，因此这里的虚数单位用字母"j"表示。a 称为复数 F 的实部，记作 $\mathrm{Re}[F]$；b 称为复数 F 的虚部，记作 $\mathrm{Im}[F]$。

因为 F 表示实部与虚部之和，所以式(4.3-1)称为复数的代数形式。

为了便于研究复数，人们引入了以实部 $\mathrm{Re}[\cdot]$ 为横轴、虚部 $\mathrm{Im}[\cdot]$ 为纵轴的复平面直角坐标系，简称"复平面"，如图 4-1(a)、(b)所示。

在复平面中，复数 F 可用一条源于原点的带箭头的线段表示，如图 4-1(c)所示。线段长度称为复数 F 的模，记为 $|F|$，其在横轴的投影即实部 a，在纵轴的投影即虚部 b；线段

与实轴的夹角 φ 称为复数 F 的辐角。根据勾股定理和三角函数的概念,有

$$\begin{cases} |F| = \sqrt{a^2 + b^2} \\ \varphi = \arctan \dfrac{b}{a} \end{cases}$$

显然,$a = |F|\cos\varphi$,$b = |F|\sin\varphi$。据此,复数 F 又可以表示为

$$F = |F|\cos\varphi + \text{j}|F|\sin\varphi \tag{4.3-2}$$

式(4.3-2)称为复数的三角形式。

(a) 复平面形式1   (b) 复平面形式2   (c) 复数的表示

图 4-1 复平面形式及复数的表示

根据欧拉公式 $\text{e}^{\text{i}x} = \cos x + \text{i}\sin x$,有

$$\begin{cases} \cos\varphi = \dfrac{\text{e}^{\text{j}\varphi} + \text{e}^{-\text{j}\varphi}}{2} \\ \sin\varphi = \dfrac{\text{e}^{\text{j}\varphi} - \text{e}^{-\text{j}\varphi}}{2\text{j}} \end{cases} \tag{4.3-3}$$

从而得到复数的另一种表示形式——指数形式:

$$F = |F|\text{e}^{\text{j}\varphi} \tag{4.3-4}$$

式(4.3-4)也可简化为极坐标形式:

$$F = |F| \angle \varphi \tag{4.3-5}$$

式(4.3-1)、式(4.3-2)、式(4.3-4)、式(4.3-5)分别是同一个复数的不同表示形式。

4.3.2 复数的运算

1. 复数的相等

设有两个复数 $F_1 = a_1 + \text{j}b_1$ 和 $F_2 = a_2 + \text{j}b_2$,则当且仅当 $a_1 = a_2$、$b_1 = b_2$ 或 $|F_1| = |F_2|$、$\varphi_1 = \varphi_2$ 时,才有

$$F_1 = F_2 \tag{4.3-6}$$

即两个复数相等必须同时满足实部与实部相等、虚部与虚部相等。

2. 复数的加减

设有两个复数 $F_1 = a_1 + \text{j}b_1$ 和 $F_2 = a_2 + \text{j}b_2$,则有

$$F_1 \pm F_2 = (a_1 \pm a_2) + \text{j}(b_1 \pm b_2) \tag{4.3-7}$$

即两个复数的加减等于实部与实部相加减、虚部与虚部相加减。它们的和、差也可以在复平面内像向量一样通过几何法求得,如图 4-2(a)所示。

3. 复数的乘除

设有两个复数 $F_1 = a_1 + jb_1$ 和 $F_2 = a_2 + jb_2$，则有

$$F_1 \times F_2 = (a_1 + jb_1) \times (a_2 + jb_2) = (a_1 a_2 - b_1 b_2) + j(a_1 b_2 + a_2 b_1) \quad (4.3-8)$$

$$\frac{F_1}{F_2} = \frac{a_1 + jb_1}{a_2 + jb_2} = \frac{(a_1 a_2 + b_1 b_2) + j(a_2 b_1 - a_1 b_2)}{a_2^2 + b_2^2} \quad (4.3-9)$$

可见，用复数的代数形式进行乘除运算比较麻烦。

设有两个复数 $F_1 = |F_1| e^{j\varphi_1}$、$F_2 = |F_2| e^{j\varphi_2}$ 或 $F_1 = |F_1| \angle \varphi_1$、$F_2 = |F_2| \angle \varphi_2$，则有

$$F_1 \times F_2 = |F_1| e^{j\varphi_1} \times |F_2| e^{j\varphi_2} = |F_1||F_2| e^{j(\varphi_1+\varphi_2)} \quad (4.3-10)$$

$$\frac{F_1}{F_2} = \frac{|F_1| e^{j\varphi_1}}{|F_2| e^{j\varphi_2}} = \frac{|F_1|}{|F_2|} e^{j(\varphi_1-\varphi_2)} \quad (4.3-11)$$

或

$$F_1 \times F_2 = |F_1| \angle \varphi_1 \times |F_2| \angle \varphi_2 = |F_1||F_2| \angle (\varphi_1 + \varphi_2) \quad (4.3-12)$$

$$\frac{F_1}{F_2} = \frac{|F_1| \angle \varphi_1}{|F_2| \angle \varphi_2} = \frac{|F_1|}{|F_2|} \angle (\varphi_1 - \varphi_2) \quad (4.3-13)$$

即两个复数之积的模等于两个复数模的积，两个复数之积的辐角等于两个复数辐角的和；两个复数之商的模等于两个复数模的商，两个复数之商的辐角等于两个复数辐角的差。

如图 4-2(b)所示，在复平面中，只要将 F_1 逆时针旋转 φ_2 角度，再将 F_1 的长度乘上 F_2 的长度，就可得到 F_1 与 F_2 的乘积；只要将 F_1 顺时针旋转 φ_2 角度，再将 F_1 的长度除以 F_2 的长度，就可得到 F_1 与 F_2 的商。

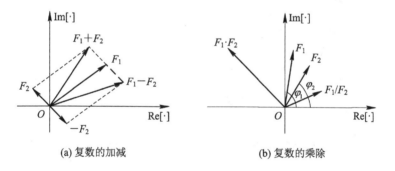

(a) 复数的加减　　　　(b) 复数的乘除

图 4-2　复数运算示意图

显然，复数的加减运算用代数形式比较方便，而复数的乘除运算最好用极坐标形式或指数形式。因此，熟练掌握复数不同形式之间的转换，有利于更好地完成复数运算。

4. 复数的旋转

通常，把模为 1、辐角为 θ 的复数称为"单位复数"，记作 $e^{j\theta}$ 或 $1\angle \theta$。那么，任何一个复数 $F = |F| e^{j\varphi}$ 乘单位复数 $e^{j\theta}$ 就得到

$$F \times e^{j\theta} = |F| e^{j(\varphi+\theta)} \quad (4.3-14)$$

即复数 F 与单位复数 $e^{j\theta}$ 相乘相当于把复数 F 逆时针旋转一个角度 θ，而保持 F 的模不变。因此，**单位复数也称为"旋转因子"。**

这样，$e^{j90°}$、$e^{-j90°}$、$e^{j180°}$ 和 $e^{-j180°}$ 可分别看成逆时针旋转 $90°$、顺时针旋转 $90°$、逆时针旋转 $180°$ 和顺时针旋转 $180°$ 的旋转因子。根据欧拉公式，有

$$e^{j90°} = \cos90° + j\sin90° = j \qquad (4.3-15)$$

$$e^{-j90°} = \cos90° - j\sin90° = -j \qquad (4.3-16)$$

$$e^{\pm j180°} = \cos180° \pm j\sin180° = -1 \qquad (4.3-17)$$

所以，j、-j、-1 都可以看成旋转因子。因此，可得如下结论：

(1) 复数 F 乘 j，可看作 F 逆时针旋转 $90°$。

(2) 复数 F 乘 -j 或除以 j，可看作 F 顺时针旋转 $90°$。

(3) 复数 F 乘或除以 -1，可看作 F 逆时针或顺时针旋转 $180°$。

4.4 相量表示法

介绍了复数的基本概念后，就可以讨论正弦量的相量表示法了。

设一个正弦电流和一个正弦电压的时域表达式分别为

$$i(t) = \sqrt{2}\,I\sin(\omega t + \varphi_i) \qquad (4.4-1)$$

$$u(t) = \sqrt{2}\,U\sin(\omega t + \varphi_u) \qquad (4.4-2)$$

其中，I 和 U 分别是电流和电压的有效值，φ_i 和 φ_u 分别是电流和电压的初相位，ω 是角频率。我国的市电频率 $f=50$ Hz，周期 $T=\dfrac{1}{f}=\dfrac{1}{50}=20$ ms，角频率 $\omega=2\pi f=100\pi$ rad/s。

式(4.4-1)和式(4.4-2)表示的正弦交流电的波形如图 4-3(a)所示。

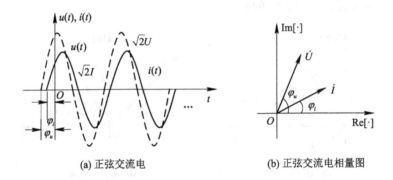

(a) 正弦交流电　　　　　(b) 正弦交流电相量图

图 4-3　正弦交流电及其相量表示

为便于理解，下面从两个方面引出正弦量的相量表示概念。

(1) 从系统响应与激励的关系上引出正弦量的相量表示概念。有分析表明，正弦量有一个重要特性：

正弦量的微分和积分运算及同频正弦量的四则运算结果均为一个频率不变的正弦量。

因此，对于一个线性交流电路而言，电路各点的响应都是与激励同频的正弦量。换言之，一个正弦量通过线性系统后仍然是一个频率不变的正弦量。

在分析交流电路时，因所有响应的频率与激励的一样，即频率可视为已知量，所以，可忽略频率要素，而只用正弦量的另外两个要素(有效值 I 或 U 和初相位 φ_i 或 φ_u)表示激励和响应正弦量。这就给出了一个表示正弦量的新思路：用一个只包含有效值和初相位的数学表达式表示正弦量。显然，复数正好符合这个数学表达式要求，相量表示法由此而生。

我们约定：用复数 $Ie^{j\varphi_i}$ 和 $Ue^{j\varphi_u}$ 分别表示正弦电流和正弦电压，并记为

$$\dot{I} = Ie^{j\varphi_i} = I\angle\varphi_i \quad \leftrightarrow \quad i(t) = \sqrt{2}I\sin(\omega t + \varphi_i) \qquad (4.4-3)$$

$$\dot{U} = Ue^{j\varphi_u} = U\angle\varphi_u \quad \leftrightarrow \quad u(t) = \sqrt{2}U\sin(\omega t + \varphi_u) \qquad (4.4-4)$$

其中，I 和 U 是交流电的有效值，φ_i 和 φ_u 是交流电的初相位，顶部加"点"的字母 $\dot{I}$ 和 $\dot{U}$ 分别称为"电流相量"和"电压相量"。可见，相量 $\dot{I}$ 和 $\dot{U}$ 都是不显含频率和时间变量而只有大小及相位信息的复数，因此，也可在复平面上表示，形成相量图，如图 4-3(b) 所示。

如果交流电时域表达式用幅值而不是有效值表示，则相应的相量就是"幅值相量"，用符号 $\dot{I}_m$ 或 $\dot{U}_m$ 表示，即有 $\dot{I}_m = I_m e^{j\varphi_i} = I_m\angle\varphi_i$，$\dot{U}_m = U_m e^{j\varphi_u} = U_m\angle\varphi_u$。

(2) 从正弦量的本质上引出正弦量的相量表示概念。由于正弦量就是一个围绕原点按逆时针方向以速度 ω 旋转的线段在纵轴上的投影大小与时间的变化关系，因此，可把这个线段称为"旋转相量"。又同频旋转相量彼此之间的关系完全取决于初相位而与旋转无关，所以，我们才可以抽掉旋转概念，用只携带初相位和有效值（幅值）信息的相量（固定线段）表示变化的正弦量。

至此，可以给出一个明确的相量定义。

相量：用模和辐角表示正弦量的复数，在复平面上可用带箭头的线段描述。

请记住，相量就是一个复数！但它隐含着频率和时间变量，具有函数意义。

正弦量的相量表示可认为是对正弦量做了一种从时间域（时域）到频率域（频域）的变换，简称"相量变换"。比如，经过相量变换，动态元件显含时间变量 t 的时域伏安特性就变为显含频率变量 ω 的频域伏安特性，即

$$\text{时域}\begin{cases} u_L(t) = L\dfrac{\mathrm{d}i_L(t)}{\mathrm{d}t} \\ i_C(t) = C\dfrac{\mathrm{d}u_C(t)}{\mathrm{d}t} \end{cases} \xrightarrow{\text{相量变换}} \text{频域}\begin{cases} \dot{U}_L = \mathrm{j}\omega L\dot{I}_L \\ \dot{I}_C = \mathrm{j}\omega C\dot{U}_C \end{cases}$$

频率域是后续"信号与系统""通信原理"等课程的重要基础概念，这个概念告诉我们：

(1) 一个物理信号不但具有与时间相关的特性，还具有与频率相关的特性。

(2) 对信号和电路的分析可分别在时域和频域中进行。

需要说明的是，时间域指以时间为自变量的函数空间，可理解为横轴是时间变量的坐标系；频率域指以频率为自变量的函数空间，可理解为横轴是频率变量的坐标系。因为相量中不显含频率变量，所以，本课程多用"相量域"代替"频率域"。

综上所述，可得如下结论：

(1) 相量表示法可使同频交流电之间的大小和初相关系清晰明了。

(2) 相量可按复数或向量的运算规则进行四则运算。

(3) 对余弦表达式，先将其转换为正弦表达式，再用相量表示可便于计算。

(4) 相量变换的实质是两种函数存在空间的相互映射，两种函数并不相等。

(5) 相量可理解为具有相位的量，向量可理解为具有方向的量。它们的本质区别在于，相量辐角体现的是正弦量的起始时刻而不是向量辐角所指示的空间方向。

【例 4-1】　已知正弦电流 $i(t) = 10\sqrt{2}\cos(100\pi t + 30°)$ A，正弦电压 $u(t) = 220\sqrt{2}\sin(100\pi t + 60°)$ V，试分别写出它们的相量表达式。

解　因为电流为余弦表达式，所以加 90° 相移将其转化为正弦标准式，有

$$i(t) = 10\sqrt{2}\cos(100\pi t + 30°) = 10\sqrt{2}\sin(100\pi t + 120°) \text{ A}$$

因此,电流 $i(t)$ 和电压 $u(t)$ 的相量分别为

$$\dot{I} = 10e^{j120°} = 10\angle 120° \text{ A}$$
$$\dot{U} = 220e^{j60°} = 220\angle 60° \text{ V}$$

【例 4-2】 已知两个市电电流相量分别为 $\dot{I}_1 = 25\angle\dfrac{\pi}{4}$ A,$\dot{I}_2 = 12\angle -\dfrac{2\pi}{3}$ A,求两个电流的正弦函数表达式。

解 根据式(4.4-3),可得两个电流的正弦函数表达式分别为

$$i_1(t) = 25\sqrt{2}\sin\left(100\pi t + \frac{\pi}{4}\right) \text{ A}$$

$$i_2(t) = 12\sqrt{2}\sin\left(100\pi t - \frac{2\pi}{3}\right) \text{ A}$$

4.5 相量的运算特性

正弦量用相量表示后,具有以下有利于分析与计算的特性。

1. 线性特性

设两个同频正弦量 i_1 和 i_2 的相量分别是 $\dot{I}_1$ 和 $\dot{I}_2$,k_1 和 k_2 是两个任意实常数,则有

$$i = k_1 i_1 \pm k_2 i_2 \xrightleftharpoons{\text{相量变换}} \dot{I} = k_1 \dot{I}_1 \pm k_2 \dot{I}_2 \qquad (4.5-1)$$

式(4.5-1)表明,同频正弦量的线性组合对应于各自相量的线性组合。显然,若 $i = k i_1$,则 $\dot{I} = k\dot{I}_1$,即一个正弦量乘任意实常数,其对应相量也乘相同的常数。

2. 微分特性

设正弦量 i 的相量是 $\dot{I}$,若 $u = \dfrac{\mathrm{d}i}{\mathrm{d}t}$,则有

$$u = \frac{\mathrm{d}i}{\mathrm{d}t} \xrightleftharpoons{\text{相量变换}} \dot{U} = j\omega\dot{I} \qquad (4.5-2)$$

式(4.5-2)表明,一个正弦量作微分运算后的相量等于该正弦量对应的相量乘 $j\omega$。

3. 积分特性

设正弦量 i 的相量是 $\dot{I}$,若 $u = \displaystyle\int i\,\mathrm{d}t$,则有

$$u = \int i\,\mathrm{d}t \xrightleftharpoons{\text{相量变换}} \dot{U} = \frac{\dot{I}}{j\omega} \qquad (4.5-3)$$

式(4.5-3)表明,一个正弦量作积分运算后的相量等于该正弦量对应的相量除以 $j\omega$。

若把电感和电容的 VCR 代入式(4.5-2)和式(4.5-3),就会得到如下结论:

相量变换可将动态元件伏安关系的时域微积分形式转换为频域乘除形式。

或者说,相量变换可以把正弦信号的时域分析转换为频域分析,这个概念与"信号与系统"中傅氏级数和傅氏变换的概念一脉相承。因此,微积分运算特性是相量变换的精髓。

4.6　相量分析法

将上述相量的运算特性用于交流电路数学模型(微分方程)的求解,也就是交流电路的分析中,就形成了一种简便的交流电路分析方法——相量分析法。

<u>相量分析法:基于相量及其运算特性的交流电路分析方法。</u>

应用该方法分析电路需满足:

(1) 基本电路变量(电流和电压)以相量形式出现,即激励和响应都是相量。

(2) 电路模型是反映激励相量与响应相量之间关系的代数方程。

4.7　电路定律及元件 *VCR* 的相量形式

4.7.1　基尔霍夫定律的相量形式

相量分析法的第一步是用相量对电路的基本定律或工作约束条件进行描述。

1. 基尔霍夫电流定律的相量形式(频域形式)

在任何一个时刻,流入任何一个节点(闭合界面)的电流相量的代数和恒等于零,即

$$\sum_{k=1}^{N} \dot{I}_k = 0 \qquad (4.7-1)$$

式中,N 为与该节点相连的支路数,$\dot{I}_k$ 为流入或流出该节点的第 k 条支路的电流相量。

式(4.7-1)的变形式为

$$\sum \dot{I}_入 = \sum \dot{I}_出 \qquad (4.7-2)$$

2. 基尔霍夫电压定律的相量形式(频域形式)

在任何一个时刻,任何一个回路(闭合路径)中全部支路电压相量的代数和恒等于零,即

$$\sum_{k=1}^{M} \dot{U}_k = 0 \qquad (4.7-3)$$

式中,M 为该回路中的支路数,$\dot{U}_k$ 为该回路中第 k 条支路的电压相量。

式(4.7-3)的变形式为

$$\sum \dot{U}_降 = \sum \dot{U}_升 \qquad (4.7-4)$$

两个定律的使用注意事项与第1章叙述的内容相同,这里不再赘述。

4.7.2　*R*、*L*、*C* 元件的电路模型及 *VCR* 相量形式

相量分析法的第二步是用相量对三大元件——电阻、电感和电容的 *VCR* 进行描述。

1. 电阻元件

对于图 4-4(a)所示电阻的时域电路模型,当电阻上的电压 u_R 和电流 i_R 为关联方向时,其 VCR 为

$$u_R(t) = Ri_R(t)$$

式中，$u_R(t)$ 和 $i_R(t)$ 是同频正弦量，它们的相量分别为 $\dot{U}_R = U_R \angle \varphi_u$ 和 $\dot{I}_R = I_R \angle \varphi_i$，则由相量的线性特性可得电阻 VCR 的频域(相量)形式为

$$\dot{U}_R = R\dot{I}_R \qquad (4.7-5)$$

这样，电阻的频域电路模型也如图 4-4(a)所示。

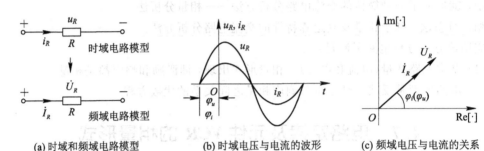

(a)时域和频域电路模型   (b)时域电压与电流的波形   (c)频域电压与电流的关系

图 4-4　电阻模型和 VCR 图

因为电阻是即时、非记忆元件，所以，其端电压与流过的电流同相，即 $\varphi_u = \varphi_i$，它们的时域波形如图 4-4(b)所示，相量关系如图 4-4(c)所示。

由于电阻对交、直流电流的阻碍特性一样，因此其直流电路模型和交流时域电路模型、频域电路模型的 VCR 均为欧姆定律形式，也可以说，电阻的时域电路模型与频域电路模型的 VCR 一样。

2. 电感元件

对于图 4-5(a)所示电感的时域电路模型，当电感上的电压 u_L 和电流 i_L 为关联方向时，其 VCR 为

$$u_L(t) = L \frac{\mathrm{d}i_L(t)}{\mathrm{d}t}$$

式中，$u_L(t)$ 和 $i_L(t)$ 是同频(角频率都为 ω)正弦量，它们的相量分别为 $\dot{U}_L = U_L \angle \varphi_u$ 和 $\dot{I}_L = I_L \angle \varphi_i$，则由相量的微分特性可得电感 VCR 的频域(相量)形式为

$$\dot{U}_L = \mathrm{j}\omega L \dot{I}_L \qquad (4.7-6)$$

这样，电感的频域电路模型也如图 4-5(a)所示。可见，电感的时域电路模型与频域电路模型不一样。

为了便于描述电感对交流电流的阻碍作用，定义：

感抗：电感电压与电流的幅值或有效值之比，用 X_L 表示，即

$$X_L = \frac{U_{Lm}}{I_{Lm}} = \frac{U_L}{I_L} = \omega L \qquad (4.7-7)$$

式中，当电感量 L 的单位是亨利(H)，ω 的单位是 rad/s 时，X_L 的单位是欧姆(Ω)。

这样，式(4.7-6)就可改写为

$$\dot{U}_L = \mathrm{j}X_L \dot{I}_L \qquad (4.7-8)$$

式(4.7-8)表明，在交流电路中，电感电压的有效值 U_L 等于电感电流的有效值 I_L 与感抗 X_L 的乘积，且电感端电压相位超前电感电流 $90°$，即有 $\varphi_u = \frac{\pi}{2} + \varphi_i$。电感端电压与电流的时域波形和相量图如图 4-5(b)、(c)所示。

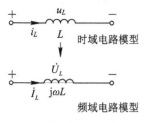

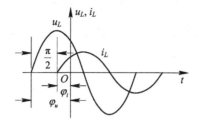
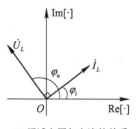

(a) 时域和频域电路模型　　　(b) 时域电压与电流的波形　　　(c) 频域电压与电流的关系

图 4-5　电感模型和 VCR 图

显然，在交流电路中，由于动态特性的存在，电感模型具有以下两个特点：

(1) 对电流有像电阻一样的阻碍作用，阻碍作用由感抗 X_L 表示。$X_L = \omega L$ 的大小不仅与电感量 L 有关，还与通过电感的电流频率 ω 有关。当电感量 L 给定时，感抗与频率的变化成正比，即频率越高，感抗就越大，对电流的阻碍作用也越大；频率越低，感抗就越小，对电流的阻碍作用也越小。当频率为零时，电流是直流，此时感抗为零，表明电感等同于导线(短路)，这就是电感"通直流"的原理。

(2) 端电压超前电流 90°(移相 90°)，移相作用由虚数单位"j"体现。

据此，我们认为电感"电压超前电流 90°，感抗与频率成正比"的"频率特性"是其广为应用的"奥秘"之一。

注意：电感虽然对电流有阻碍作用，但却不是耗能元件。

3. 电容元件

对于图 4-6(a)所示电容的时域电路模型，当电容上的电压 u_C 和电流 i_C 为关联方向时，其 VCR 为

$$i_C(t) = C \frac{\mathrm{d}u_C(t)}{\mathrm{d}t}$$

式中，$u_C(t)$ 和 $i_C(t)$ 是同频(角频率都为 ω)正弦量，它们的相量分别为 $\dot{U}_C = U_C \angle \varphi_u$ 和 $\dot{I}_C = I_C \angle \varphi_i$，则由相量的微分特性可得电容 VCR 的频域(相量)形式为

$$\dot{I}_C = \mathrm{j}\omega C \dot{U}_C \qquad (4.7-9)$$

为与电阻、电感在形式上统一，把式(4.7-9)改写为

$$\dot{U}_C = -\mathrm{j}\frac{1}{\omega C}\dot{I}_C \qquad (4.7-10)$$

这样，电容的频域电路模型也如图 4-6(a)所示。可见，电容的时域电路模型与频域电路模型不一样。

为了便于描述电容对交流电流的阻碍作用，定义：

容抗：电容电压与电流的幅值或有效值之比，用 X_C 表示，即

$$X_C = \frac{U_{Cm}}{I_{Cm}} = \frac{U_C}{I_C} = \frac{1}{\omega C} \qquad (4.7-11)$$

式中，当电容量 C 的单位是法拉(F)，ω 的单位是 rad/s 时，容抗的单位是欧姆(Ω)。

这样，式(4.7-10)就可改写为

$$\dot{U}_C = -\mathrm{j}X_C \dot{I}_C \qquad (4.7-12)$$

式(4.7-12)表明,在交流电路中,电容电压的有效值 U_C 等于电容电流的有效值 I_C 与容抗 X_C 的乘积,且电容端电压相位滞后电容电流90°,即 $\varphi_u = \varphi_i - \dfrac{\pi}{2}$。电容端电压与电流的时域波形和相量图如图4-6(b)、(c)所示。

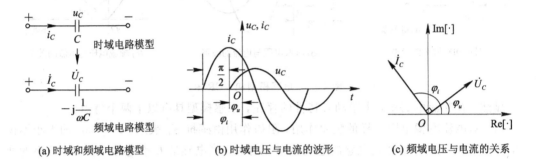

(a) 时域和频域电路模型　　　(b) 时域电压与电流的波形　　　(c) 频域电压与电流的关系

图 4-6　电容模型和 VCR 图

与电感类似,在交流电路中,由于动态特性的存在,电容模型也有以下两个特点:

(1) 对电流有像电阻一样的阻碍作用,阻碍作用由容抗 X_C 表示。$X_C = \dfrac{1}{\omega C}$ 的大小不仅与电容量 C 有关,还与通过电容的交流电流频率 ω 有关。当电容量 C 给定时,容抗与频率的变化成反比,即频率越高,容抗就越小,对电流的阻碍作用也越小;频率越低,容抗就越大,对电流的阻碍作用也越大。当频率为零时,电流是直流,此时容抗为无穷大,表明电容等同于开路,这就是电容"隔直流"的原理。

(2) 端电压滞后电流90°(移相-90°),移相作用由"-j"体现。

据此,我们认为电容"电压滞后电流90°,容抗与频率成反比"的"频率特性"是其广为应用的"奥秘"之一。

注意:电容虽然对电流有阻碍作用,但却不是耗能元件。

下面说明电容"隔直流,通交流"的原理。

当一个电容接上直流电源时,电源正极的正电荷在电压的作用下会跑到电容的一端极板上,而电容另一端极板上的正电荷也同时会跑到电源的负极,从而在电路中产生正电荷的移动,形成电流,这就是我们熟悉的电容"充电"过程。通常,充电电流持续时间很短(由电路的时间常数决定),电容的上/下极板很快被正/负电荷充满,电容的端电压就与电源电压相等,充电过程结束,此时,电路中没有正电荷的移动,也就没有了电流,这就是电容"隔直流"的原理。

电容是如何"导电"的

当一个电容接上交流电源时,因为交流电源输出的电流方向是交变的,所以,电源正极的正电荷一会儿从电源流向电容的一端极板,一会儿又从电容极板流回电源正极,同时,电容另一端极板的正电荷也是一会儿从电容流向电源负极,一会儿又从电源负极流回电容,只要不把电源断开,这种现象就循环不止。因此,从宏观上看,该电路中有交流电流流动,但这种流动是由电容两个极板与电源正负极之间的电荷来回迁移形成的,实际上并没有电荷从电容的一端极板穿过绝缘材料流到另一端极板。这就是电容"通交流"的解释。

为帮助读者理解和记忆,表4-1给出了 R、L、C 元件电流相量与电压相量的关系。

表 4-1　R、L、C 元件上电流相量与电压相量的关系

元　　件	关　系　式	相　量　图
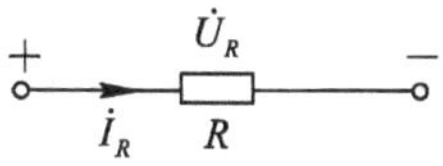$\dot{U}_R$ + − $\dot{I}_R$ R	$\dot{U}_R=R\dot{I}_R$ 或 $\dot{I}_R=\dfrac{\dot{U}_R}{R}$	$\dot{I}_R$ $\dot{U}_R$
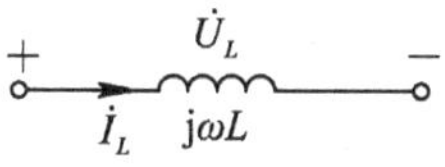$\dot{U}_L$ + − $\dot{I}_L$ jωL	$\dot{U}_L=\mathrm{j}X_L\dot{I}_L$ 或 $\dot{I}_L=-\mathrm{j}\dfrac{1}{X_L}\dot{U}_L$ 其中，$X_L=\omega L$	$\dot{U}_L$ $\dot{I}_L$
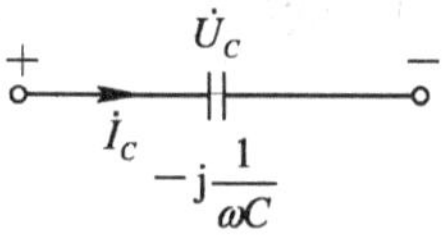$\dot{U}_C$ + − $\dot{I}_C$ $-\mathrm{j}\frac{1}{\omega C}$	$\dot{U}_C=-\mathrm{j}X_C\dot{I}_C$ 或 $\dot{I}_C=\mathrm{j}\dfrac{1}{X_C}\dot{U}_C$ 其中，$X_C=\dfrac{1}{\omega C}$	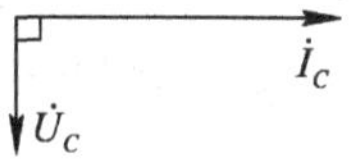$\dot{I}_C$ $\dot{U}_C$

需要说明的是，与其他书中定义 $X_C=-\dfrac{1}{\omega C}$不同，本书把容抗定义为 $X_C=\dfrac{1}{\omega C}$，这是为了更好地描述电容特性并与感抗在概念上统一。将式(4.7-12)中的“−”赋予虚数单位“j”，得“−j”，即可明确说明“相位滞后$\dfrac{\pi}{2}$”的概念，比容抗为负值更好理解。

4.7.3　阻抗

有了前两步的基础，就可以用相量法对交流电路进行基本分析了。

我们已经知道，电阻、电感和电容元件对交流电的阻碍作用分别由电阻、感抗和容抗体现，而在实际工作中存在以下两种情况：

(1) 在高频应用中，某一种元件同时还具有其他两种元件的特性，比如一个电阻同时具有一定的感抗和容抗，一个电感或电容也同时具有电阻和电容或电阻和电感特性，这时的 R、L、C 已经不是一个集中参数元件，而是分布参数元件了。

(2) 在低频应用中，经常需要将 R、L、C 三种元件结合使用，比如串联、并联或混联，一般的交流电路就是由若干个这样的连接构成的。

上述两种情况引出一个共同问题：如何将 R、L、C 三种元件对交流电的作用统一考虑？换句话说，能否找到一个既包含电阻又包含感抗和容抗的物理量或复合元件模型来分析交流电路？回答是肯定的，这个物理量或复合元件就是“阻抗”。

需要说明的是，本书只考虑 R、L、C 三种元件在低频信号作用下的混联情况，高频电路中分布参数元件的分析方法与此类似，这里不再赘述。

1. 阻抗的概念

当 R、L、C 三种元件串联形成一个二端网络时，其阻抗(频域)模型及相量图见图 4-7。因为三个元件的电流相同，电压不同，所以根据相量图和相量运算规则，可得

$$\frac{\dot{U}}{\dot{I}}=\frac{\dot{U}_R+\dot{U}_L+\dot{U}_C}{\dot{I}}=\frac{R\dot{I}+\mathrm{j}X_L\dot{I}-\mathrm{j}X_C\dot{I}}{\dot{I}}=R+\mathrm{j}(X_L-X_C) \qquad (4.7-13)$$

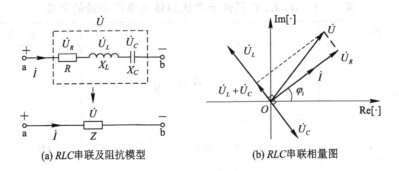

(a) RLC串联及阻抗模型　　　(b) RLC串联相量图

图 4-7　RLC 串联模型及相量图

显然，总电压 $\dot{U}$ 与总电流 $\dot{I}$ 之比是一个复数且具有欧姆量纲。因此，根据欧姆定律，定义：

阻抗：二端网络的电压相量 $\dot{U}$ 与电流相量 $\dot{I}$ 之比，记作 Z。

这样，式(4.7-13)就变为

$$Z = \frac{\dot{U}}{\dot{I}} = R + j(X_L - X_C) = R + jX \tag{4.7-14}$$

其中，$X = X_L - X_C$ 是感抗与容抗的混合量，称为"电抗"。

关于电抗需要注意以下几点：

(1) 电抗 X 不但可以用模 $|X|$ 表示其对电流阻碍作用的大小，还可以通过正/负号说明其性质，即"$+X$"表示电抗为感性，"$-X$"表示电抗为容性。

(2) 电抗 $X = X_L - X_C$ 中的"$-$"表明容抗与感抗反相，可相互抵消。也就是说，可以通过改变容抗或感抗的大小达到减小电抗或使电抗为零(谐振状态)的目的。

(3) 电抗只适用于交流电路。直流电路只有电阻，没有电抗。

根据式(4.7-14)，有

$$\dot{U} = Z\dot{I} \tag{4.7-15}$$

显然，该式与我们熟悉的欧姆定律 $U = RI$ 很相似，因此，式(4.7-15)可称为"相量欧姆定律"。

也许有人会问，用相量法分析交流电路时，电压、电流和阻抗都是复数，为什么电压和电流用带圆点的字母"$\dot{U}$"和"$\dot{I}$"表示，而阻抗却用不带点的字母"Z"表示？答案是这样的：电压和电流的符号上加圆点，表明它们是相量，是用复数表示的正弦量，对应的是随时间变化的时域函数，而阻抗 Z 仅仅是一个复数，自然不能用相量形式表示。

阻抗也可表示为极坐标形式，即

$$Z = |Z| \angle \varphi_z \tag{4.7-16}$$

式中，$|Z|$ 称为阻抗模，φ_z 称为阻抗角。显然，根据式(4.7-14)有

$$|Z| = \sqrt{R^2 + X^2} = \sqrt{R^2 + (X_L - X_C)^2} = \sqrt{R^2 + \left(\omega L - \frac{1}{\omega C}\right)^2} \tag{4.7-17}$$

$$\varphi_z = \arctan \frac{X}{R} = \arctan \frac{X_L - X_C}{R} = \arctan \frac{\omega L - \frac{1}{\omega C}}{R} \tag{4.7-18}$$

若将电压和电流的极坐标形式代入式(4.7-14)，则有

$$Z = \frac{U\angle\varphi_u}{I\angle\varphi_i} = \frac{U}{I}\angle(\varphi_u - \varphi_i) \tag{4.7-19}$$

这样，就得到阻抗的模、辐角与电压和电流的关系：

$$|Z| = \frac{U}{I} \tag{4.7-20}$$

$$\varphi_Z = \varphi_u - \varphi_i \tag{4.7-21}$$

式(4.7-20)和式(4.7-21)表明：

在交流电激励下，一个无源二端网络的端电压与端电流的有效值之比就是该网络的阻抗模，而端电压与端电流的相位差就是该网络的阻抗角。

据此，可画出阻抗网络的示意图，如图 4-8 所示，其中图 4-8(b)中的三角形称为"阻抗三角形"。

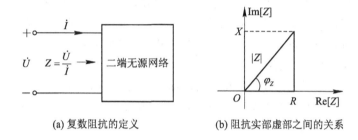

(a) 复数阻抗的定义　　　　　　(b) 阻抗实部虚部之间的关系

图 4-8　复数阻抗的定义及阻抗实部虚部之间的关系图

2. 阻抗的外部特性

阻抗的外部特性(移相特性)如图 4-9 所示。

(1) 当二端网络只含电阻时，$Z=R$，$\varphi_Z=0$，端电压与端电流同相位。

(2) 当二端网络只含电感时，$Z=jX_L=j\omega L$，$\varphi_Z=90°$，端电压超前端电流 90°。

(3) 当二端网络只含电容时，$Z=-jX_C=-j\dfrac{1}{\omega C}$，$\varphi_Z=-90°$，端电压滞后端电流 90°。

(4) 当二端网络包含电阻、电感和电容时，$Z=R+j(X_L-X_C)$，$-90°<\varphi_Z<90°$：

① 若 $\varphi_Z=0$，电压与电流同相，则阻抗为电阻。

② 若 $0<\varphi_Z<90°$，电压超前电流，则阻抗为感性。

③ 若 $-90°<\varphi_Z<0$，电压滞后电流，则阻抗为容性。

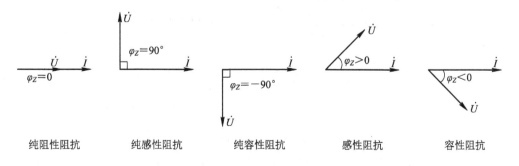

纯阻性阻抗　　　纯感性阻抗　　　纯容性阻抗　　　感性阻抗　　　容性阻抗

图 4-9　阻抗外特性示意图

3. 阻抗的滤波特性

阻抗具有以下 3 种常见的滤波特性：

（1）低通特性。根据感抗定义 $X_L=\omega L$，可知电感对交流电流的阻碍作用不仅与电感量有关，还与交流电流的频率有关。当电感量给定时，频率越高，感抗就越大，对电流的阻碍作用也越大。该特性常用于对信号进行"低通滤波"处理，即让电流信号的低频分量通过电感，但阻止高频分量通过。简言之，电感具有"通低频电流，阻高频电流"的滤波作用。

（2）高通特性。根据容抗定义 $X_C=\dfrac{1}{\omega C}$，可知电容对交流电流的阻碍作用不仅与电容量有关，还与交流电流的频率有关。当电容量给定时，频率越高，容抗就越小，对电流的阻碍作用也越小。该特性常用于对信号进行"高通滤波"处理，即让电流信号的高频分量通过电容，但阻止低频分量通过。简言之，电容具有"通高频电流，阻低频电流"的滤波作用。

（3）带通特性。若感抗等于容抗$(X_L=X_C)$，则阻抗为阻性，网络处于谐振状态，其频率特性是一个带状曲线，允许某个频段的电流信号通过，呈现"带通滤波"特性。

除了上述 3 种常见的滤波特性外，阻抗还可以呈现"带阻滤波"特性。

综上所述，可得如下结论：

（1）阻抗 Z 是一个复数，由电阻和电抗两部分组成。电阻构成实部（电阻），电感、电容构成虚部（电抗）。实部不但阻碍交/直流电流通过，还要消耗电能，而虚部只阻碍交流电流通过，不消耗电能。

（2）阻抗不是真实元件，只是人们为便于分析电路而构造出来的一个能对三种元件特性进行统一描述的物理模型，可看作一个"虚拟复合元件"，用电阻的电路模型表示。简言之，阻抗具有"元件虚，功能实"的特点。

（3）阻抗的大小与频率有关，它既阻碍电流通过，又对激励进行移相和滤波。

4.7.4 导纳

1. 导纳的概念

当 R、L、C 三种元件并联形成一个二端网络时，其导纳（频域）模型及相量图见图 4-10。

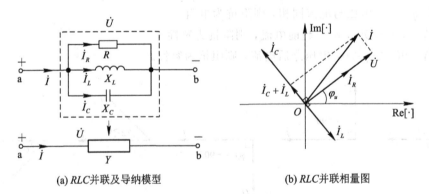

(a) RLC 并联及导纳模型　　(b) RLC 并联相量图

图 4-10　RLC 并联模型及相量图

因串联与并联是对偶关系，故根据前面对 RLC 串联电路的讨论，很容易得到 RLC 并联电路的相关结论。

根据 KCL，结合图 4-10(a)可得电流与电压的比值为

$$\frac{\dot{I}}{\dot{U}} = \frac{\dot{I}_R + \dot{I}_L + \dot{I}_C}{\dot{U}} = \frac{\dfrac{\dot{U}}{R} + \dfrac{\dot{U}}{j\omega L} + j\omega C\dot{U}}{\dot{U}} = \frac{1}{R} + j\left(\omega C - \frac{1}{\omega L}\right) \qquad (4.7-22)$$

仿照电导概念，可定义：

导纳：二端网络的电流相量 $\dot{I}$ 与电压相量 $\dot{U}$ 之比，记作 Y。

导纳表示 RLC 并联网络等效的"复合元件"对交流电流的导通作用，单位为西门子（S），即有

$$Y = \frac{\dot{I}}{\dot{U}} = G + j(B_C - B_L) = G + jB = |Y| \angle \varphi_Y \qquad (4.7-23)$$

式中，$G = \dfrac{1}{R}$ 为电导，$B = B_C - B_L$ 为电纳，$B_C = \omega C$ 为电容容纳，$B_L = \dfrac{1}{\omega L}$ 为电感感纳，它们都具有西门子量纲，$|Y|$ 为导纳模，即

$$|Y| = \frac{I}{U} = \sqrt{G^2 + B^2} = \sqrt{G^2 + (B_C - B_L)^2} = \sqrt{G^2 + \left(\omega C - \frac{1}{\omega L}\right)^2}$$

$$(4.7-24)$$

φ_Y 为导纳角，即

$$\varphi_Y = \varphi_i - \varphi_u = \arctan\frac{B}{G} = \arctan\frac{B_C - B_L}{G} = \arctan\frac{\omega C - \dfrac{1}{\omega L}}{G} \qquad (4.7-25)$$

显然，阻抗与导纳呈倒数关系，即

$$Y = \frac{1}{Z} \qquad (4.7-26)$$

进一步，有

$$\begin{cases} |Y| = \dfrac{1}{|Z|} \\ \varphi_Y = -\varphi_Z \end{cases} \qquad (4.7-27)$$

这样，相量欧姆定律可改写为

$$\dot{I} = Y\dot{U} \qquad (4.7-28)$$

式(4.7-27)表明：

在交流电激励下，一个无源二端网络的端电流与端电压的有效值之比就是该网络的导纳模，而端电流与端电压的相位差就是该网络的导纳角。

据此，可画出导纳网络的示意图，如图 4-11 所示，其中图 4-11(b)中的三角形称为"导纳三角形"。

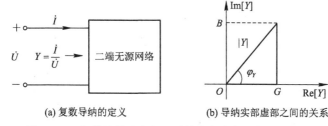

(a) 复数导纳的定义　　　　(b) 导纳实部虚部之间的关系

图 4-11　复数导纳的定义及导纳实部虚部之间的关系图

2. 导纳的外部特性

导纳也有外部特性(移相特性),具体如下:

(1) 当二端网络只含电阻时,$Y=G$,$\varphi_Y=0$,端电压与端电流同相位。

(2) 当二端网络只含电感时,$Y=-jB_L=-j\dfrac{1}{\omega L}$,$\varphi_Y=-90°$,端电流滞后端电压 $90°$。

(3) 当二端网络只含电容时,$Y=jB_C=j\omega C$,$\varphi_Y=90°$,端电流超前端电压 $90°$。

(4) 当二端网络包含电阻、电感和电容时,$Y=G+j(B_C-B_L)$,$-90°<\varphi_Y<90°$:

① 若 $\varphi_Y=0$,电流与电压同相,则导纳为电导。

② 若 $0<\varphi_Y<90°$,电流超前电压,则导纳为容性。

③ 若 $-90°<\varphi_Y<0$,电流滞后电压,则导纳为感性。

导纳的外部特性图与阻抗的外部特性图(图4-9)类似。

3. 导纳的滤波特性

根据对偶特性,导纳具有与阻抗类似的滤波特性,这里不再赘述。

综上所述,只要把直流电压和电流用电压相量和电流相量表示,电阻和电导用阻抗和导纳替换,电阻、电感和电容的交流电路分析方法就与前面介绍的电阻电路类似,而这正是用相量法分析交流电路的好处。

注意:实际应用中,很少采用导纳。

为便于理解和记忆,表4-2给出了串联电路与并联电路及阻抗与导纳的对偶关系。

表4-2 串联电路与并联电路及阻抗与导纳的对偶关系

电路名称	RLC 串联电路	RLC 并联电路
电路模型		
定义式	$Z=\dfrac{U_{Sm}}{I_m}=R+jX$	$Y=\dfrac{I_{Sm}}{U_m}=G+jB$
表达式	$Z=R+j(X_L-X_C)$	$Y=G+j(B_C-B_L)$
分量式	$R=R$,$X_L=\omega L$,$X_C=\dfrac{1}{\omega C}$	$G=G$,$B_C=\omega C$,$B_L=\dfrac{1}{\omega L}$
倒数式	$Y=\dfrac{1}{Z}=\dfrac{1}{R+jX}=\dfrac{R}{R^2+X^2}-j\dfrac{X}{R^2+X^2}$	$Z=\dfrac{1}{Y}=\dfrac{1}{G+jB}=\dfrac{G}{G^2+B^2}-j\dfrac{B}{G^2+B^2}$
换算式	$G=\dfrac{R}{R^2+X^2}$,$B=\dfrac{-X}{R^2+X^2}$	$R=\dfrac{G}{G^2+B^2}$,$X=\dfrac{-B}{G^2+B^2}$

注意:有些书与本书不同,它们定义 $B_L=-\dfrac{1}{\omega L}$ 及 $X_C=-\dfrac{1}{\omega C}$。因此,在各种情况下,

只要所遇问题不涉及单独求解 X_C 和 B_L，两种定义存在的负号差异就不影响电路分析的结果。否则，就需要说明符号问题或给出两种定义下的不同结果。

【**例 4-3**】　如图 4-12(a)所示电路中，已知 $u_S(t) = 10\sin 2t$ V，$R = 2\ \Omega$，$L = 2$ H，$C = 0.25$ F，求电流 $i(t)$ 和 u_R、u_L、u_C，并画出相量图。

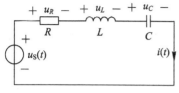　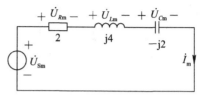

(a) *RLC* 串联电路时域模型　　　　　(b) *RLC* 串联电路频域模型

图 4-12　例 4-3 图

解　由题意可得 $\omega = 2$，电压源幅值相量 $\dot{U}_{Sm} = 10\angle 0°$，$X_L = \omega L = 4$，$X_C = \dfrac{1}{\omega C} = 2$。这样，可将原电路等效为频域模型图，如图 4-12(b)所示。

根据式(4.7-14)可得阻抗为

$$Z = R + j(X_L - X_C) = 2 + j\left(2 \times 2 - \frac{1}{2 \times 0.25}\right) = 2 + j2 = 2.83\angle 45°\ \Omega$$

根据式(4.7-15)可得电流幅值相量为

$$\dot{I}_m = \frac{\dot{U}_{Sm}}{Z} = \frac{10\angle 0°}{2 + j2} = \frac{10\angle 0°}{2.83\angle 45°} = 3.53\angle -45°\ \text{A}$$

各元件的电压幅值相量为

$$\dot{U}_{Rm} = R\dot{I}_m = 2 \times 3.53\angle -45° = 7.06\angle -45°\ \text{V}$$

$$\dot{U}_{Lm} = jX_L\dot{I}_m = j4 \times 3.53\angle -45° = 4\angle 90° \times 3.53\angle -45° = 14.1\angle 45°\ \text{V}$$

$$\dot{U}_{Cm} = -jX_C\dot{I}_m = -j2 \times 3.53\angle -45° = 2\angle -90° \times 3.53\angle -45° = 7.06\angle -135°\ \text{V}$$

最后，将电流、电压幅值相量转化为时域表达式可得

$$i(t) = 3.53\sin(2t - 45°)\ \text{A}, \qquad u_R(t) = 7.06\sin(2t - 45°)\ \text{V}$$

$$u_L(t) = 14.1\sin(2t + 45°)\ \text{V}, \qquad u_C(t) = 7.06\sin(2t - 135°)\ \text{V}$$

相量图见图 4-13。

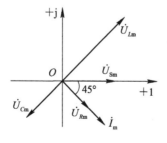

图 4-13　例 4-3 相量图

由上述结果可知，电感电压的最大值大于电源电压的最大值。请认真思考出现这种分电压大于总电压情况的原因。

【例 4 - 4】 如图 4 - 14(a)所示电路中，已知 $i_S(t) = 3\sin2t$ A，$R = 1\ \Omega$，$L = 2$ H，$C = 0.5$ F，求电压 $u(t)$。

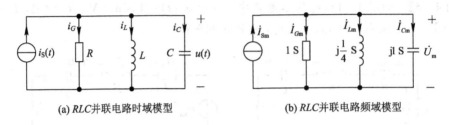

(a) RLC并联电路时域模型   (b) RLC并联电路频域模型

图 4 - 14 例 4 - 4 图

解 由题意可得原电路的频域模型如图 4 - 14(b)所示，则有

$$\dot{I}_{Sm} = 3\angle 0°\ \text{A},\quad Y = Y_G + Y_L + Y_C = 1 - j\frac{1}{4} + j1 = 1 + j0.75 = 1.25\angle 36.9°\ \text{S}$$

由欧姆定律得

$$\dot{U}_m = \frac{\dot{I}_{Sm}}{Y} = \frac{3\angle 0°}{1.25\angle 36.9°} = 2.4\angle -36.9°\ \text{V}$$

化为时域表达式得

$$u(t) = 2.4\sin(2t - 36.9°)\ \text{V}$$

【例 4 - 5】 如图 4 - 15 所示电路中，N 为无源二端网络。已知 $u_S(t) = 30\sqrt{2}\sin2t$ V，$i(t) = 5\sqrt{2}\sin2t$ A，$R = 3\ \Omega$，$L = 2$ H，求二端网络 N 的等效阻抗 Z_N 并判断其性质。

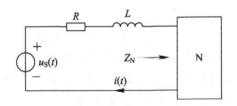

图 4 - 15 例 4 - 5 图

解 由题意知 $\dot{U}_S = 30\angle 0°$ V，$\dot{I} = 5\angle 0°$ A，则二端网络 N 的等效阻抗 Z_N 可以写为

$$Z_N = R_N + jX_N$$

从电压源向右看进去的总阻抗为

$$Z = \frac{\dot{U}_S}{\dot{I}} = R + j\omega L + Z_N = (R + R_N) + j(\omega L + X_N)$$

代入参数有

$$\frac{30\angle 0°}{5\angle 0°} = 3 + R_N + j(4 + X_N) = 6 \Rightarrow \begin{cases} 3 + R_N = 6 \\ 4 + X_N = 0 \end{cases}$$

解得

$$R_N = 3,\quad X_N = -4$$

则有

$$Z_N = R_N + jX_N = 3 - j4\ \Omega$$

因为 Z_N 的虚部为负值，所以，二端网络 N 的等效阻抗是容性。

4.8　交流电路的功率

根据第 2 章内容可知，一个二端网络在端电压 $u(t)$ 和电流 $i(t)$ 取关联方向的前提下，若功率 $p(t)=u(t)i(t)$ 为正值，则表明该网络吸收（消耗）能量（功率）且一般是无源的；若 $p(t)=u(t)i(t)$ 为负值，则表明该网络输出能量（功率）且含源。此处的 $p(t)$ 是时间的函数，称为瞬时功率。

对于直流电路而言，因瞬时功率与时间无关，是恒定值，故它能够完整、准确地反映二端网络的用电状况。对于交流电路而言，其瞬时功率是一个随时间变化的函数，在某一个时刻，$p(t)$ 可能会出现大于 0、小于 0 或等于 0 的情况且只有电阻消耗能量（功率），电感和电容不消耗能量（功率），因此，只用瞬时功率难以完整、准确地反映交流电路的用电状况。这就引出了下面要介绍的有功功率、无功功率、视在功率和功率因数等概念。

4.8.1　瞬时功率和有功功率

图 4-16(a) 是一个含有电阻、电容、电感和受控源等元件的无源二端网络 N，设其端电压和端电流分别为 $u(t)=\sqrt{2}U\sin(\omega t+\varphi_u)$ V 和 $i(t)=\sqrt{2}I\sin(\omega t+\varphi_i)$ A，等效阻抗为 $Z=R+\mathrm{j}X$，则该网络吸收的瞬时功率为

$$\begin{aligned}
p(t) &= u(t)i(t) = \sqrt{2}U\sin(\omega t+\varphi_u)\,\sqrt{2}\,I\sin(\omega t+\varphi_i)\\
&= 2UI\sin(\omega t+\varphi_u)\,\sin(\omega t+\varphi_i)\\
&= UI\left[\cos(\varphi_u-\varphi_i)-\cos(2\omega t+\varphi_u+\varphi_i)\right]
\end{aligned}$$

令该网络阻抗角 $\varphi_z=\varphi_u-\varphi_i$（阻抗角大小由网络结构、参数及信号频率决定），则上式可变为

$$p(t) = UI\cos\varphi_z - UI\cos(2\omega t+\varphi_u+\varphi_i) \tag{4.8-1}$$

式(4.8-1)就是二端网络 N 在正弦稳态下的瞬时功率，其时域波形如图 4-16(b)所示。

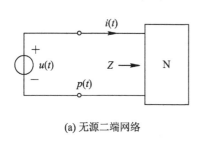

(a) 无源二端网络

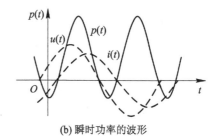

(b) 瞬时功率的波形

图 4-16　无源二端网络及其瞬时功率

可见，瞬时功率 $p(t)$ 随时间 t 的变化而变化且在一个周期内可正、可负、可为零。这说明，二端网络有时吸收或消耗能量（功率），有时释放或供出能量（功率），有时不消耗能量（功率）。显然，用 $p(t)$ 难以说明二端网络的用电问题。为此，人们提出了平均功率的概念。

平均功率：二端网络的瞬时功率在一个周期内的平均值，用大写字母"P"表示，即

$$P = \frac{1}{T}\int_0^T p(t)\mathrm{d}t = \frac{1}{T}\int_0^T [UI\cos\varphi_Z - UI\cos(2\omega t + \varphi_u + \varphi_i)]\mathrm{d}t = UI\cos\varphi_Z$$

$$(4.8-2)$$

式(4.8-2)表明，平均功率不仅与电压、电流有关，还与二端网络的阻抗角有关。

为便于后面的分析，用 φ 表示阻抗角 φ_Z，这样，式(4.8-2)就变为

$$P = UI\cos\varphi \qquad (4.8-3)$$

式中：$\cos\varphi$ 为二端网络的"功率因数"，用符号"λ"表示；φ 称为"功率因数角"。

由于平均功率可以说明二端网络的实际做功情况，因此又称为"有功功率"，单位为"瓦(W)"。通常，交流电路中的"功率"均指有功功率。

若功率因数角在 $-90°\sim90°$ 之间变化，则功率因数就在 $0\sim1$ 之间变化。若电压和电流不变，则功率因数越小，有功功率越小；功率因数越接近于1，有功功率越大。

因为 $\lambda = \cos\varphi = \cos\varphi_Z$，所以，二端网络的性质由其阻抗角决定：

(1) 若 $\varphi_Z > 0$，则二端网络为感性且端电压超前端电流，是"超前"网络；

(2) 若 $\varphi_Z < 0$，则二端网络为容性且端电压滞后端电流，是"滞后"网络；

(3) 若 $\varphi_Z = 0$，则二端网络为阻性且端电压与端电流同相，是"同相"网络。

若二端网络中含有 n 个元件，则该网络总有功功率必然等于各元件有功功率之和，即

$$P = P_1 + P_2 + \cdots + P_n \qquad (4.8-4)$$

式(4.8-4)表明，有功功率是守恒的(体现了能量守恒)。

【例 4-6】 图 4-17 所示电路中，$\dot{U}_S = 100\angle0°\text{V}$，角频率 $\omega = 1000\ \text{rad/s}$，$U_L = 50\ \text{V}$，电路吸收的有功功率 $P = 200\ \text{W}$，求电阻值 R 和电感量 L。

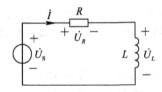

图 4-17 例 4-6 电路图

解 由 KVL 可得

$$\dot{U}_S = \dot{U}_R + \dot{U}_L$$

则有

$$U_R = \sqrt{U_S^2 - U_L^2} = (\sqrt{100^2 - 50^2})\ \text{V} = 86.6\ \text{V}$$

因为电路吸收的有功功率就是电阻 R 吸收的功率，即

$$P = P_R = RI^2 = \frac{U_R^2}{R} = 200\ \text{W}$$

所以，电阻值为

$$R = \frac{U_R^2}{P_R} = \frac{86.6^2}{200} = 37.5\ \Omega$$

又

$$I = \frac{U_R}{R} = \frac{86.6}{37.5} = 2.31\ \text{A}$$

则感抗为

$$X_L = \frac{U_L}{I} = \frac{50}{2.31} = 21.65 \ \Omega$$

电感量为

$$L = \frac{X_L}{\omega} = \frac{21.65}{1000} = 21.65 \ \text{mH}$$

4.8.2　视在功率和无功功率

为衡量二端网络或设备的容量(可能发出或消耗的最大功率),定义:

视在功率:二端网络的电压有效值与电流有效值之积,用大写字母"S"表示,即

$$S = UI \tag{4.8-5}$$

为区别于有功功率 P,规定视在功率 S 的单位为"伏安(VA)"。

根据式(4.8-5),式(4.8-3)可变为

$$P = S\cos\varphi \tag{4.8-6}$$

对式(4.8-6)变形,可得功率因数的定义:

功率因数:二端网络的有功功率与视在功率之比,即

$$\lambda = \frac{P}{S} = \cos\varphi \tag{4.8-7}$$

显然,因为 $\lambda = \cos\varphi \leqslant 1$,所以 $P \leqslant S$。

在发电设备或电力传输系统中,当电源给定时,对于负载而言,若 $P=S$,则说明负载为阻性,有功功率达到最大值(自身的容量或电源的容量),这属于理想的用电情况;若 $P<S$,则说明负载为感性或容性,有功功率小于容量,即电源释放的功率没有被负载全部消耗,没被消耗的这部分功率又返回了电源,这是因为负载中的电感或电容不消耗能量,只与电源不断地进行能量交换,一会儿吸收能量,一会儿又释放能量。为描述能量交换规模,定义:

无功功率:负载与电源互相交换的功率,用字母"Q"表示,单位为"乏(var)",即

$$Q = UI\sin\varphi = S\sin\varphi \tag{4.8-8}$$

分析式(4.8-8)可知,当功率因数角 $\varphi = \pm 90°$ 时,有功功率为零($P=0$),无功功率绝对值达到最大值 $|Q| = UI$,二端网络为纯感性($Q>0$)或纯容性($Q<0$)且不消耗电能,网络中仅存在电感或电容与电源之间的能量交换过程。

因为 $\cos\varphi$ 为偶函数,所以为体现网络的性质,通常在功率因数 $\lambda = \cos\varphi$ 后面标注"感性"或"容性",以区分 $Q>0$ 和 $Q<0$ 的情况。

同有功功率 P 一样,无功功率 Q 也是守恒的。二端网络的总无功功率等于二端网络中各元件的无功功率之和,即

$$Q = Q_1 + Q_2 + \cdots + Q_n \tag{4.8-9}$$

比较式(4.8-6)与式(4.8-8)可见,S、Q 与 P 满足直角三角形关系,如图 4-18 所示。用公式表达为

$$\begin{cases} \cos\varphi = \dfrac{P}{S} \\[2mm] \sin\varphi = \dfrac{Q}{S} \\[2mm] S = \sqrt{P^2 + Q^2} \end{cases} \qquad (4.8-10)$$

需要说明的是，虽然有功功率 P 和无功功率 Q 均满足能量守恒定律，但视在功率 S 却不满足，这一点利用式(4.8－10)很容易证明。

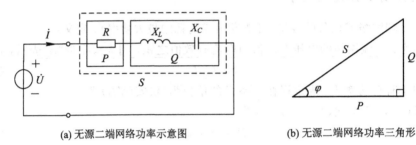

(a) 无源二端网络功率示意图   (b) 无源二端网络功率三角形

图 4－18　无源二端网络的功率示意图及功率三角形

工程上常用视在功率衡量电源或电力系统在额定电压和电流条件下的最大驱动能力，即对外输出有功功率的最大可能值。

生活中，大多数负载都是感性的，比如日光灯、电动机、变压器等，故其有功功率小于视在功率。为了提高有功功率，就要设法提高功率因数，使负载尽量接近阻性。通常，采用在负载两端并接电容的补偿方法，使负载的感抗 X_L 与容抗 X_C 尽可能相等(抵消)，从而达到减小无功功率、提升电源利用率的目的。比如，一台容量为 117 500 kV·A 的发电机对负载供电，若 $\lambda=0.6$，则负载只能得到 70 500 kW 的有功功率；若把功率因数提高到 $\lambda=0.85$，其输出的有功功率就可达到 $P=100\ 000$ kW。显然，提高功率因数极大地提高了电源利用率。

下面分析电感 L 和电容 C 的功率及储能情况。

1. 电感的功率和储能

设电感的电流为 $i_L(t) = \sqrt{2}\,I\sin\omega t$，电流相量为 $\dot{I} = I\angle 0°$，$Z = jX_L = j\omega L$，则由式(4.7－15)可得电感的电压相量为 $\dot{U} = Z\dot{I} = j\omega LI\angle 0° = \omega LI\angle 90°$，转化为时域表达式得

$$u_L(t) = \sqrt{2}\,\omega LI\sin(\omega t + 90°) = \sqrt{2}\,\omega LI\cos\omega t = \sqrt{2}\,U\cos\omega t$$

故瞬时功率为

$$p(t) = u_L i_L = \sqrt{2}\,U\cos\omega t \cdot \sqrt{2}\,I\sin\omega t = 2UI\cos\omega t\sin\omega t = UI\sin 2\omega t \qquad (4.8-11)$$

显然，瞬时功率依然是正弦量，其频率比电压和电流的大一倍，其平均值为零，也就是说，电感的有功功率为零，即 $P=0$。

根据式(1.4－15)，可得电感存储的磁能量为

$$w_L(t) = \frac{1}{2}Li_L^2(t) = \frac{1}{2}L(\sqrt{2}\,I\sin\omega t)^2 = LI^2\sin^2\omega t = \frac{1}{2}LI^2(1 - \cos 2\omega t)$$

$$(4.8-12)$$

电感存储的磁能量平均值为

$$W_L = \frac{1}{2}LI^2 \qquad (4.8-13)$$

根据式(4.8-11)~式(4.8-13)，可得电感的瞬时功率及能量波形如图4-19所示。

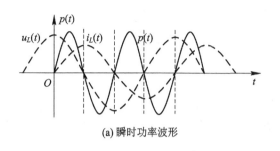

(a) 瞬时功率波形

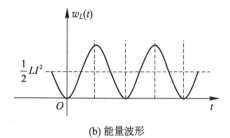

(b) 能量波形

图 4-19　电感器的功率和能量波形图

可见，当瞬时功率为正时，能量流入电感，电感的储能增加；当瞬时功率为负时，能量流出电感，电感的储能减少。即在交流源供电时，电感与电源之间存在能量交换现象。另外，电感吸收的能量以 2ω 的频率围绕其平均值 W_L 上下波动且任何时刻都大于或等于零。

从式(4.8-11)可见，瞬时功率的幅值为 UI，该值可以描述电感与电源(外电路)进行能量交换的规模大小，称为电感的无功功率，用符号"Q_L"表示，即

$$Q_L = UI \qquad (4.8-14)$$

将式(4.8-13)代入式(4.8-14)，可得

$$Q_L = UI = \omega LI \cdot I = 2\omega W_L \qquad (4.8-15)$$

该式表明，电感的无功功率等于其储能平均值的 2ω 倍。

2. 电容的功率和储能

设电容的电流为 $i_C(t) = \sqrt{2}I\sin\omega t$，电流相量为 $\dot{I} = I\angle 0°$，$Z = -\mathrm{j}X_C = -\mathrm{j}\dfrac{1}{\omega C}$，则由式(4.7-15)可得电容的电压相量为 $\dot{U} = Z\dot{I} = -\mathrm{j}\dfrac{I\angle 0°}{\omega C} = \dfrac{I}{\omega C}\angle -90°$，转化为时域表达式得

$$u_C(t) = \sqrt{2}\frac{I}{\omega C}\sin(\omega t - 90°) = -\sqrt{2}\frac{I}{\omega C}\cos\omega t = -\sqrt{2}U\cos\omega t$$

故瞬时功率为

$$p(t) = u_c i_C = -\sqrt{2}U\cos\omega t \cdot \sqrt{2}I\sin\omega t = -2UI\cos\omega t\sin\omega t = -UI\sin2\omega t$$

$$(4.8-16)$$

显然，瞬时功率依然是正弦量，其频率比电压和电流的大一倍，其平均值为零，也就是说，电容的有功功率为零，即 $P = 0$。

根据式(1.4-23)，可得电容存储的电能量为

$$w_C(t) = \frac{1}{2}Cu_C^2(t) = \frac{1}{2}C\left(-\sqrt{2}U\cos\omega t\right)^2 = \frac{1}{2}CU^2(1 + \cos2\omega t) \qquad (4.8-17)$$

电容存储的电能量平均值为

$$W_C = \frac{1}{2}CU^2 \qquad (4.8-18)$$

根据式(4.8-16)~式(4.8-18)，可得电容的瞬时功率及能量波形如图4-20所示。

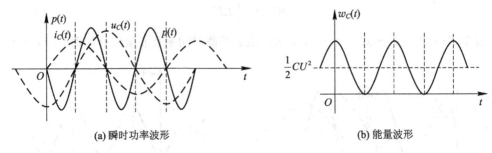

(a) 瞬时功率波形   (b) 能量波形

图 4-20   电容器的功率和能量波形图

可见，当瞬时功率为正时，能量流入电容，电容的储能增加；当瞬时功率为负时，能量流出电容，电容的储能减少。即在交流源供电时，电容与电源之间存在能量交换现象。另外，电容吸收的能量以 2ω 的频率围绕其平均值 W_C 上下波动且任何时刻都大于或等于零。

与电感类似，也把瞬时功率的幅值 $-UI$ 定义为电容的无功功率并用符号"Q_C"表示，用来描述电容与电源(外电路)进行能量交换的规模大小，即

$$Q_C = -UI \tag{4.8-19}$$

将式(4.8-18)代入式(4.8-19)可得

$$Q_C = -UI = -\omega CU \cdot U = -2\omega W_C \tag{4.8-20}$$

该式表明，电容的无功功率等于其储能平均值的 2ω 倍。

比较式(4.8-14)和式(4.8-19)，我们发现电感与电容的无功功率符号相反，这说明二者储能的性质不同，电感存储磁能，无功功率为正，电容存储电能，无功功率为负。

若电感与电容串联，通过它们的电流相同，则根据图 4-19 和图 4-20 可得它们的能量关系图如图 4-21 所示(假设 $W_L = W_C$)。

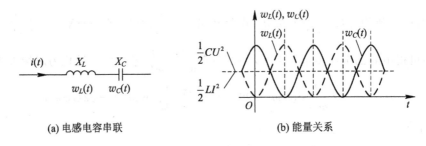

(a) 电感电容串联   (b) 能量关系

图 4-21   电感电容串联能量关系图

可见，电感与电容之间的能量交换具有如下特点：

(1) "此消彼长"，一个增大，另一个就减小；

(2) "你出我入"，一个输出，另一个就输入；

(3) "电磁交换"，电感的磁能会转换为电容的电能，电容的电能会转换为电感的磁能；

(4) 如果磁能与电能不相等，它们的差值才会与电源(外电路)进行能量交换。

可以证明，电感与电容并联电路的能量交换特点也是如此。

下面讨论无源二端网络的阻抗与各功率之间的关系。

设二端网络的等效阻抗为

$$Z = R + \mathrm{j}X = |Z| \angle \varphi$$

其中，等效电阻为 $R=|Z|\cos\varphi$，等效电抗为 $X=X_L-X_C=|Z|\sin\varphi$。

根据各种功率的定义，可以得到如下三个关系式：

$$P=UI\cos\varphi=(|Z|I)I\cos\varphi=RI^2 \tag{4.8-21}$$

$$Q=UI\sin\varphi=(|Z|I)I\sin\varphi=XI^2 \tag{4.8-22}$$

$$S=UI=(|Z|I)I=|Z|I^2 \tag{4.8-23}$$

【例 4-7】　在图 4-22 所示交流电路中，N 是无源二端网络。已知 $u_s=10\sqrt{2}\sin(314t+45°)\text{V}$，$u_C=5\sqrt{2}\sin(314t-135°)\text{V}$，电容的容抗 $X_C=2.5\ \Omega$，求无源二端网络 N 的等效阻抗 Z 及其消耗的有功功率和无功功率。

解　由题意得

$$\dot{U}_s=10\angle45°\text{V}=(5\sqrt{2}+j5\sqrt{2})\ \text{V}$$

$$\dot{U}_C=(5\angle-135°)\ \text{V}=(-2.5\sqrt{2}-j2.5\sqrt{2})\ \text{V}$$

由 KVL 可得二端网络 N 的端电压为

$$\dot{U}=\dot{U}_s-\dot{U}_C=(5\sqrt{2}+j5\sqrt{2}+2.5\sqrt{2}+j2.5\sqrt{2})\text{V}$$

$$=(7.5\sqrt{2}+j7.5\sqrt{2})\text{V}=15\angle45°\ \text{V}$$

而

$$\dot{I}=\frac{\dot{U}_C}{-jX_C}=\left(\frac{5\angle-135°}{2.5\angle-90°}\right)\text{A}=2\angle-45°\ \text{A}$$

则二端网络 N 的等效阻抗为

$$Z=\frac{\dot{U}}{\dot{I}}=\left(\frac{15\angle45°}{2\angle-45°}\right)\Omega=(7.5\angle90°)\ \Omega=j7.5\ \Omega$$

故功率因数角为 $\varphi=90°$，有功功率为 $P=UI\cos\varphi=0\ \text{W}$，无功功率为 $Q=UI\sin\varphi=30\ \text{var}$。

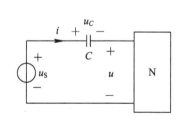

图 4-22　例 4-7 电路图

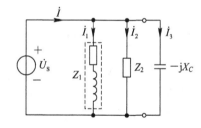

图 4-23　例 4-8 电路图

【例 4-8】　功率为 60 W、功率因数为 0.5 的日光灯(感性负载)与功率为 100 W 的白炽灯(阻性负载)各 50 只，并联在有效值为 220 V、频率为 50 Hz 的正弦电压源上，求电路的功率因数。如果要把电路的功率因数提高到 0.92，则应并联多大的电容？

解　根据题意，画出如图 4-23 所示的电路。设正弦电压源 $\dot{U}_s=220\angle0°\text{V}$ 为参考相量，电压源的角频率为 $\omega=2\pi f=314\ \text{rad/s}$。

50 只功率为 60 W、功率因数为 0.5 的日光灯为感性负载，用阻抗 Z_1 表示。因 Z_1 的功率因数为 $\cos\varphi_1=0.5$，即其功率因数角为 $\varphi_1=60°$，故 Z_1 支路的电流有效值为

$$I_1=\frac{P_1}{U_s\cos\varphi_1}=\frac{50\times60}{220\times0.5}\ \text{A}=27.27\ \text{A}$$

因为电压源 $\dot{U}_s=220\angle0°\ \text{V}$ 初相为零，阻抗角 $\varphi_{Z1}=\varphi_1$，所以，$\dot{I}_1=27.27\angle-60°\ \text{A}$。

50 只功率为 100 W 的白炽灯为阻性负载，用阻抗 Z_2 表示。因 Z_2 的功率因数为 $\cos\varphi_2=1$，即 Z_2 的功率因数角为 $\varphi_2=0°$，则 Z_2 支路的电流有效值为

$$I_2 = \frac{P_2}{U_S\cos\varphi_2} = \frac{50\times100}{220\times1}\text{ A} = 22.73\text{ A}$$

因为是纯阻负载，阻抗角 $\varphi_{Z2}=\varphi_2$，所以，电流与电压同相，即 $\dot I_2=22.73\angle0°$ A。

这时，电压源流出的电流为

$$\dot I = \dot I_1 + \dot I_2 = (27.27\angle-60°+22.73\angle0°)\,\text{A}$$
$$= (13.64-\text{j}23.62+22.73)\,\text{A} = (36.37-\text{j}23.62)\,\text{A}$$
$$= 43.37\angle-33°\,\text{A}$$

电路的功率因数角为 $\varphi=0-(-33°)=33°$，则功率因数为 $\cos\varphi=\cos33°=0.839$。

为提高电路的功率因数，在 Z_1 和 Z_2 两端并联电容，如图 4-23 所示。设电容的容抗为 X_C，则流过电容的电流为

$$\dot I_3 = \frac{\dot U_S}{-\text{j}X_C} = \frac{220\angle0°}{-\text{j}X_C} = \frac{220}{X_C}\angle90°$$

这时电压源流出的总电流为

$$\dot I_A = \dot I_1 + \dot I_2 + \dot I_3 = (27.27\angle-60°+22.73\angle0°)+\frac{220}{X_C}\angle90°$$

$$= (13.64-\text{j}23.62+22.73)+\text{j}\frac{220}{X_C} = 36.37+\text{j}\left(\frac{220}{X_C}-23.62\right) = I_A\angle\varphi_A$$

则 $\dot U_S$ 与 $\dot I_A$ 的相位差，即阻抗角 $\varphi_Z=0-\varphi_A=-\varphi_A$。

由题意知，并联电容后的电路的功率因数为 $\cos\varphi=\cos\varphi_Z=0.92$，即

$$\tan\varphi_Z = \tan(-\varphi_A) = -\frac{\dfrac{220}{X_C}-23.62}{36.37} = 0.426$$

解得 $X_C=27.06$ Ω。因此，并联的电容为

$$C = \frac{1}{\omega X_C} = \frac{1}{314\times27.06}\text{ F} = 117.7\times10^{-6}\text{ F} = 117.7\ \mu\text{F}$$

从本例可知，并联电容 C 的作用主要是利用电容的无功功率分担电感的无功功率，即把电感需要返回电源的一部分无功功率转移给电容，从而减少了电源发出的无功功率，提高了整个电路的功率因数，电源的视在功率也相应减少，从而提高了电路的经济效益。

4.8.3 复功率

设二端网络的端电压相量为 $\dot U=Ue^{\text{j}\varphi_u}$、端电流相量为 $\dot I=Ie^{\text{j}\varphi_i}$、共轭端电流相量为 $\dot I^*=Ie^{-\text{j}\varphi_i}$，则可定义：

复功率：二端网络的 $\dot U$ 与 $\dot I^*$ 的乘积，用 $\overline S$ 表示，即

$$\overline S = \dot U\dot I^* = UIe^{\text{j}(\varphi_u-\varphi_i)} = UIe^{\text{j}\varphi} = Se^{\text{j}\varphi} \qquad (4.8-24)$$

根据欧拉公式，得

$$\overline S = UIe^{\text{j}\varphi} = UI\cos\varphi+\text{j}UI\sin\varphi = P+\text{j}Q \qquad (4.8-25)$$

该式表明，二端网络复功率 $\overline S$ 的实部为该网络的有功功率 P，虚部为该网络的无功功率 Q。

复功率满足能量守恒定律，即

$$\overline{S} = \overline{S}_1 + \overline{S}_2 + \cdots + \overline{S}_n \qquad (4.8-26)$$

显然，引入复功率的最大好处是可集有功功率、无功功率、视在功率及功率因数于一式。

4.8.4　最大功率传输

第 2 章给出了电阻电路在直流电作用下获得最大功率的结论：当负载电阻与电源内阻相等时，负载获得最大功率，此时电源效率为 50%。那么，对于交流电路会有怎样的结论？

将电压源相量 $\dot{U}_S$、内阻抗 $Z_0 = R_0 + jX_0$ 与负载阻抗 $Z_L = R_L + jX_L$ 连接成如图 4-24（a）所示的形式。

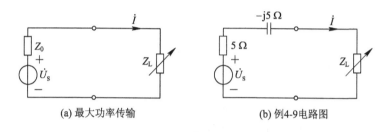

(a) 最大功率传输　　　　　　　(b) 例4-9电路图

图 4-24　最大功率传输及例 4-9 电路图

根据欧姆定律，电流相量为

$$\dot{I} = \frac{\dot{U}}{Z} = \frac{\dot{U}_S}{Z_0 + Z_L} = \frac{\dot{U}_S}{(R_0 + R_L) + j(X_0 + X_L)}$$

则电流的有效值为

$$I = \frac{U_S}{\sqrt{(R_0 + R_L)^2 + (X_0 + X_L)^2}}$$

根据前面功率有关知识可知，负载 Z_L 获得的有功功率就是 Z_L 中电阻 R_L 获得的有功功率，为

$$P_L = R_L I^2 = \frac{R_L U_S^2}{(R_0 + R_L)^2 + (X_0 + X_L)^2} \qquad (4.8-27)$$

若负载阻抗 Z_L 可调，则可以分两种情况讨论负载获得最大功率的条件问题。

（1）电阻 R_L 和电抗 X_L 皆可调。

显然，在式（4.8-27）中，若 $X_0 = -X_L$，则式（4.8-27）就与式（2.3-8）相同，此时，再令 $R_0 = R_L$，负载就会得到最大有功功率，为

$$P_{Lmax} = R_L I^2 = \frac{U_S^2}{4R_L} \qquad (4.8-28)$$

至此，可得到功率分析的第一个结论：

在交流电路中，若电源内阻抗 $Z_0 = R_0 + jX_0$ 与负载阻抗 $Z_L = R_L + jX_L$ 满足共轭关系，即 $Z_0 = Z_L^*$，也就是 $R_0 = R_L$、$X_0 = -X_L$，则负载获得最大有功功率 $P_{Lmax} = R_L I^2 = \dfrac{U_S^2}{4R_L}$。

通常，把这种电路工作状态称为"共轭匹配"。

（2）阻抗角 φ_L 固定，阻抗模 $|Z_L|$ 可变。

若负载为纯阻，即 $Z_L = R_L + j0 = R_L$，则只需调节 R_L 即可使负载获得最大功率。

此时电流的有效值为

$$I = \frac{U_s}{\sqrt{(R_0 + R_L)^2 + X_0^2}}$$

负载获得的有功功率为

$$P_L = R_L I^2 = \frac{R_L U_s^2}{(R_0 + R_L)^2 + X_0^2} \qquad (4.8-29)$$

下面求 P_L 的极大值。令 $\dfrac{dP_L}{dR_L} = 0$，即有

$$\frac{dP_L}{dR_L} = \frac{(R_0 + R_L)^2 + X_0^2 - 2R_L(R_0 + R_L)}{[(R_0 + R_L)^2 + X_0^2]^2} U_s^2 = 0$$

可以解出

$$R_L = \sqrt{R_0^2 + X_0^2} = |Z_0| \qquad (4.8-30)$$

则负载获得的最大功率为

$$P_{Lmax} = \frac{|Z_0|}{(R_0 + |Z_0|)^2 + X_0^2} U_s^2 \qquad (4.8-31)$$

由上述推导可得出功率分析的第二个结论：

在交流电路中，当负载为纯阻时，负载获得最大功率的条件是负载电阻与电源内阻抗的模相等，即 $R_L = |Z_0|$，最大功率为 $P_{Lmax} = \dfrac{|Z_0|}{(R_0 + |Z_0|)^2 + X_0^2} U_s^2$。

通常，把这种电路工作状态称为"模匹配"。

比较式(4.8-28)与式(4.8-31)，可见模匹配时负载获得的最大功率比共轭匹配时的小。

【例 4-9】 在图 4-24(b)所示电路中，负载有两种情况：(1) $Z_L = R_L$ 为可变电阻；(2) $Z_L = R_L + jX_L$ 为可变阻抗(此处的 X_L 指负载电抗而不是电感感抗)。讨论负载分别为何值时可获得最大功率，并求最大功率值。

解 由题意得电压源的内阻抗为

$$Z_0 = 5 - j5 = 5\sqrt{2}\angle -45° \ \Omega$$

(1) 负载为可变电阻时，应采用模匹配，即当 $R_L = |Z_0| = 5\sqrt{2} \approx 7\ \Omega$ 时，负载可获得最大功率

$$P_{Lmax} = \frac{|Z_0|}{(R_0 + |Z_0|)^2 + X_0^2} U_s^2 = \frac{7 \times 20^2}{(5+7)^2 + (-5)^2} \approx 16.6 \text{ W}$$

(2) 负载为可变阻抗时，应采用共轭匹配，即当 $Z_L = Z_0^* = 5 + j5\ \Omega$ 时，负载可获得最大功率

$$P_{Lmax} = \frac{U_s^2}{4R_0} = \frac{20^2}{4 \times 5} = 20 \text{ W}$$

显然，采用共轭匹配时负载获得的最大功率大于采用模匹配时负载获得的最大功率。

4.9 谐 振

我们知道一个常识：当一支队伍通过桥梁的时候，一定不要齐步走，否则，有可能会

引起桥梁坍塌事故。其原因就是队伍齐步走对桥梁产生的振动频率和相位有可能与桥梁本身的固有振动频率和相位相同，一旦出现这种情况，桥梁的振动幅度就会大大增加，从而引起桥梁坍塌，这种现象称为"共振现象"。

什么是"谐振"

在电路中也有与"共振现象"类似的物理现象，这就是本节要介绍的"谐振现象"。谐振现象在电子领域有着广泛应用，我们熟悉的收音机、电视机、电台等设备的选台和中放等电路都是利用"谐振"原理工作的。

根据元件的连接方式不同，谐振电路分为串联和并联两种形式。

4.9.1　RLC 串联电路的谐振

谐振电路至少要包含电感和电容两种元件。将 R、L、C 三个元件串联起来就构成了一个 RLC 串联电路，如图 4-25(a)所示。

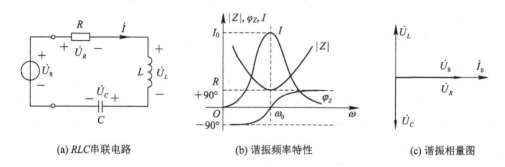

(a) RLC串联电路　　　(b) 谐振频率特性　　　(c) 谐振相量图

图 4-25　RLC 串联谐振示意图

我们知道，在正弦电压源的激励下，串联电路的等效阻抗为

$$Z = R + j(X_L - X_C) = R + j\left(\omega L - \frac{1}{\omega C}\right) \tag{4.9-1}$$

显然，阻抗 Z 可以是角频率 ω 或频率 f 的函数（$\omega = 2\pi f$）。因为 $X = X_L - X_C$，所以，一定会有一个角频率值使得感抗等于容抗，即电抗 X 为零，从而使阻抗 Z 变为电阻。

令 $\omega L = \dfrac{1}{\omega C}$，可得 $\omega = \dfrac{1}{\sqrt{LC}}$。设此时的 ω 为 ω_0，则把 RLC 串联电路在 $\omega = \omega_0$ 时的工作状态称为"串联谐振"，把 ω_0 称为"谐振频率"，其与 RLC 串联电路的"固有振荡频率"相等。据此可认为，当 RLC 串联电路的工作频率等于其固有振荡频率，即

$$\begin{cases} \omega_0 = \dfrac{1}{\sqrt{LC}} \\[3mm] f_0 = \dfrac{1}{2\pi\sqrt{LC}} \end{cases} \tag{4.9-2}$$

时，电路就处于串联谐振状态。式(4.9-2)称为"谐振条件"。

由式(4.9-2)可见，谐振角频率 ω_0 由电感 L 和电容 C 确定。显然，调节 L、C 的大小或改变电压源的角频率 ω，可使 RLC 串联电路发生或不发生谐振。

那么，RLC 串联电路在谐振状态下究竟有何特点呢？下面从两方面进行分析。

1. 频率特性

因为阻抗是频率的函数，所以当电压源的频率发生变化时，阻抗模、阻抗角、电流等都会随着频率的变化而变化，它们与频率之间的关系称为"频率特性"。

根据式(4.9-1)可得串联电路的阻抗模、阻抗角和电流有效值分别为

$$|Z| = \sqrt{R^2 + X^2} = \sqrt{R^2 + \left(\omega L - \frac{1}{\omega C}\right)^2} \qquad (4.9-3)$$

$$\varphi_Z = \arctan \frac{X}{R} = \arctan \frac{\omega L - \dfrac{1}{\omega C}}{R} \qquad (4.9-4)$$

$$I = \frac{U_S}{|Z|} = \frac{U_S}{\sqrt{R^2 + \left(\omega L - \dfrac{1}{\omega C}\right)^2}} \qquad (4.9-5)$$

当电路发生谐振时，$\omega = \omega_0$，阻抗模、阻抗角和电流有效值的频率特性如下：

(1) 阻抗模 $|Z|$ 的频率特性。该特性又称为阻抗的"幅频特性"。由式(4.9-3)可知，$|Z|$ 在 $\omega = \omega_0$ 时达到最小值 $|Z|_{\min} = R$，此时电路为阻性；若频率 ω 偏离 ω_0，$|Z|$ 都会增加，其变化曲线见图4-25(b)。

(2) 阻抗角 φ_Z 的频率特性。该特性又称为阻抗的"相频特性"。由式(4.9-4)可知，当 $\omega = \omega_0$ 时，阻抗角 $\varphi_Z = 0$，表明此时电路为阻性，端电压与端电流同相；当 $\omega > \omega_0 \to \varphi_Z \to 90°$ 时，电路呈感性，端电压超前端电流 φ_Z；当频率 $\omega < \omega_0 \to \varphi_Z \to -90°$ 时，电路为容性，端电压滞后端电流 φ_Z。阻抗角 φ_Z 随频率的变化特性如图4-25(b)所示。

(3) 电流有效值 I 的频率特性。由式(4.9-5)可知，当 $\omega = \omega_0$ 时，电流有效值 I 达到最大值 I_0，其相量可用 $\dot{I}_0$ 表示，称为谐振电流。因 $\dot{I}_0$ 与 $\dot{U}_S$ 同相，故有

$$\dot{I}_0 = \frac{\dot{U}_S}{R} \qquad (4.9-6)$$

$\dot{I}_0$ 与 $\dot{U}_S$ 是否同相也可作为电路是否发生谐振的判断条件。

当 $\omega = 0$，即电源为直流时，电容相当于开路，则 $I = 0$；当 $\omega \to \infty$ 时，电感相当于开路，则 $I = 0$。I 的频率特性见图4-25(b)，该特性也称为"谐振曲线"。

2. 电压谐振

当 $\omega = \omega_0$ 时，图4-25(a)所示电路处于谐振状态，阻抗为 R，电抗为零，即有

$$jX = j(X_L - X_C) = 0 \qquad (4.9-7)$$

因为此时电流为 $\dot{I}_0$，将 $\dot{I}_0$ 与式(4.9-7)相乘，可得电感电压与电容电压的关系为

$$jX\dot{I}_0 = j(\dot{I}_0 X_L - \dot{I}_0 X_C) = \dot{U}_L + \dot{U}_C = 0 \to \dot{U}_L = -\dot{U}_C \qquad (4.9-8)$$

这样，根据KVL有

$$\dot{U}_S = Z\dot{I}_0 = [R + j(X_L - X_C)]\dot{I}_0 = \dot{U}_R + \dot{U}_L + \dot{U}_C = \dot{U}_R \qquad (4.9-9)$$

可见，当 RLC 串联电路发生谐振时，电容电压与电感电压大小相等、方向相反，它们的和始终等于零，电压源的电压全部降在电阻上且与电流保持同相位。谐振时各元件的端电压与流过的电流之间的相位关系如图4-25(c)所示。

为了准确描述电路发生谐振时阻抗吸收有功功率和无功功率的情况，定义：

<u>品质因数</u>：电路发生谐振时感抗或容抗吸收的无功功率与电阻吸收的有功功率之比，

用正体大写字母"Q"表示，即

$$Q = \frac{\text{无功功率}}{\text{有功功率}} = \frac{\omega_0 L I_0^2}{R I_0^2} = \frac{\frac{1}{\omega_0 C} I_0^2}{R I_0^2} = \frac{\omega_0 L}{R} = \frac{1}{\omega_0 C R} \qquad (4.9-10)$$

若将 $\omega_0 = \dfrac{1}{\sqrt{LC}}$ 代入上式，可得

$$Q = \frac{1}{R}\sqrt{\frac{L}{C}} = \frac{\rho}{R} \qquad (4.9-11)$$

式中，$\rho = \sqrt{\dfrac{L}{C}}$，称为 RLC 串联电路的"特性阻抗"。可见，品质因数是一个只由电路本身参数决定而与外电路无关的物理量。

注意：品质因数 Q 与无功功率 Q 不是一个概念。

这样，电路发生谐振时电感电压和电容电压分别为

$$\dot{U}_L = j\omega_0 L \dot{I}_0 = j\omega_0 L \frac{\dot{U}_s}{R} = jQ\dot{U}_s \qquad (4.9-12)$$

$$\dot{U}_C = -j\frac{1}{\omega_0 C}\dot{I}_0 = -j\frac{1}{\omega_0 C}\frac{\dot{U}_s}{R} = -jQ\dot{U}_s \qquad (4.9-13)$$

可见，电路发生谐振时电感电压和电容电压大小相等且都等于电源电压的 Q 倍。另外，电感电压 $\dot{U}_L$ 比电源电压 $\dot{U}_s$ 超前 90°，电容电压 $\dot{U}_C$ 比电源电压 $\dot{U}_s$ 滞后 90°，即 $\dot{U}_L$ 与 $\dot{U}_C$ 反相。

在实际应用中，品质因数 Q 都在几十以上，因此，电路发生谐振时的电感电压和电容电压都会达到电源电压的几十倍以上。因为 RLC 串联电路具有这种"放大"电压的特性，所以也把串联谐振称为"电压谐振"。

通过分析，可得如下结论：

（1）品质因数 Q 可以改变谐振曲线形状，Q 值越大，谐振曲线越尖锐，反之，谐振曲线越扁平，见图 4-26(a)。这意味着在谐振频率附近的电源电压可以得到较大的"放大量"，并通过电感或电容电压输出，而远离谐振频率的电源电压会被迅速衰减，这说明谐振电路具有"选频特性"，Q 值越大，选频特性越好，电感或电容输出的电压越大，电路的"品质"越好（这就是 Q 称为品质因数的原因）。据此，谐振曲线也可称为选频曲线。

（2）调节电感 L 或电容 C 的大小（通常调节 C）可以改变谐振频率（谐振曲线的中心频率），使谐振曲线在横轴上左右平移，这个特性称为"调谐特性"。

（3）利用调谐特性可以改变谐振曲线在频率轴上的位置。利用选频特性可选择某一频率及其附近频率的交流电压信号进行"放大"，而将其他频率信号"滤除"，选频的实质就是"滤波"，意指可以"滤除"不需要的频率信号或"滤取"需要的频率信号。

可见，谐振电路的本质就是一个中心频率可变的"移动带通滤波器"，典型实例有收音机、电视机、电台等仪器设备的选台电路。通常，用调谐特性统一描述滤波和变频功能。

注意：若 Q 值很大，则在谐振或接近谐振时，电感和电容上会产生比电源电压高得多的端电压，可能会损坏电感或电容，因此，在电力传输系统中要尽量避免产生谐振现象。

谐振曲线也可反映电流与品质因数的关系。根据式(4.9-5)，有

$$I = \frac{U_\mathrm{S}}{|Z|} = \frac{U_\mathrm{S}}{\sqrt{R^2 + \left(\omega L - \dfrac{1}{\omega C}\right)^2}} = \frac{U_\mathrm{S}/R}{\sqrt{1 + \left(\dfrac{\omega L}{R} - \dfrac{1}{R\omega C}\right)^2}} = \frac{I_0}{\sqrt{1 + Q^2\left(\dfrac{\omega}{\omega_0} - \dfrac{\omega_0}{\omega}\right)^2}}$$

$$(4.9-14)$$

由图 4-26(a)(该图假设 R 不变，L 和 C 可变)可知，Q 值的大小可以改变谐振曲线的尖锐程度，从而影响谐振曲线的宽度。为了衡量宽度这一指标，我们把某一 Q 值下的谐振曲线单独拿出来，并定义谐振曲线最大值 I_0 的 $\dfrac{1}{\sqrt{2}}$ 处(约 70% 处)所对应的两个点的频率 ω_H 与 ω_L 之差为谐振曲线的"通频带"，用 B_ω 表示，如图 4-26(b)所示，即有

$$B_\omega = \omega_\mathrm{H} - \omega_\mathrm{L} \qquad (4.9-15)$$

"通频带"的物理意义是在 $\omega_\mathrm{L} \sim \omega_\mathrm{H}$ 范围内的频率信号可以"通过"谐振曲线(最多被曲线衰减到最大值的 70%)，而在通频带外边的频率信号将被谐振曲线抑制而不能"通过"谐振曲线。"通频带"的字面意思可以理解为"允许多频信号通过的频率通道宽度"。

可以推导出 Q 值与通频带是一种反比关系，即

$$Q = \frac{\omega_0}{B_\omega} \qquad (4.9-16)$$

显然，Q 值越大，谐振曲线的选择性越好，但通频带越窄，损失的频率信号越多。因此，在实际通信工程中，要结合信号的频谱和相邻电台的间隔频率，适当选择品质因数 Q，达到抑制干扰和不失真传输的一种平衡。

还可以推导出谐振频率 ω_0 与 ω_H 和 ω_L 的关系，即

$$\omega_0 = \sqrt{\omega_\mathrm{H}\omega_\mathrm{L}} \qquad (4.9-17)$$

注意：电路发生谐振时，电感电压和电容电压并未达到最大值，电感电压最大值出现在谐振点之后，而电容电压最大值出现在谐振点之前，见图 4-26(c)。这也是为什么不用电压作为谐振曲线因变量而用电流描述谐振特性(曲线)的原因。

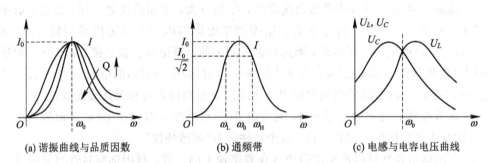

(a) 谐振曲线与品质因数　　　(b) 通频带　　　(c) 电感与电容电压曲线

图 4-26　谐振曲线与品质因数、通频带及电感与电容电压曲线

下面从能量交换的角度分析串联谐振的基本原理。

电路发生谐振时，电感和电容吸收的无功功率分别为

$$Q_L = U_L I_0 \sin 90° = U_L I_0, \qquad Q_C = U_C I_0 \sin(-90°) = -U_C I_0$$

因为 $U_L = U_C$，所以 $Q_L + Q_C = 0$，但显然 Q_L 和 Q_C 均不等于零，这说明电路谐振过程中，电感和电容不从电源吸收无功功率，电路的功率因数等于 1(阻抗为纯阻)，电感与电容之间周期性地进行磁场能量和电场能量的交换，一会儿电感释放磁能给电容充电，一会儿电容

又释放电能给电感充磁，即出现"电磁振荡"现象。显然，磁场能量和电场能量都在不断变化，但此消彼长，总和保持不变，即

$$W = \frac{1}{2}Li_0^2 + \frac{1}{2}Cu_C^2 \qquad (4.9-18)$$

式中，i_0 是电路发生谐振时电流(电感电流)的瞬时值，u_C 是电路发生谐振时电容电压的瞬时值。

虽然电路发生谐振时电感和电容不消耗能量，只是不断地进行能量交换，但电阻 R 会持续消耗能量。因此，外加电压源必须一直提供能量以补偿电阻的消耗，这样才能使谐振现象(电磁振荡)不断地进行下去。

注意：这里的电感和电容均是无损的理想元件。

综上所述，串联谐振电路具有如下主要特性：

(1) 电路阻抗为纯电阻。

(2) 电路端电压和端电流同相。

(3) 电感电压和电容电压相等但反相，其大小均为电源电压的 Q 倍。

(4) 谐振曲线具有调谐特性，或者说，谐振曲线具有移动带通滤波特性。

(5) 串联谐振本质上是一种电磁振荡现象。

4.9.2　*RLC* 并联电路的谐振

图 4-27(a)给出的 *RLC* 并联电路在正弦电流源的激励下也会出现谐振现象。

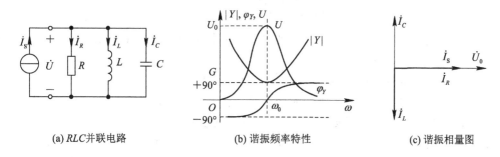

(a) *RLC* 并联电路　　　(b) 谐振频率特性　　　(c) 谐振相量图

图 4-27　*RLC* 并联谐振示意图

根据对偶原理，可以得到如下结论：

(1) 电路导纳为

$$Y = G + jB = G + j\left(\omega C - \frac{1}{\omega L}\right) \qquad (4.9-19)$$

(2) 谐振条件为电纳 $B=0$，即

$$\frac{1}{\omega L} = \omega C$$

(3) 谐振频率为

$$\omega = \omega_0 = \frac{1}{\sqrt{LC}} \qquad (4.9-20)$$

(4) 电路发生谐振时，导纳角 $\varphi_Y = 0$，导纳模为最小值 $|Y|_{min} = G$。

(5) 电路发生谐振时，端电压为最大值

$$U = \frac{I_S}{G} = U_0 \tag{4.9-21}$$

总电流为

$$\dot{I}_S = \dot{I}_R + \dot{I}_L + \dot{I}_C = \dot{I}_R \tag{4.9-22}$$

若电路中没有电阻支路，则总电流为零。

（6）品质因数为

$$Q = \frac{R}{\omega_0 L} = \omega_0 CR = R\sqrt{\frac{C}{L}} \tag{4.9-23}$$

（7）电路发生谐振时，有

$$\dot{I}_L = \frac{\dot{U}}{j\omega_0 L} = -j\frac{R}{\omega_0 L}\dot{I}_S = -jQ\dot{I}_S \tag{4.9-24}$$

$$\dot{I}_C = j\omega_0 C\dot{U} = j\omega_0 CR\dot{I}_S = jQ\dot{I}_S \tag{4.9-25}$$

电流有效值满足

$$I_L = I_C = QI_S \tag{4.9-26}$$

（8）谐振频率特性及相量图见图 4-27(b)、(c)。

综上所述，与 RLC 串联谐振电路类比，RLC 并联谐振电路谐振时具有如下结论：

（1）当电流源工作频率达到谐振频率，即 $\omega = \omega_0 = \dfrac{1}{\sqrt{LC}}$ 时会发生电流谐振。

（2）电路导纳为纯电导且是最小值，电纳部分为零。当 $\omega > \omega_0$ 时，电路为容性，导纳角 $\varphi_Y > 0$；当 $\omega < \omega_0$ 时，电路为感性，导纳角 $\varphi_Y < 0$。

（3）端电压与总电流同相，端电压达到最大值。

（4）电感电流和电容电流大小相等且均为电源电流的 Q 倍，相位相反。因此，并联谐振也可称为"电流谐振"。

（5）谐振曲线也具有调谐特性或移动带通滤波特性。

（6）电感和电容之间不断地进行能量交换，不从电源吸取无功功率，整个电路的功率因数为 1，电流源仅提供能量供电阻消耗，以维持电磁振荡。

【例 4-10】 当 $\omega = 5000$ rad/s 时，图 4-28 所示 RLC 电路发生谐振。已知 $R = 5\ \Omega$，$L = 400$ mH，端电压 $U = 1$ V，求电容 C 的值及电路中的电流和各元件电压的瞬时表达式。

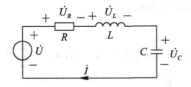

图 4-28　例 4-10 图

解　设 $\dot{U} = 1\angle 0°$ V。由串联谐振条件 $\omega = \dfrac{1}{\sqrt{LC}}$ 可得

$$C = \frac{1}{\omega^2 L} = \frac{1}{0.4 \times 25 \times 10^6}\ \text{F} = 0.1\ \mu\text{F}$$

由串联谐振电路特点可得

$$\dot{I} = \frac{\dot{U}}{R} = 0.2\angle 0°\ \mathrm{A} \rightarrow i = 0.2\sqrt{2}\cos(5000t)\ \mathrm{A}$$

$$\dot{U}_L = \mathrm{j}\omega L\dot{I} = 400\angle 90°\ \mathrm{V} \rightarrow u_L = 400\sqrt{2}\cos(5000t + 90°)\ \mathrm{V}$$

$$\dot{U}_C = -\dot{U}_L = 400\angle -90°\ \mathrm{V} \rightarrow u_C = 400\sqrt{2}\cos(5000t - 90°)\ \mathrm{V}$$

$$\dot{U}_R = \dot{U} = 1\angle 0°\ \mathrm{V} \rightarrow u_R = \sqrt{2}\cos(5000t)\ \mathrm{V}$$

【例 4 - 11】 求图 4 - 29 所示电路发生谐振时端电压 u 的角频率。

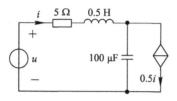

图 4 - 29　例 4 - 11 图

解　设端电压、端电流相量分别为 $\dot{U}$ 和 $\dot{I}$，感抗为 $X_L = \omega L = 0.5\omega$，容抗为 $X_C = \frac{1}{\omega C} = \frac{10^4}{\omega}$，则有

$$\dot{U} = 5\dot{I} + \mathrm{j}X_L\dot{I} - \mathrm{j}X_C(\dot{I} - 0.5\dot{I}) = \left(5 + \mathrm{j}0.5\omega - \mathrm{j}0.5\frac{10^4}{\omega}\right)\dot{I}$$

故二端网络的等效阻抗为

$$Z = \frac{\dot{U}}{\dot{I}} = 5 + \mathrm{j}\left(0.5\omega - \frac{5000}{\omega}\right)\ \Omega$$

欲使电路发生谐振，需使阻抗虚部为零，即 $0.5\omega - \frac{5000}{\omega} = 0$，解得谐振角频率 $\omega = 100\ \mathrm{rad/s}$。

【例 4 - 12】 判断图 4 - 30 中哪个电路能发生谐振，如果能发生谐振，求出谐振频率。

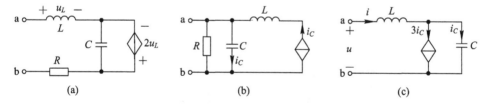

图 4 - 30　例 4 - 12 图

解　图 4 - 30(a)所示电路中，与受控电压源并联的电容 C 应被断开，图 4 - 30(b)所示电路中，与受控电流源串联的电感 L 应被短接，则这两个电路中都只剩下一个动态元件，无法构成谐振电路，因此不能发生谐振。图 4 - 30(c)所示电路中受控电流源不影响电感和电容的存在，因此，该电路可以发生谐振。根据图 4 - 30(c)所示电路，有

$$\dot{I} = 4\dot{I}_C$$

$$\dot{U} = \mathrm{j}\omega L\dot{I} - \mathrm{j}\frac{1}{\omega C}\dot{I}_C = \mathrm{j}\left(\omega L - \frac{1}{4\omega C}\right)\dot{I}$$

当满足 $\omega_0 L = \frac{1}{4\omega_0 C}$ 时，电路发生谐振，则谐振频率为 $\omega_0 = \frac{1}{2\sqrt{LC}}$。

【**例 4 - 13**】 在图 4 - 31(a)所示电路中，$R = 10\ \Omega$，$L = 1\ H$，端电压为 100 V，电流为 10 A，电源频率为 50 Hz。若把 R、L、C 改为并联，端电压源不变，如图 4 - 31(b)所示，求并联各支路的电流。

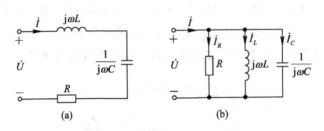

图 4 - 31 例 4 - 13 图

解 (1) R、L、C 串联时，$|Z| = \dfrac{U}{I} = \dfrac{100}{10}\ \Omega = 10\ \Omega = R$，因此，电路发生串联谐振。于是

$$C = \frac{1}{\omega^2 L} = \frac{1}{(100\pi)^2 \times 1}\ F = 0.1 \times 10^{-4}\ F = 10\ \mu F$$

(2) 把 R、L、C 改为并联，仍然满足 $\omega L = \dfrac{1}{\omega C}$，电路会发生并联谐振。设 $\dot{U} = 100\angle 0^\circ$ V，则并联电路各支路的电流分别为

$$\dot{I}_R = \frac{\dot{U}}{R} = \frac{100}{10}\ A = 10\ A$$

$$\dot{I}_C = -\dot{I}_L = -\frac{\dot{U}}{j\omega L} = j\frac{100}{100\pi}\ A = j0.3185\ A$$

【**例 4 - 14**】 在如图 4 - 32 所示电路中，$I_s = 1\ A$，$R_1 = R_2 = 100\ \Omega$，$L = 0.2\ H$。当 $\omega_0 = 1000\ rad/s$ 时电路发生谐振，求 C 值和电流源端电压 $\dot{U}$。

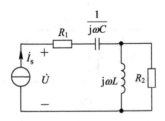

图 4 - 32 例 4 - 14 图

解 设 $\dot{I}_s = 1\angle 0^\circ$ A，当 $\omega_0 = 1000\ rad/s$ 时，该电路的输入阻抗为

$$Z = R_1 - j\frac{1}{\omega_0 C} + \frac{j\omega_0 R_2 L}{R_2 + j\omega_0 L} = 180 + j\left(40 - \frac{1}{10^3 C}\right)$$

由于电路发生谐振条件为 $I_m[Z] = 0$，因此，

$$40 - \frac{1}{10^3 C} = 0 \rightarrow C = 25\ \mu F$$

电流源端电压为

$$\dot{U} = \dot{I}_s Z = 1\angle 0^\circ \times 180\ V = 180\angle 0^\circ\ V$$

4.10　互 感 电 路

4.10.1　互感的基本概念

在介绍"互感"之前，先要了解什么是"耦合"。

耦合：利用某种连接元件或连接方式进行两个电路或系统之间的能量或信息的传递。

更一般地说，耦合就是对两个系统相互影响性的一个量度。

"耦合"一词在电子工程、通信工程、软件工程、机械工程等领域都会出现，其概念示意图见图 4-33(a)。

注意：耦合也可以发生在两个以上的系统之间。

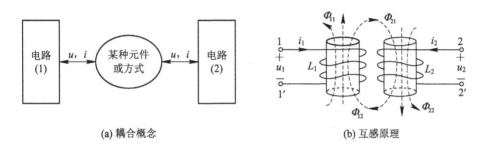

(a) 耦合概念　　　　　　　　　　　　(b) 互感原理

图 4-33　耦合概念与互感原理示意图

在电子及通信领域，常见的耦合有电耦合、磁耦合和光耦合三种形式。利用电流（电压）进行的耦合称为"电耦合"，比如两级放大器之间利用电容或电阻将前级信号传递到下一级；利用磁场进行的耦合称为"磁耦合"，比如变压器将电能从电源传递到负载；利用光波进行的耦合被称为"光耦合"，比如用光耦合器传递电信号。据此，可以定义：

互感：两个通电线圈通过磁场相互作用或耦合电能量的物理现象。

也有人说，互感是一个电感引发其附近电感端电压的能力。

互感的本质是磁耦合，即当把线圈 A 放在通有变动电流的线圈 B 附近时，因线圈 B 中变动电流产生的变动磁通会有一部分穿过线圈 A，则线圈 A 中就会产生感应电动势。因此，"互感"元件也是一种典型的耦合元件，在生产实践中有着广泛应用。

在图 4-33(b)中，两个距离很近的线圈 L_1 和 L_2 的匝数分别为 N_1 和 N_2。当给 L_1 施加变化电流 i_1 时，就会在 L_1 中产生自感磁通 Φ_{11}，则自感磁链为 $\Psi_{11} = N_1 \Phi_{11}$。对于线性电感(线圈)，自电感系数 $L = \dfrac{\Psi}{i}$ 为常数。由于两个线圈靠得很近，磁通 Φ_{11} 会穿过线圈 L_2 并在其中产生交链磁通 Φ_{21}，进而产生交链磁链 Ψ_{21}，形成互感现象。

注意：Φ_{21} 和 Ψ_{21} 下标中第一个数字表示在线圈 L_2 中，第 2 个数字表示由线圈 L_1 产生。

因为由 Φ_{11} 产生的 Φ_{21} 或 Ψ_{21} 受距离及损耗等因素的影响可大可小，所以为了衡量 L_1 对 L_2 影响(互感)的大小，定义互感系数(简称"互感")为

$$M_{21} = \frac{\Psi_{21}}{i_1} \tag{4.10-1}$$

同样，若给线圈 L_2 通以变化电流 i_2，就会产生 Φ_{22} 及 $\Psi_{22} = N_2\Phi_{22}$，进而在线圈 L_1 中产生互磁通 Φ_{12} 及互磁链 Ψ_{12}。为了衡量 L_2 对 L_1 影响(互感)的大小，定义互感系数为

$$M_{12} = \frac{\Psi_{12}}{i_2} \qquad (4.10-2)$$

可以证明，互感系数 $M_{12} = M_{21}$。这样，互感系数即可统一用"M"表示。

注意：术语"互感"既可描述一种磁耦合物理现象，又是一个可用于计算的物理量。

当 i_1 变化时，自感磁链 $\Psi_{11} = N_1\Phi_{11}$ 会在 L_1 两端产生自感电压 u_{11}(满足右手螺旋关系)，且

$$u_{11} = \frac{d\Psi_{11}}{dt} = N_1\frac{d\Phi_{11}}{dt} = L_1\frac{di_1}{dt} \qquad (4.10-3)$$

互感磁链 Ψ_{21} 会在线圈 L_2 两端产生互感电压 u_{21}(满足右手螺旋关系)，且

$$u_{21} = \frac{d\Psi_{21}}{dt} = N_2\frac{d\Phi_{21}}{dt} = M\frac{di_1}{dt} \qquad (4.10-4)$$

当 i_2 变化时，同样会有自感电压 u_{22} 和互感电压 u_{12}，即

$$u_{22} = \frac{d\Psi_{22}}{dt} = N_2\frac{d\Phi_{22}}{dt} = L_2\frac{di_2}{dt} \qquad (4.10-5)$$

$$u_{12} = \frac{d\Psi_{12}}{dt} = N_1\frac{d\Phi_{12}}{dt} = M\frac{di_2}{dt} \qquad (4.10-6)$$

若给两个线圈同时施加变化电流 i_1 和 i_2，则两个线圈的端电压满足线性关系，即有

$$u_1 = u_{11} \pm u_{12} = L_1\frac{di_1}{dt} \pm M\frac{di_2}{dt} \qquad (4.10-7)$$

$$u_2 = u_{22} \pm u_{21} = L_2\frac{di_2}{dt} \pm M\frac{di_1}{dt} \qquad (4.10-8)$$

式中，当线圈中的自感磁通与互感磁通方向一致时，取"$+$"号，反之，取"$-$"号。

为便于分析，将图 4-33(b)的实物图抽象为电路模型也就是互感(耦合)元件模型如图 4-34(a)所示。为了能够在模型图上判断互感电压的极性，人们在图 4-34(a)上标注了两个圆点。靠近圆点的两个线圈端钮称为"同名端"，具体来讲，当电流 i_1 和 i_2 分别从 L_1 和 L_2 的某个端钮流入(流出)时，若在任一个线圈中产生的自感磁通与互感磁通方向一致，则这两个端钮就叫"同名端"，比如图 4-34(a)中的 1 和 2 端钮，反之，就叫"异名端"，比如图 4-34(a)中的 1 和 2′ 端钮。这样，在图 4-34(a)所示的电压和电流关联方向下，当两个线圈的电流均从同名端流入(流出)时，M 为正，即互感电压为正；若一个流入同名端，而另一个流出同名端，则 M 为负，互感电压为负。

式(4.10-7)和式(4.10-8)称为互感元件的伏安关系。它们表明，互感元件也是一个动态元件，每个线圈上的电压大小只与电流(包括本线圈电流和另一个线圈的电流)的变化率有关，而与电流本身的大小无关。如果施加的电流是不变化的(直流电流)，那么，虽然线圈中也产生自感磁链和互感磁链，但不会产生自感电压和互感电压。换句话说，产生"磁耦合"现象的前提是"电变化"，即线圈中的电流必须是随时间变化的。

当两个线圈分别通过变化电流时，在每个线圈上都会产生自感电压和互感电压。自感电压与各线圈的自感系数有关，而互感电压则与线圈间的互感系数有关。互感系数 M 反映两个线圈耦合的松紧程度。耦合越紧，M 越大；耦合越松，M 越小。可以证明：

$$M \leqslant \sqrt{L_1 L_2} \qquad (4.10-9)$$

为了进一步定量说明两个线圈的耦合程度，人们又定义了"耦合系数 k"，即

$$k = \frac{M}{\sqrt{L_1 L_2}} \qquad (4.10-10)$$

其大小由两个线圈的结构、位置及磁介质等因素决定。显然，$0 \leqslant k \leqslant 1$。$k$ 越大，线圈间的影响越大。通常，$0.5 \leqslant k < 1$ 为紧耦合，$0 < k < 0.5$ 为松耦合，$k = 0$ 为无耦合，$k = 1$ 为全耦合。

使用互感元件的最大好处是可以利用磁场将电能从互感元件的一端传递（耦合）到另一端，从而实现两个电路的"电隔离"和"磁连接"，即两个电路没有由导线或元件构成的"实连接"，但却有由互感耦合的"虚连接"。手机无线充电器就是互感元件的典型应用。

4.10.2　互感的相量模型

根据相量概念，可以将图 4-34(a)所示的互感时域电路模型转化为互感相量域电路模型，如图 4-34(b)所示。可见，与电感不同，互感是一种双端口元件。

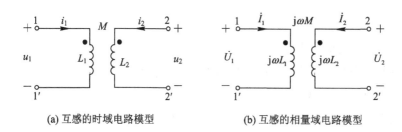

(a) 互感的时域电路模型　　　　　(b) 互感的相量域电路模型

图 4-34　互感元件的时域和相量域电路模型图

根据式(4.10-7)、式(4.10-8)和图 4-34(b)，可得互感元件相量伏安关系为

$$\begin{cases} \dot{U}_1 = j\omega L_1 \dot{I}_1 + j\omega M \dot{I}_2 \\ \dot{U}_2 = j\omega L_2 \dot{I}_2 + j\omega M \dot{I}_1 \end{cases} \qquad (4.10-11)$$

式中，$\omega L_1 = X_{L1}$ 和 $\omega L_2 = X_{L2}$ 为 L_1 和 L_2 的自感抗，$\omega M = X_M$ 为互感抗，单位都是欧姆。

4.10.3　互感的去耦合等效

由于互感线圈之间存在磁耦合，每个线圈上的电压不仅与本线圈的电流变化率有关，还与另一个线圈的电流变化率有关，其伏安关系中的正、负号取决于同名端的位置及电压、电流的参考方向，因此，对互感电路的分析就比较复杂。为解决该问题，人们设法将互感效应消除（去耦合），并将其影响转移（等效）到电路当中。

1. 互感串联的去耦合等效

互感串联有两种情况：异名端相联，称为"顺接"；同名端相联，称为"反接"。

图 4-35(a)中，两个线圈为顺接串联，互感电压前应取正号，则 a、b 两端的电压为

$$\dot{U} = \dot{U}_1 + \dot{U}_2 = (j\omega L_1 + j\omega M)\dot{I} + (j\omega L_2 + j\omega M)\dot{I} = j\omega(L_1 + L_2 + 2M)\dot{I}$$

令 $L = L_1 + L_2 + 2M$，则 $\dot{U} = j\omega L \dot{I}$。显然，顺接串联的两个互感线圈可等效为一个电感 L，其电感量为

$$L = L_1 + L_2 + 2M \qquad (4.10-12)$$

可见，等效后，电路的互感消失了，互感作用被转移到电感之中，电路得到了简化。

同理，可得图 4-35(b)中反接串联互感的等效电感为

$$L = L_1 + L_2 - 2M \qquad (4.10-13)$$

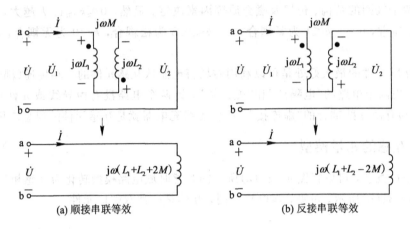

(a) 顺接串联等效　　　　　　　　(b) 反接串联等效

图 4-35　互感元件的串联等效示意图

显然，上述等效结果也体现了同名端的意义：

同向电流起加强互感作用(顺串)，反向电流起抵消互感作用(反串)。

2. 互感并联的去耦合等效

互感并联有两种情况：同名端相联，称为"顺接"；异名端相联，称为"反接"。

对如图 4-36(a)所示的顺接并联互感，由 KCL 和互感概念可得

$$\dot{I} = \dot{I}_1 + \dot{I}_2$$

$$\dot{U} = j\omega L_1 \dot{I}_1 + j\omega M \dot{I}_2$$

$$\dot{U} = j\omega L_2 \dot{I}_2 + j\omega M \dot{I}_1$$

联立以上三式可求得

$$\dot{I}_1 = \frac{j(L_2 - M)}{-\omega L_1 L_2 + \omega M^2} \dot{U}$$

$$\dot{I}_2 = \frac{j(L_1 - M)}{-\omega L_1 L_2 + \omega M^2} \dot{U}$$

$$\dot{I} = \dot{I}_1 + \dot{I}_2 = \frac{L_1 + L_2 - 2M}{j\omega(L_1 L_2 - M^2)} \dot{U}$$

$$\dot{U} = j\omega \frac{L_1 L_2 - M^2}{L_1 + L_2 - 2M} \dot{I} = j\omega L \dot{I}$$

可见，互感线圈在顺接并联时，可以等效为一个电感 L，其电感量为

$$L = \frac{L_1 L_2 - M^2}{L_1 + L_2 - 2M} \qquad (4.10-14)$$

同理，可得图 4-36(b)中反接并联互感的等效电感为

$$L = \frac{L_1 L_2 - M^2}{L_1 + L_2 + 2M} \qquad (4.10-15)$$

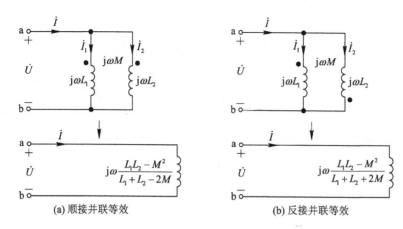

(a) 顺接并联等效　　　　　　(b) 反接并联等效

图 4 - 36　互感元件的并联等效示意图

3. 互感的 Y 形去耦合等效

把四端互感元件的两个端钮连接起来就变成了三端元件。根据连接方式的不同，也分为同名端相联和异名端相联两种形式。

图 4 - 37(a)给出了互感元件两个同名端联在一起的 Y 形电路。根据 KCL 和 KVL 有

$$\dot{I} = \dot{I}_1 + \dot{I}_2$$

$$\dot{U}_{ac} = j\omega L_1 \dot{I}_1 + j\omega M \dot{I}_2 = j\omega (L_1 - M)\dot{I}_1 + j\omega M \dot{I} \qquad (4.10 - 16)$$

$$\dot{U}_{bc} = j\omega L_2 \dot{I}_2 + j\omega M \dot{I}_1 = j\omega (L_2 - M)\dot{I}_2 + j\omega M \dot{I} \qquad (4.10 - 17)$$

根据 KVL，可将式(4.10 - 16)和式(4.10 - 17)用图 4 - 37(b)描述，也就得到了去掉互感效应的 Y 形等效图。

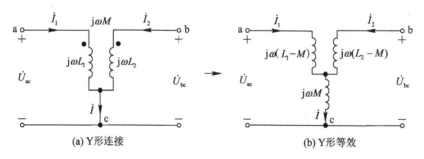

(a) Y形连接　　　　　　　　(b) Y形等效

图 4 - 37　互感元件 Y 形同名端相联等效示意图

同理，可得异名端相联的 Y 形去耦合等效图如图 4 - 38 所示。

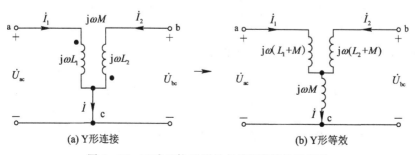

(a) Y形连接　　　　　　　　(b) Y形等效

图 4 - 38　互感元件 Y 形异名端相联等效示意图

4.11 空心变压器

互感元件的主要用途之一是利用磁场将交流电信号进行传递，如在电视机、发射机等高频和超高频电子线路中，常用图 4-39(a)所示的互感电路将初级电信号耦合到次级的负载上。因这种互感线圈常常绕制在非磁性物质上，所以也称为"空心变压器"。

变压器可以有铁芯或磁芯，也可以没有(空心)。铁芯变压器的耦合系数接近 1，属于紧耦合，而空心变压器的耦合系数较小，属于松耦合。

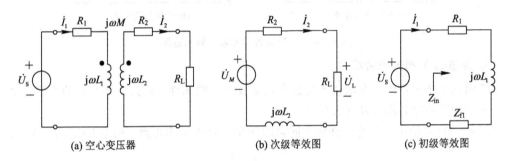

(a) 空心变压器   (b) 次级等效图   (c) 初级等效图

图 4-39　空心变压器及其等效示意图

在图 4-39(a)中，把一个连接电源或信号源(频率为 ω，电压相量为 $\dot{U}_s$)的线圈 L_1 作为互感输入端，并称为初级电路；把另一个连接负载 R_L 的线圈 L_2 作为互感输出端，并称为次级电路；R_1 和 R_2 分别是线圈 L_1 和 L_2 的线阻。若令初级回路电流为 $\dot{I}_1$(方向为回路电流方向)，次级回路电流为 $\dot{I}_2$(方向为回路电流方向)，则按 KVL 可列出如下方程(由于两电流从异名端流入，因此互感电压取负值)：

$$Z_{11}\dot{I}_1 - Z_M\dot{I}_2 = \dot{U}_s \tag{4.11-1}$$

$$-Z_M\dot{I}_1 + Z_{22}\dot{I}_2 = 0 \tag{4.11-2}$$

式中，$Z_{11}=R_1+jX_1=R_1+j\omega L_1$ 为回路 1 的自阻抗，$Z_{22}=R_2+R_L+jX_2=R_2+R_L+j\omega L_2$ 为回路 2 的自阻抗，$Z_M=j\omega M$ 是回路 1 与回路 2 间或回路 2 与回路 1 间的互阻抗。

由式(4.11-2)可得

$$\dot{I}_2 = \frac{Z_M}{Z_{22}}\dot{I}_1 = \frac{\dot{U}_M}{Z_{22}} \tag{4.11-3}$$

式中，$\dot{U}_M=Z_M\dot{I}_1$。显然，初级电流对次级的影响用等效电压源 $\dot{U}_M$ 表示，即可得到图 4-39(b)的次级等效电路。只要知道初级电流 $\dot{I}_1$，就可在此图中分析次级回路的 $\dot{I}_2$、$\dot{U}_L$ 等相关参数。

将式(4.11-3)代入式(4.11-1)，可以解得

$$\dot{I}_1 = \frac{Z_{22}\dot{U}_s}{Z_{11}Z_{22}-Z_M^2} = \frac{\dot{U}_s}{Z_{11}-\dfrac{(j\omega M)^2}{Z_{22}}} = \frac{\dot{U}_s}{Z_{11}+\dfrac{\omega^2 M^2}{Z_{22}}} = \frac{\dot{U}_s}{Z_{11}+Z_{fl}} \tag{4.11-4}$$

式中，$Z_{fl}=\dfrac{\omega^2 M^2}{Z_{22}}$ 称为反射阻抗。可见，次级电路对初级的影响可以用一个与初级自阻抗 $R_1+j\omega L_1$ 相串联的反射阻抗 Z_{fl} 表示，于是，可得初级等效电路如图 4-39(c)所示。

反射阻抗(也叫反映阻抗、引入阻抗)为

$$Z_{fl} = \frac{\omega^2 M^2}{Z_{22}} = \frac{\omega^2 M^2}{(R_2 + R_L) + jX_2}$$

$$= \frac{(R_2 + R_L)\omega^2 M^2}{(R_2 + R_L)^2 + X_2^2} - j\frac{\omega^2 M^2}{(R_2 + R_L)^2 + X_2^2}X_2$$

$$= R_{fl} + jX_{fl} \tag{4.11-5}$$

式中，$R_{fl} = \dfrac{(R_2 + R_L)\omega^2 M^2}{(R_2 + R_L)^2 + X_2^2}$ 是反射电阻，$X_{fl} = -\dfrac{\omega^2 M^2}{(R_2 + R_L)^2 + X_2^2}X_2$ 是反射电抗。

由式(4.11-5)可见，R_{fl} 恒为正值，这表明次级回路中的功率要依靠初级回路供给。由图 4-39(c)可得电源供给的功率为

$$P_1 = (R_1 + R_{fl})I_1^2 \tag{4.11-6}$$

其中，功率 $R_1 I_1^2$ 消耗在初级电阻 R_1 上，功率 $R_{fl} I_1^2$ 通过磁耦合传输到次级回路。

对式(4.11-3)先取模，再平方，可得

$$I_2^2 = \frac{\omega^2 M^2}{(R_2 + R_L)^2 + X_2^2}I_1^2$$

两端同乘 $(R_2 + R_L)$，得次级回路电阻 $(R_2 + R_L)$ 上吸收的功率为

$$P_2 = (R_2 + R_L)I_2^2 = (R_2 + R_L)\frac{\omega^2 M^2}{(R_2 + R_L)^2 + X_2^2}I_1^2 = R_{fl} I_1^2 \tag{4.11-7}$$

可见，反射电阻 R_{fl} 上吸收的功率就是次级回路电阻 $(R_2 + R_L)$ 吸收的功率。

由图 4-39(c)可得初级电路的输入阻抗为

$$Z_{in} = \frac{\dot{U}_S}{\dot{I}_1} = Z_{11} - Z_{fl} = Z_{11} - \frac{\omega^2 M^2}{Z_{22}} \tag{4.11-8}$$

【例 4-15】　在如图 4-40(a)所示的电路中，$\dot{U}_S = 10$ V，$\omega = 10^6$ rad/s，$L_1 = L_2 = 1$ mH，$\dfrac{1}{\omega C_1} = \dfrac{1}{\omega C_2} = 1$ kΩ，$R_1 = 10$ Ω，$R_L = 40$ Ω。为使 R_L 上吸收功率最大，试求所需的 M 值和负载 R_L 上的功率，以及 C_2 上的电压。

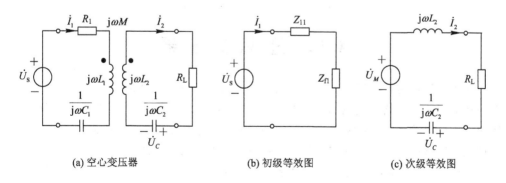

(a) 空心变压器　　　　　(b) 初级等效图　　　　　(c) 次级等效图

图 4-40　例 4-5 图

解　将图 4-40(a)所示电路简化成图 4-40(b)的初级等效回路以便求出 $\dot{I}_1$。因为

$$\omega L_1 = \omega L_2 = 1 \times 10^{-3} \times 10^6 = 1000 \ \Omega$$

$$X_1 = \omega L_1 - \frac{1}{\omega C_1} = 1000 - 1000 = 0$$

$$X_2 = \omega L_2 - \frac{1}{\omega C_2} = 1000 - 1000 = 0$$

所以

$$Z_{11} = R_1 = 10 \ \Omega$$
$$Z_{22} = R_L = 40 \ \Omega$$

反射阻抗为

$$Z_{f1} = \frac{\omega^2 M^2}{R_L^2 + X_2^2}R_L - j\frac{\omega^2 M^2}{R_L^2 + X_2^2}X_2 = \frac{\omega^2 M^2}{R_L} = R_{f1}$$

这时在初级等效回路中只有两个电阻，则有

$$\dot{I}_1 = \frac{\dot{U}_S}{R_1 + R_{f1}}$$

根据从电源获得最大功率的条件是 $R_1 = R_{f1}$，即

$$R_1 = R_{f1} = \frac{\omega^2 M^2}{R_L}$$

得

$$M = \frac{1}{\omega}\sqrt{R_1 R_L} = \frac{1}{10^6}\sqrt{10 \times 40} = 20 \ \mu H$$

这时，初级电流为

$$\dot{I}_1 = \frac{\dot{U}_S}{R_1 + R_{f1}} = \frac{10e^{j0°}}{10 + 10} = 0.5e^{j0°} \ A$$

电阻 R_L 上吸收的功率为

$$P_L = I_1^2 R_{f1} = (0.5)^2 \times 10 = 2.5 \ W$$

为求得电流 $\dot{I}_2$，可根据式(4.11-3)画出次级回路，如图 4-40(c)所示，可得

$$\dot{I}_2 = \frac{\dot{U}_M}{Z_{22}} = \frac{j\omega M \dot{I}_1}{R_L} = \frac{j10^6 \times 20 \times 10^{-6} \times 0.5e^{j0°}}{40} = 0.25e^{j90°} \ A$$

则电容 C_2 上的电压为

$$\dot{U}_C = -j\frac{1}{\omega C_2}\dot{I}_2 = -j1000 \times 0.25e^{j90°} = 250 \ V$$

4.12 理想变压器

性能优异的铁芯具有聚集磁力线的作用，能提供漏磁小、性能好的磁通路。因此，电力系统和低频电子线路中使用的变压器大都是铁芯变压器，其耦合系数非常接近于1，并且线圈的匝数足够多。对实际铁芯变压器进行抽象，就可得到理想变压器模型。

理想变压器也是一种双端口元件，它必须满足以下三个条件：

(1) 变压器本身无电损耗，即线圈导线的电阻为零。

(2) 变压器本身无磁损耗，即两个线圈全耦合，$k=1$，铁芯能百分之百导磁。

(3) 自感 L_1、L_2 和互感 M 均为无穷大，但 $\sqrt{\frac{L_1}{L_2}}$ 为常数。

理想变压器的外特性只有一个参数，即变比或匝比，用 $n = \frac{N_1}{N_2}$ 表示，其中 N_1、N_2 分

别是初级线圈和次级线圈的匝数。理想变压器电路符号和等效模型如图 4-41(a)和(b)所示。

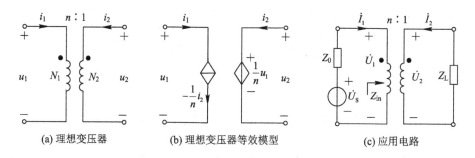

(a) 理想变压器　　　(b) 理想变压器等效模型　　　(c) 应用电路

图 4-41　理想变压器及其等效示意图

理想变压器的初级电压、次级电压及电流满足如下关系：

$$\begin{cases} u_1(t) = nu_2(t) \\ i_1(t) = -\dfrac{1}{n}i_2(t) \end{cases} \tag{4.12-1}$$

式(4.12-1)表明：如果 $n>1$，则 $u_1>u_2$，变压器为降压变压器；如果 $n<1$，则 $u_1<u_2$，变压器为升压变压器。理想变压器不仅具有"变压"作用，还有"变流"作用。"变流"与"变压"的作用正好相反，即降压对应升流，升压对应降流。因此，高电压端必是小电流，而低电压端则为大电流。另外，任何时候理想变压器吸收的瞬时功率恒为零，即有

$$p_1 + p_2 = u_1i_1 + u_2i_2 = nu_2\left(-\frac{1}{n}i_2\right) + u_2i_2 = -u_2i_2 + u_2i_2 = 0 \tag{4.12-2}$$

式(4.12-2)说明理想变压器既不消耗能量也不储存能量，是一个纯变换器。

理想变压器的应用电路如图 4-41(c)所示，则从初级看进去的等效输入阻抗为

$$Z_{in} = \frac{\dot{U}_1}{\dot{I}_1} = \frac{n\dot{U}_2}{-\frac{1}{n}\dot{I}_2} = n^2\frac{\dot{U}_2}{-\dot{I}_2} = n^2 Z_L \tag{4.12-3}$$

式(4.12-3)表明，理想变压器除了变压、变流之外，还有变阻(变换阻抗)作用。在信号处理技术中，常利用变压器的阻抗变换特性实现信号的匹配传输。

注意：只有初级电压和电流发生变化，次级才能输出电压和电流；若在初级施加直流电，则次级不会输出电压和电流。另外，"初级"和"次级"也可称为"原边"和"副边"。

互感元件广泛应用于通信和控制领域，其主要功能就是对两个电路实施"电隔离"，同时通过磁场进行信号(电能量)的传递，实现"磁连接"。

对互感进行分析的要旨就是"去耦合"，即将互感作用等效到两个电感中(初、次级回路)，从而可以像对待普通电感那样进行分析、计算和应用。

4.13　结　　语

综上所述，本章的主要内容可以用图 4-42 概括。

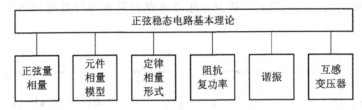

图 4-42　第 4 章主要内容示意图

4.14　小知识——组合音箱

在音乐厅、影剧院甚至一些家庭，我们经常会看到一些摆在台前或挂在墙上的具有多个喇叭(扬声器)的音箱——组合音箱，如图 4-43 所示。

两分频音箱　　　　三分频音箱

图 4-43　常见的音箱

为什么要用组合音箱呢？因为人耳可听到的音频信号范围是 20 Hz～20 kHz(低于 20Hz 的声波叫次声波，高于 20 kHz 的声波叫超声波)，而一个扬声器通常很难做到把这么宽的音频信号高质量地重放出来，所以为了高保真 Hi-Fi(High-Fidelity)地还原声音，人们需要将适合还原低音、中音和高音的低频扬声器、中频扬声器和高频扬声器组合使用。在这种组合系统(组合音箱)中，扬声器各施所长，高质量地还原全部音域(20 Hz～20 kHz)的声音，从而满足人们的听觉要求。一般低音扬声器口径较大，中音扬声器次之，高音扬声器最小。

为了保证不同频率的音频信号可以进入适合其播放的扬声器，需要把两个或三个扬声器通过滤波器接到音频信号源上。比如，一个低频扬声器和一个中高频扬声器组成的两分频系统，就要用一个低通滤波器和一个高通滤波器(两分频器)，将音源的全频段信号分为低频和中高频两部分送入低频扬声器和中高频扬声器。如果将低、中、高频三个扬声器组合就构成了三分频系统。图 4-44 是两分频和三分频系统频响特性。

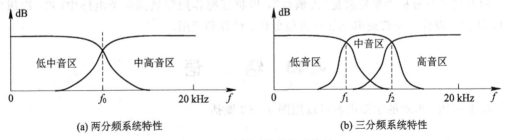

(a) 两分频系统特性　　　　　　　(b) 三分频系统特性

图 4-44　分频系统的频响特性

显然，分频器就是各种滤波器的组合，而常用的无源滤波器就是 LC 网络。图 4-45 是几种常用的分频器电路。图中分贝数表示频响曲线边缘下降的陡峭程度，分贝数大，边缘陡峭，分频性能好。边缘下降的陡峭程度与滤波器的阶数（一般不超过 3 阶）有关。

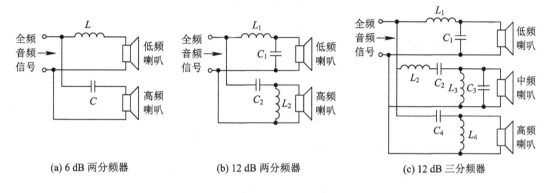

(a) 6 dB 两分频器　　　　(b) 12 dB 两分频器　　　　(c) 12 dB 三分频器

图 4-45　常用的分频器

通常，儿童能听到 30 000 Hz 甚至 40 000 Hz 的超声波；20 岁左右的人能听到 20 000 Hz 左右的高音；35 岁左右的人能听到 15 000 Hz 左右的高音；而 50 岁左右的人只能听到 13 000 Hz 左右的高音了。音频分类见表 4-3。常见乐器和人声频谱范围见表 4-4。

表 4-3　音 频 分 类

超低音	低音	中低音	中音	高音
20～50 Hz	50～200 Hz	200～500 Hz	500～5000 Hz	5000～20 000 Hz

表 4-4　常见乐器和人声频谱范围（单位：Hz）

钢琴	小提琴	管风琴	手风琴	定音鼓	吉他	小号	女高音	男高音	男低音
30～4200	200～3800	20～9000	50～1800	90～280	80～780	180～900	220～800	120～400	90～300

生活中，我们还经常看到具有多个相同大小喇叭的音箱。这类音箱的主要功能是提高喇叭的放音功率，增大传播距离。

本 章 习 题

4-1　试证明相量的积分特性。

4-2　把正弦量用相量表示的好处是什么？

4-3　正弦量可以用相量表示的实质是什么？

4-4　电压和电流相量以及阻抗都是复数，为什么阻抗 Z 上面不像 $\dot{U}$ 和 $\dot{I}$ 一样加点？

4-5　为什么要提出视在功率的概念？对于纯电阻电路，视在功率是否有意义？

4-6　在 RLC 串联电路中，如何解释当谐振时总电压只与电阻的端电压有关，而与电感和电容的端电压无关？

4-7　在 RLC 并联电路中，如何解释当谐振时总电流只与电阻的电流有关，而与电感和电容的电流无关？

4-8　如何理解电路的"电隔离"？

4-9 为什么交流电路中两个电压或电流之和可以小于分电压或分电流甚至可以为零?

4-10 把正弦量的相量表示法说成是频率域表示法是否可行?为什么?

4-11 为什么电压、电流相量可以不带(隐去)频率 ω,而电抗却必须带 ω?

4-12 汇集于一个节点的三个同频正弦电流的振幅 I_{m1}、I_{m2} 和 I_{m3} 是否满足 KCL,即 $I_{m1}+I_{m2}+I_{m3}=0$?为什么?

4-13 若正弦电流 i_1 和 i_2 的振幅分别为 I_{m1} 和 I_{m2},$i_1+i_2=i$ 的振幅为 I_m,则下列关系式何时成立?

(1) $I_{m1}+I_{m2}=I_m$; (2) $I_{m1}-I_{m2}=I_m$; (3) $I_{m1}^2+I_{m2}^2=I_m^2$.

4-14 已知 $i_1=4\cos100\pi t$ A,$i_2=3\sin100\pi t$ A,求 i_1+i_2。

($i_1+i_2=5\cos(100\pi t-36.87°)$ A)

4-15 已知电压 $u=100\sqrt{2}\sin(100\pi t+30°)$ V,电流 $i=7.07\cos(100\pi t-45°)$ A,求:

(1) 它们的有效值、最大值、角频率、频率、周期和初相位。

(2) u 和 i 的相位差,谁超前?

(100 V, 141.4 V, 100π rad/s, 50 Hz, 20 ms, 30°, 5 A,7.07 A, 100π rad/s, 50 Hz, 20 ms, 45°;-15°,电流超前)

4-16 给出 $u=10\sin(100\pi t-30°)$ V 和 $i=5\sqrt{2}\sin(100\pi t+45°)$ A 的相量及相量图。

($7.07\angle-30°$ V, $5\angle45°$ A)

4-17 写出电压相量 $\dot{U}=6-j8$ V($\omega=314$ rad/s)的时域表达式。

($u=10\sqrt{2}\sin(314t-53.13°)$ V)

4-18 已知电流振幅相量为 $\dot{I}_m=30-j10$ mA,求该电流在 40 Ω 电阻上产生的电压振幅相量 $\dot{U}_m$ 以及在 $t=1$ ms 时电阻的电压值 u。($\dot{U}_m=1.2-j0.4$ V, 0.985 V)

4-19 一电感的电压为 $u=80\cos(1000t+105°)$ V,若电感量 $L=0.02$ H,求电感电流 i。($i=4\cos(100\pi t+15°)$ A)

4-20 求如图 4-46 所示电路的阻抗及导纳。

((a):$1-j1$ Ω; (b):$0.1-j0.1$ S; (c):$j0.1$ S)

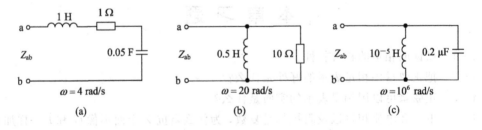

图 4-46 习题 4-20 图

4-21 如图 4-47 所示电路中,已知 $u_S=100\sin(314t)$ V,求 $\dot{I}_m$、$\dot{U}_{mR}$、$\dot{U}_{mL}$ 和 $\dot{U}_{mC}$,写出 i、u_R、u_L 和 u_C,并画出相量图。

4-22 如图 4-48 所示电路中,已知 $i_S=\sin(314t+90°)$ A,求 u,并画出相量图。

($u=-4.48\sin(314t-63.4°)$ V)

图 4 - 47　习题 4 - 21 图　　　　　　图 4 - 48　习题 4 - 22 图

4 - 23　如图 4 - 49 所示电路中，已知 $\dot{U}=100\angle 0°$ V，用分压公式求 $\dot{U}_{ab}$ 和 $\dot{U}_{bc}$，并画出它们与 $\dot{U}$ 的相量关系图。

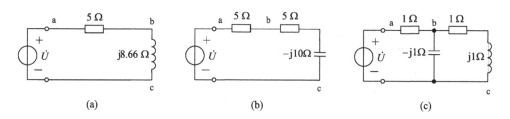

图 4 - 49　习题 4 - 23 图

4 - 24　如图 4 - 50 所示电路中，已知 $\dot{I}$，用分流公式求 $\dot{I}_1$ 和 $\dot{I}_2$，并画出它们与 $\dot{I}$ 的相量关系图。

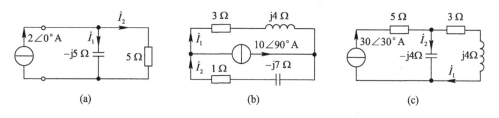

图 4 - 50　习题 4 - 24 图

4 - 25　在如图 4 - 51 所示电路中，$U_1=U_2$，$R_2=10$ Ω，$\dfrac{1}{\omega C_2}=10$ Ω，阻抗 Z_1 为感性，若 $\dot{U}$ 与 $\dot{I}$ 同相，求 Z_1。（$Z_1=5+j5$ Ω）

4 - 26　在如图 4 - 52 所示电路中，$R_1=R_2=|X_{C2}|=3200$ Ω，欲使电压 $\dot{U}_0$ 超前电压 $\dot{U}$ 九十度，求 X_{C1}。（3200 Ω）

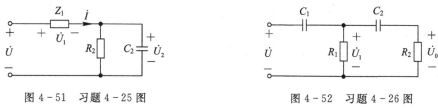

图 4 - 51　习题 4 - 25 图　　　　　　图 4 - 52　习题 4 - 26 图

4 - 27　在如图 4 - 53 所示电路中，三个负载并联到 220 V 市电上，各自的功率和电流分别为 $P_1=4.4$ kW，$I_1=44.7$ A（感性）；$P_2=8.8$ kW，$I_2=50$ A（感性）；$P_3=6.6$ kW，$I_3=66$ A（容性）。求各负载的功率因数、总电流的有效值和总电路的功率因数，并说明总电路的性质。

（0.45，0.8，0.45，90.7 A，0.99，感性）

4-28 在如图 4-54 所示电路中，N 是无源网络，已知端电压 $\dot{U}=1\angle 0°$ V，端电流 $\dot{I}=\sqrt{2}\angle 135°$ A，求 N 的有功功率和无功功率。(1 W，1 var)

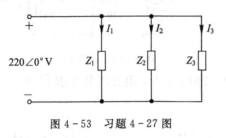

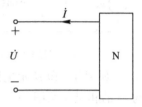

图 4-53 习题 4-27 图   图 4-54 习题 4-28 图

4-29 如图 4-55 所示电路中，已知 $\dot{U}_S=10\angle 0°$ V，Z_L 是可调负载。在(1) $Z_L=R_L+jX_L$，(2) $Z_L=R_L$ 两种情况下，Z_L 调到何值时可获得最大功率？并求此功率。

(5-j5 Ω，5 W；7.07 Ω，4.19 W)

4-30 如图 4-56 所示电路中，已知 $\dot{U}_S=10\angle 0°$ V，$\dot{I}_S=1\angle 20°$ A，$Z_1=3+j4$ Ω，$Z_2=10$ Ω，$Z_3=10+j7$ Ω，$Z_4=35-j14$ Ω，求 Z 为何值时，电流 I 最大？并求此值。

(-j6.47 Ω，1.95 A)

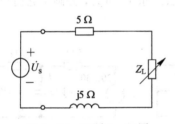

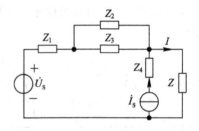

图 4-55 习题 4-29 图   图 4-56 习题 4-30 图

4-31 在如图 4-57 所示电路中，先调节 C_1 使并联部分在 $f_1=10^4$ Hz 时阻抗达到最大，然后调节 C_2 使整个电路在 $f_2=0.5\times 10^4$ Hz 时阻抗达到最小。求：(1) C_1 和 C_2。(2) 当 $U_S=1$ V，$f=10^4$ Hz 时，电路的总电流 I。(0.722 μF，5.3 μF，29 mA)

4-32 如图 4-58 所示电路中，已知 $U=120$ V，$X_C=40$ Ω，$R_1=10$ Ω，$R_2=20$ Ω，当 $f=60$ Hz 时发生谐振，求电感量 L 及电流有效值 I。(5.57 mH，12.7 A 或 127 mH，1.7 A)

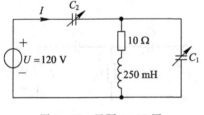

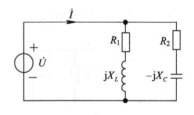

图 4-57 习题 4-31 图   图 4-58 习题 4-32 图

4-33 (1) 在如图 4-59(a)~(d)所示电路中，当频率 $\omega_0=\omega_1=\dfrac{1}{\sqrt{LC_1}}$ 时，哪些电路相当于短路？哪些电路相当于开路？

(2) 有人认为，图 4-59(c)和图 4-59(d)所示电路在另外一个频率 $\omega_0=\omega_2$ 时，可以相当于开路。请问是否可能？若可能，ω_2 大于还是小于 ω_1？

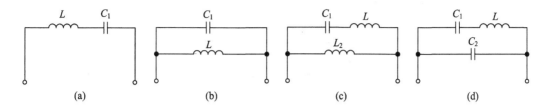

图 4 - 59　习题 4 - 33 图

4 - 34　一 RLC 串联电路的谐振频率为 $\dfrac{1000}{2\pi}$ Hz，通频带为 $\dfrac{100}{2\pi}$ Hz，谐振阻抗为 100 Ω，求 R、L、C。(100 Ω，1 H，1 μF)

4 - 35　写出如图 4 - 60 所示电路的 VCR 时域和相量表达式。

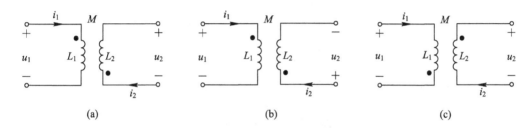

图 4 - 60　习题 4 - 35 图

4 - 36　如图 4 - 61 所示电路中，已知 $i_S=2\sin314t$ A，$M=1$ H，求 a、b 端开路电压 u_{ab}。($u_{ab}=628\cos314t$ V)

4 - 37　在如图 4 - 62 所示电路中，$\omega L_1=6$ Ω，$\omega L_2=5$ Ω，$\omega M=3$ Ω，$\dfrac{1}{\omega C}=1$ Ω，$\dot{U}_S=12\angle0°$ V，求电容电流 $\dot{I}_C$。($\dot{I}_C=1.5\angle-90°$ A)

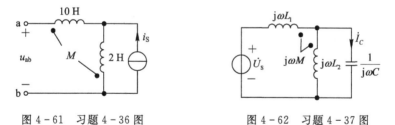

图 4 - 61　习题 4 - 36 图　　　　　图 4 - 62　习题 4 - 37 图

4 - 38　已知如图 4 - 63 所示电路，求电路的谐振角频率。($\omega_0=125$ rad/s)

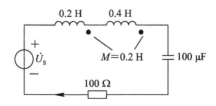

图 4 - 63　习题 4 - 38 图

4 - 39　在如图 4 - 64 所示电路中，理想变压器的变比 $n=5$，$\dot{U}_S=20\angle0°$ V，问 R_L 为

何值时可获得最大功率? 最大功率是多少? (4 Ω, 0.25 W)

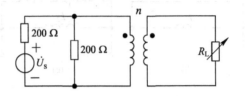

图 4-64 习题 4-39 图

4-40 在如图 4-65 所示电路中, 理想变压器的变比 $n=4$, $\dot{I}_S=10\angle0°$ A, 求电压 $\dot{U}_2$ 和电流 $\dot{I}_1$。

($\dot{U}_2=47.04\angle0°$ V, $\dot{I}_1=0.588\angle0°$ A)

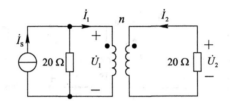

图 4-65 习题 4-40 图

第5章　正弦稳态电路分析法

引子　第 4 章给出的相量变换可将电感和电容伏安特性的微分式转化为乘积式，为交流电路分析像直流电路一样简单快捷铺平了道路，而由此引出的"相量分析法"就是破解交流电路各种问题的利器。

5.1　相量分析法的步骤

第 4 章给出的相量分析法主要基于以下理论：

(1) 电阻、电感和电容都用频域模型——阻抗或导纳表示。

(2) 电路中的激励和响应都用相量表示。

(3) 电路数学模型中的微积分运算转化为乘除运算。

利用相量法分析交流电路的实质是抽掉交流电随时间变化的特性，而只用其不变的有效值以及初相位对交流电进行描述。因此，直流电路分析法基本上可以全面移植到交流电路的分析中，只要掌握了直流电路分析法，对交流电路的分析就会事半功倍。

什么是相量分析法？
其实质是什么？

为便于对比和记忆，我们将直流电路分析法中的一些相关重要概念结合交流电路的分析过程重新给出，然后，通过例题帮助读者理解和掌握交流电路的相量分析法。

相量分析法的基本步骤如下：

(1) 将激励和响应正弦量都用相量表示，电阻、电感、电容元件用阻抗或导纳表示，并据此画出电路的相量模型图，也就是频域电路图。

(2) 在频域电路图中，可用类似电阻电路的分析方法(等效化简法、节点电压法和网孔电流法等)求得各电压和电流的响应相量。

(3) 将求得的响应相量转换成时域正弦函数表达式，完成分析任务。

5.2　阻抗网络的等效分析

通常，把包含动态元件且以交流电为激励的 *RLC* 网络称为"阻抗网络"，本课程的阻抗网络包括 *L* 网络、*C* 网络、*RL* 网络、*RC* 网络、*LC* 网络及 *RLC* 网络。

5.2.1　电感网络的等效

(1) 将多个电感首尾相连就构成了串联电感网络，如图 5-1(a)所示。因为所有电感流

过同一电流且各电感电压之和为总电压(KVL)，所以

$$u = L_1 \frac{\mathrm{d}i}{\mathrm{d}t} + L_2 \frac{\mathrm{d}i}{\mathrm{d}t} + \cdots + L_n \frac{\mathrm{d}i}{\mathrm{d}t} = (L_1 + L_2 + \cdots + L_n) \frac{\mathrm{d}i}{\mathrm{d}t} = L \frac{\mathrm{d}i}{\mathrm{d}t} \quad (5.2-1)$$

式中，"L"是串联网络等效总电感的电感量，满足

$$L = L_1 + L_2 + \cdots + L_n \quad (5.2-2)$$

因此，可以得出如下结论：

串联电感网络等效总电感的电感量等于各分电感的电感量之和。

串联电感网络等效图如图 5-1(b)所示。

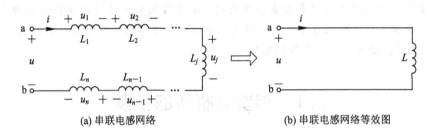

(a) 串联电感网络   (b) 串联电感网络等效图

图 5-1 串联电感网络及其等效图

(2) 将多个电感首与首、尾与尾相连就构成了并联电感网络，如图 5-2(a)所示。因为所有电感的端电压相同且各电感电流之和为总电流(KCL)，所以

$$i = \frac{1}{L_1} \int u \mathrm{d}t + \frac{1}{L_2} \int u \mathrm{d}t + \cdots + \frac{1}{L_n} \int u \mathrm{d}t = \left(\frac{1}{L_1} + \frac{1}{L_2} + \cdots + \frac{1}{L_n} \right) \int u \mathrm{d}t = \frac{1}{L} \int u \mathrm{d}t$$

$$(5.2-3)$$

式中，"L"是并联网络等效总电感的电感量，满足

$$\frac{1}{L} = \frac{1}{L_1} + \frac{1}{L_2} + \cdots + \frac{1}{L_n} \quad (5.2-4)$$

因此，可以得出如下结论：

并联电感网络等效总电感的电感量的倒数等于各分电感的电感量倒数之和。

并联电感网络等效图如图 5-2(b)所示。

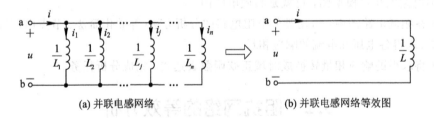

(a) 并联电感网络   (b) 并联电感网络等效图

图 5-2 并联电感网络及其等效图

特别地，当两个电感 L_1 和 L_2 相并联时，等效电感的电感量为

$$L = \frac{L_1 L_2}{L_1 + L_2} \quad (5.2-5)$$

可见，电感网络的等效结果与电阻网络类似。

5.2.2　电容网络的等效

（1）将多个电容首尾相连就构成了串联电容网络，如图 5-3(a)所示。因为所有电容流过同一电流且各电容端电压之和为总电压（KVL），所以

$$u = \frac{1}{C_1}\int i\,\mathrm{d}t + \frac{1}{C_2}\int i\,\mathrm{d}t + \cdots + \frac{1}{C_n}\int i\,\mathrm{d}t = \left(\frac{1}{C_1} + \frac{1}{C_2} + \cdots + \frac{1}{C_n}\right)\int i\,\mathrm{d}t = \frac{1}{C}\int i\,\mathrm{d}t$$

$$(5.2-6)$$

式中，"C"是串联网络等效总电容的电容量，满足

$$\frac{1}{C} = \frac{1}{C_1} + \frac{1}{C_2} + \cdots + \frac{1}{C_n} \tag{5.2-7}$$

因此，可以得出如下结论：

串联电容网络等效总电容的电容量的倒数等于各分电容的电容量倒数之和。

串联电容网络等效图如图 5-3(b)所示。

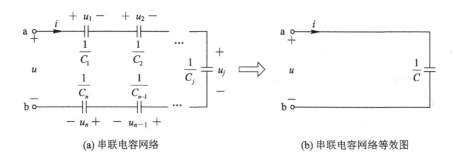

(a) 串联电容网络　　　　　　　　(b) 串联电容网络等效图

图 5-3　串联电容网络及其等效图

特别地，当两个电容 C_1 和 C_2 相串联时，等效电容的电容量为

$$C = \frac{C_1 C_2}{C_1 + C_2} \tag{5.2-8}$$

（2）将多个电容首与首、尾与尾相连就构成了并联电容网络，如图 5-4(a)所示。因为所有电容的端电压相同且各电容电流之和为总电流（KCL），所以

$$i = C_1\frac{\mathrm{d}u}{\mathrm{d}t} + C_2\frac{\mathrm{d}u}{\mathrm{d}t} + \cdots + C_n\frac{\mathrm{d}u}{\mathrm{d}t} = (C_1 + C_2 + \cdots + C_n)\frac{\mathrm{d}u}{\mathrm{d}t} = C\frac{\mathrm{d}u}{\mathrm{d}t} \tag{5.2-9}$$

式中，"C"是并联网络等效总电容的电容量，满足

$$C = C_1 + C_2 + \cdots + C_n \tag{5.2-10}$$

因此，可以得出如下结论：

并联电容网络等效总电容的电容量等于各分电容的电容量之和。

并联电容网络等效图如图 5-4(b)所示。

可见，电容网络的等效结果与电导网络类似。

显然，纯电感网络和纯电容网络的等效结果满足对偶特性。

上述关于电感网络和电容网络的等效结论并没有涉及相量和阻抗，而是直接根据电感和电容的时域 VCR 得到的，具有普适性。其实，用相量概念也很容易推出上述结论。

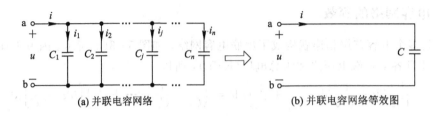

(a) 并联电容网络   (b) 并联电容网络等效图

图 5-4　并联电容网络及其等效图

5.2.3　串联阻抗的分析

"阻抗元件"可以像电阻一样进行串联、并联和混联，从而形成各种交流电路。因此，对交流电路的分析就不可避免地涉及阻抗元件的连接及等效问题。

阻抗的串联分析法与电阻的串联分析法类似。

设有阻抗 $Z_1 = R_1 + jX_1 = |Z_1|\angle\varphi_1$，$Z_2 = R_2 + jX_2 = |Z_2|\angle\varphi_2$，$\cdots$，$Z_n = R_n + jX_n = |Z_n|\angle\varphi_n$，则根据 KVL 有"总电压相量等于各阻抗电压相量之和"，即

$$\dot{U} = \dot{U}_1 + \dot{U}_2 + \cdots + \dot{U}_n = \sum_{k=1}^{n} \dot{U}_k \qquad (5.2-11)$$

因为通过各阻抗的电流均为 $\dot{I}$，所以可得串联阻抗的总阻抗为

$$Z = \frac{\dot{U}}{\dot{I}} = \frac{\dot{U}_1}{\dot{I}} + \frac{\dot{U}_2}{\dot{I}} + \cdots + \frac{\dot{U}_n}{\dot{I}} = Z_1 + Z_2 + \cdots + Z_n = \sum_{k=1}^{n} Z_k = \sum_{k=1}^{n} R_k + j\sum_{k=1}^{n} X_k$$

$$(5.2-12)$$

因此，可以得出如下结论：

串联阻抗的等效总阻抗等于各分阻抗之和。

根据 KVL 可知，任意一个串联分阻抗 Z_j 上的电压 $\dot{U}_j$ 与总电压 $\dot{U}$ 的关系为

$$\dot{U}_j = Z_j \times \dot{I} = \frac{Z_j}{\sum\limits_{k=1}^{n} Z_k} \dot{U} \qquad (5.2-13)$$

式(5.2-13)表明，串联阻抗越大，其分得的电压也越大。

若只有两个阻抗 Z_1 与 Z_2 相串联，则根据式(5.2-13)可得这两个阻抗的电压为

$$\begin{cases} \dot{U}_1 = \dfrac{Z_1}{Z_1 + Z_2} \dot{U} \\[3mm] \dot{U}_2 = \dfrac{Z_2}{Z_1 + Z_2} \dot{U} \end{cases} \qquad (5.2-14)$$

式(5.2-14)是常用的分压公式，从该式可得"两个阻抗的电压比等于它们的阻抗比"，即

$$\frac{\dot{U}_1}{\dot{U}_2} = \frac{Z_1}{Z_2} \qquad (5.2-15)$$

5.2.4　并联阻抗的分析

阻抗的并联分析法与电阻的并联分析法类似。

若把阻抗换为导纳的话，即 $Y = \dfrac{1}{Z} = G + jB$，则根据 KCL 有"总电流相量等于各阻抗

电流相量之和”，即

$$\dot{I} = \dot{I}_1 + \dot{I}_2 + \cdots + \dot{I}_n = \sum_{k=1}^{n} \dot{I}_k \qquad (5.2-16)$$

因为各阻抗的端电压均为 $\dot{U}$，所以可得并联阻抗的总导纳为

$$Y = \frac{\dot{I}}{\dot{U}} = \frac{\dot{I}_1}{\dot{U}} + \frac{\dot{I}_2}{\dot{U}} + \cdots + \frac{\dot{I}_n}{\dot{U}} = Y_1 + Y_2 + \cdots + Y_n = \sum_{k=1}^{n} Y_k = \sum_{k=1}^{n} G_k + j\sum_{k=1}^{n} B_k$$

$$(5.2-17)$$

因此，可以得出如下结论：

并联阻抗的等效总导纳等于各分导纳之和。

若只有两个阻抗 Z_1 与 Z_2 相并联，则根据式(5.2-17)可得等效总阻抗为

$$Z = Z_1 /\!/ Z_2 = \frac{Z_1 Z_2}{Z_1 + Z_2} \qquad (5.2-18)$$

式(5.2-18)是常用的并联阻抗计算公式。

根据 KCL 可知，任意一个并联导纳 Y_j 的电流相量 $\dot{I}_j$ 与总电流 $\dot{I}$ 的关系为

$$\dot{I}_j = Y_j \times \dot{U} = \frac{Y_j}{\sum\limits_{k=1}^{n} Y_k} \dot{I} \qquad (5.2-19)$$

式(5.2-19)表明，并联导纳越大，其分得的电流也越大。

若只有两个阻抗 Z_1 与 Z_2 相并联，则根据式(5.2-19)可得这两个阻抗的电流为

$$\begin{cases} \dot{I}_1 = \dfrac{Y_1}{Y_1 + Y_2} \dot{I} \\[2mm] \dot{I}_2 = \dfrac{Y_2}{Y_1 + Y_2} \dot{I} \end{cases} \qquad (5.2-20)$$

或

$$\begin{cases} \dot{I}_1 = \dfrac{Z_2}{Z_1 + Z_2} \dot{I} \\[2mm] \dot{I}_2 = \dfrac{Z_1}{Z_1 + Z_2} \dot{I} \end{cases} \qquad (5.2-21)$$

式(5.2-21)是常用的分流公式，从该式可得“两个阻抗的电流比与阻抗比成反比”，即

$$\frac{\dot{I}_1}{\dot{I}_2} = \frac{Z_2}{Z_1} \qquad (5.2-22)$$

综上所述，只要将时域电路图转化为频域电路图，即用阻抗或导纳代替电阻或电导，则由阻抗构成的交流电路的分析方法就与直流电阻电路的基本相同。

5.2.5　滤波和移相

从系统的角度上看，双口电阻网络的功能主要是对激励信号进行分压、分流和阻抗变换，而双口阻抗网络除了这三个基本功能外，还具有"滤波"和"移相"两个功能。

滤波：根据需要从激励信号中选择或去除某些频率分量信号的一种信号处理方法。

滤波的表现是阻抗网络的输出（响应）比输入（激励）信号少了一些频率分量信号。根据选取信号频段的不同，滤波分为低通滤波（选择低频段信号）、高通滤波（选择高频段信

号)、带通滤波(选择某一频段信号)和带阻滤波(去除某一频段信号)
四种形式。

通常,把能够滤波的阻抗网络称为"滤波器",其原理基于电感和
电容的电抗(频率)特性。

聊聊"滤波"和"移相"

移相:根据需要改变激励信号起始时刻的一种信号处理方法。

移相的表现是阻抗网络的输出(响应)与输入(激励)信号的初相位不一样。根据输出与
输入的不同相位差,移相可分为前移(超前,输出领先输入)、后移(滞后,输出滞后输入)
及同相(输出与输入同相)三种形式。

通常,把能够移相的阻抗网络称为"移相器",其原理基于电感和电容的动态特性。

因为滤波器和移相器都是具有动态元件的电路,所以,一个阻抗网络同时具有滤波和
移相两个功能。或者说,滤波器也是移相器,移相器也是滤波器。它们的主要区别在于,滤
波器的输入信号包含不同频率的交流分量,人们在意的是其"选频"而不是"移相"功能;移
相器的输入为单频交流信号,人们主要关心其输出与输入的相位差或时域波形的起始
时刻。

实际应用中,主要有 RL 低通滤波器(滞后网络)、RC 高通滤波器(超前网络)、RLC 或
LC 带通滤波器(同相网络)。图 5-5 为三种常用滤波器(移相器)及其频率特性示意图。

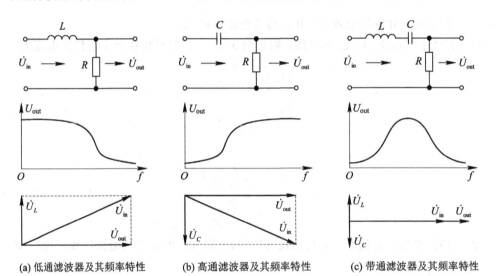

(a) 低通滤波器及其频率特性　　(b) 高通滤波器及其频率特性　　(c) 带通滤波器及其频率特性

图 5-5　常用滤波器及其频率特性

滤波器和移相器在信号处理领域,尤其是通信和控制领域非常有用。

【例 5-1】　在如图 5-6(a)所示电路中,已知 $I_2 = 10$ A,$U_S = \dfrac{10}{\sqrt{2}}$ V,求电压 $\dot{U}_S$ 及感抗
ωL,并画出相量关系图。

解　设参考相量 $\dot{I}_2 = 10\angle 0°$ A,则有

$$\dot{U}_2 = \dot{I}_2(-j) = 10\angle -90° \text{ V}$$

$$\dot{I}_1 = \frac{\dot{U}_2}{1} = 10\angle -90° \text{ A}$$

由 KCL 可得

$$\dot{I} = \dot{I}_1 + \dot{I}_2 = 10 - \mathrm{j}10 = 10\sqrt{2}\angle - 45° \ \text{A}$$

又阻抗为

$$Z = \mathrm{j}\omega L + \frac{1 \times (-\mathrm{j}1)}{1 - \mathrm{j}1} = \frac{1}{2} + \mathrm{j}\left(\omega L - \frac{1}{2}\right) \tag{1}$$

且阻抗模满足

$$|Z| = \frac{U_\mathrm{s}}{I} = \frac{10/\sqrt{2}}{10\sqrt{2}} = \frac{1}{2} \ \Omega \tag{2}$$

则在式(1)中，只有虚部为零，阻抗模才能等于 $\frac{1}{2}$。因此，可得

$$Z = \frac{1}{2} \ \Omega, \quad \omega L = \frac{1}{2}$$

这样，电压 $\dot{U}_\mathrm{s}$ 为

$$\dot{U}_\mathrm{s} = Z\dot{I} = \frac{1}{2} \times 10\sqrt{2}\angle - 45° = 5\sqrt{2}\angle - 45° \ \text{V}$$

电流和电压相量图如图 5 - 6(b)所示。可见，电压 $\dot{U}_2$ 滞后于 $\dot{U}_\mathrm{s}$。

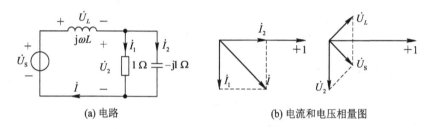

(a) 电路　　　　　　　　　　　　　(b) 电流和电压相量图

图 5 - 6　例 5 - 1 图

【例 5 - 2】　在如图 5 - 7(a)所示电路中，已知 $u(t) = 220\sqrt{2}\cos\omega t$ V，$i_1(t) = 2\sqrt{2}\cos(\omega t - 30°)$ A，$i_2(t) = 1.82\sqrt{2}\cos(\omega t - 60°)$ A，$\omega = 314$ rad/s，欲使 $u(t)$ 与 $i(t)$ 同相，求容抗 X_C。

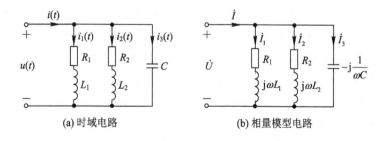

(a) 时域电路　　　　　　　　　　　(b) 相量模型电路

图 5 - 7　例 5 - 2 图

　　解　将时域电路化为相量模型，如图 5 - 7(b)所示。设 $u(t)$ 初相为零，则

$$\dot{U} = 220\angle 0° \ \text{V}$$

$$\dot{I}_1 = 2\angle - 30° \ \text{A}$$

$$\dot{I}_2 = 1.82\angle - 60° \ \text{A}$$

根据 KCL 有

$$\dot{I} = \dot{I}_1 + \dot{I}_2 + \dot{I}_3 = 2\angle -30° + 1.82\angle -60° + \frac{220}{-jX_C} = 2.642 - j\left(2.576 - \frac{220}{X_C}\right)$$

欲使 $u(t)$ 与 $i(t)$ 同相，需要 $\dot{I}$ 的虚部为零，即

$$2.576 - \frac{220}{X_C} = 0$$

解得

$$X_C = 85.4\ \Omega$$

【例 5-3】 若要图 5-8 所示电路中的 R 改变而电流 I 保持不变，L 和 C 应满足什么条件？

解 电路等效阻抗为

$$Z = \frac{1}{j\omega C} /\!/ (R + j\omega L) = \frac{R + j\omega L}{j\omega CR - \omega^2 CL + 1} = \frac{1}{j\omega C}\frac{R + j\omega L}{R + j\left(\omega L - \frac{1}{\omega C}\right)} \tag{1}$$

根据欧姆定律，有

$$I = \frac{U}{|Z|} = \left| j\omega C\frac{R + j\left(\omega L - \frac{1}{\omega C}\right)}{R + j\omega L}\right| U \tag{2}$$

显然，只要 $\left|\omega L - \dfrac{1}{\omega C}\right| = \omega L$，$I = \dfrac{U}{|Z|} = \omega C U$ 就不随 R 变化。因 $\left|\omega L - \dfrac{1}{\omega C}\right| = \omega L$ 可等效为 $\left(\omega L - \dfrac{1}{\omega C}\right)^2 = (\omega L)^2$，故可从中解出

$$LC = \frac{1}{2\omega^2}$$

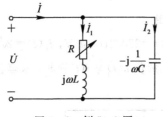

图 5-8 例 5-3 图

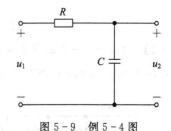

图 5-9 例 5-4 图

【例 5-4】 在如图 5-9 所示电路中，已知 $u_1(t) = 5\sqrt{2}\sin 336\,000\pi t$ V，输入阻抗的模为 $100\sqrt{5}$ Ω。试问：(1) 该网络是超前还是滞后网络？是低通还是高通滤波器？(2) 若要求 u_2 与 u_1 相位差为 $60°$，求 R 和 C 的值。

解 (1) 由已知条件得

$$|Z_{\text{in}}| = \sqrt{R^2 + \left(\frac{1}{\omega C}\right)^2} = 100\sqrt{5}$$

解得

$$(\omega CR)^2 + 1 = 50\,000(\omega C)^2 \tag{1}$$

由分压公式可得

$$\frac{\dot{U}_2}{\dot{U}_1} = \frac{\frac{1}{j\omega C}}{R + \frac{1}{j\omega C}} = \frac{1}{1 + (\omega CR)^2}(1 - j\omega CR) \tag{2}$$

显然，u_2 滞后 u_1，该网络为滞后网络。又频率越高，u_2 有效值越小，故该网络是低通滤波器。

（2）若要求 u_2 与 u_1 相位差为 60°，即需满足

$$\frac{\omega CR}{1} = \tan 60° = \sqrt{3} \tag{3}$$

将式（3）代入式（1），得

$$\omega C = 4\sqrt{5} \times 10^{-3} \tag{4}$$

由式（4）和式（3）解得

$$C = 8.5 \ \text{nF}, \quad R = 193.6 \ \Omega$$

本题说明，同样的 RC 网络，输出量的选择不同，网络特性就不同。

5.3　普通电源的等效分析

5.3.1　电源的串联和并联

只要将电源电压 U 和电源电流 I 分别用电压相量 $\dot{U}$ 和电流相量 $\dot{I}$ 代替，内阻 R_0 用内阻抗 Z_0 代替，内导 G_0 用内导纳 Y_0 代替，则前面直流电源的相关概念、分析方法及结论都可沿用到交流电源的分析中。

1. 理想电源的串、并联

理想电压源可以串联，串联后总电源的电压相量是各子电源电压相量之和。串联电压源允许各子电源的电压相量不一样。因此，在需要高电压供电的场合，可以考虑电压源串联。

设有理想电压源 $\dot{U}_1, \dot{U}_2, \cdots, \dot{U}_n$，则串联后的总电压源为

$$\dot{U} = \dot{U}_1 + \dot{U}_2 + \cdots + \dot{U}_n = \sum_{k=1}^{n} \dot{U}_k \tag{5.3-1}$$

理想电流源可以并联，并联后总电源的电流相量是各子电源电流相量之和。并联电流源允许各子电源的电流相量不一样。因此，在需要大电流输出的场合，可以考虑电流源并联。

设有理想电流源 $\dot{I}_1, \dot{I}_2, \cdots, \dot{I}_n$，则并联后的总电流源为

$$\dot{I} = \dot{I}_1 + \dot{I}_2 + \cdots + \dot{I}_n = \sum_{k=1}^{n} \dot{I}_k \tag{5.3-2}$$

2. 实际电源的串、并联

多个实际电压源可以串联，串联后总电源的电压相量是各子电源电压相量之和，总内阻抗等于各子电源内阻抗之和。

设有实际电压源 $\dot{U}_1$（内阻抗为 Z_{01}），$\dot{U}_2$（内阻抗为 Z_{02}），$\cdots$，$\dot{U}_n$（内阻抗为 Z_{0n}），则串联后电源的总电压相量和总内阻抗为

$$\begin{cases} \dot{U} = \dot{U}_1 + \dot{U}_2 + \cdots + \dot{U}_n = \sum_{k=1}^{n} \dot{U}_k \\ Z_0 = Z_{01} + Z_{02} + \cdots + Z_{0n} = \sum_{k=1}^{n} Z_{0k} \end{cases} \qquad (5.3-3)$$

多个实际电流源可以并联，并联后总电源的电流相量是各子电源电流相量之和，总内导纳等于各子电源内导纳之和。

设有实际电流源 $\dot{I}_1$（内导纳为 Y_{01}），$\dot{I}_2$（内导纳为 Y_{02}），$\cdots$，$\dot{I}_n$（内导纳为 Y_{0n}），则并联后电源的总电流相量和总内导纳为

$$\begin{cases} \dot{I} = \dot{I}_1 + \dot{I}_2 + \cdots + \dot{I}_n = \sum_{k=1}^{n} \dot{I}_k \\ Y_0 = Y_{01} + Y_{02} + \cdots + Y_{0n} = \sum_{k=1}^{n} Y_{0k} \end{cases} \qquad (5.3-4)$$

图 5-10 给出了交流电源串、并联示意图。

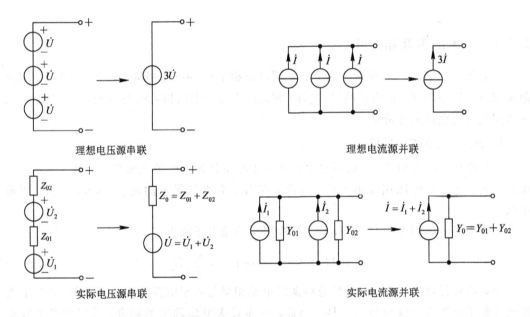

图 5-10　交流电源串、并联示意图

5.3.2　有伴电源的相互等效

有伴电压源和有伴电流源模型分别如图 5-11(a) 和 5-11(b) 所示。

为保证两种电源的等效转换，需要它们具有相同的伏安关系。

对于图 5-11(a) 所示的有伴电压源，端钮处的伏安关系为

$$\dot{U}_\circ = \dot{U}_S - Z_{01} \dot{I}_\circ \qquad (5.3-5)$$

对于图 5-11(b) 所示的有伴电流源，端钮处的伏安关系为

$$\dot{U}_\circ = Z_{02} \dot{I}_S - Z_{02} \dot{I}_\circ \qquad (5.3-6)$$

比较式(5.3-5)和式(5.3-6)，若要两式的 $\dot{U}_\circ$ 或 $\dot{I}_\circ$ 相等，则需 $\dot{U}_S = Z_{02} \dot{I}_S$ 和 $Z_{01} = Z_{02}$。

因此，有伴电源等效转换的条件如下：

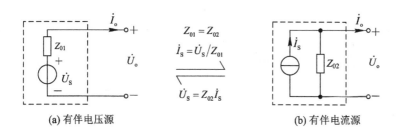

(a) 有伴电压源　　　　　　　　　　(b) 有伴电流源

图 5-11　交流有伴电源转换示意图

电压源的电压相量等于电流源的电流相量乘内阻抗或电流源的电流相量等于电压源的电压相量除以内阻抗，而两者的内阻抗相等，即

$$
\begin{cases}
\dot{U}_S = Z_0 \dot{I}_S, \quad \dot{I}_S = \dfrac{\dot{U}_S}{Z_0} \\
Z_{01} = Z_{02} = Z_0
\end{cases}
\tag{5.3-7}
$$

5.3.3　理想电源与任一元件的连接等效

对于外电路(端钮右端)而言，任一元件与理想电压源并联并不改变端钮处的电流和电压，因此，该元件的并入无意义，可以忽略。同样，任一元件与理想电流源串联也不改变端钮处的电流和电压，因此，该元件的串入无意义，可以忽略。

显然，上述两种情况中的接入元件可以去掉，它们的等效电路如图 5-12 所示。

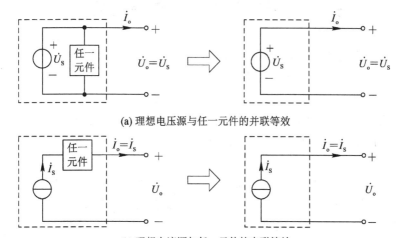

(a) 理想电压源与任一元件的并联等效

(b) 理想电流源与任一元件的串联等效

图 5-12　交流理想电源与任一元件的连接等效图

注意：不同电压的理想电压源不能并联，不同电流的理想电流源不能串联。

【例 5-5】　化简图 5-13(a)～(d)中的各二端网络。

解　因为图 5-13(a)的电压源 $\dot{U}_S$ 和阻抗 Z 均串接在电流源 $\dot{I}_S$ 中，所以可以去掉，只剩 $\dot{I}_S$。

因为图 5-13(b)的电流源 $\dot{I}_S$ 和阻抗 Z 均并接在电压源 $\dot{U}_S$ 中，所以可以去掉，只剩 $\dot{U}_S$。

图 5-13(c)中，电流源 $\dot{I}_S$ 和阻抗 Z 可先化为电压源 $\dot{U}_E = Z\dot{I}_S$ 和阻抗 Z 串接在电压源

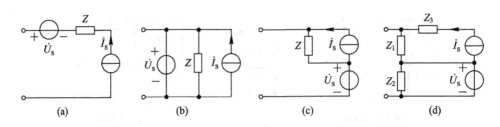

图 5-13　例 5-5 图

$\dot{U}_{\mathrm{S}}$ 中，然后合并 $\dot{U}_{\mathrm{E}}$ 和 $\dot{U}_{\mathrm{S}}$ 为 $\dot{U}_{\mathrm{ES}}=\dot{U}_{\mathrm{E}}+\dot{U}_{\mathrm{S}}$。

图 5-13(d) 去掉 Z_2 和 Z_3，就变为图 5-13(c) 的形式了，即由 $\dot{U}_{\mathrm{ES}}=\dot{U}_{\mathrm{E}}+\dot{U}_{\mathrm{S}}$ 和 Z_1 串联而成。

因此，简化图如图 5-14(a)~(d) 所示。

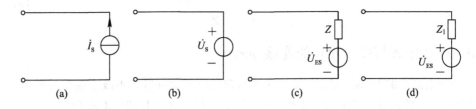

图 5-14　例 5-5 答案图

5.4　受控电源电路的等效分析

与第 2 章相关概念类似，对含有受控源的电路通常可按下列步骤进行等效分析：

第一步：将受控源当作独立源看待，列写其相量伏安表达式。

第二步：补充列写一个受控源的受控关系的相量表达式。

第三步：联立求解上述两个方程式，得到最简单的端钮相量伏安关系表达式。

第四步：依据第三步的伏安关系表达式画出二端网络（受控源）的最简等效相量电路图。

对含有受控源的电路进行分析，一定要理解受控源的输出（电压或电流）是电路中另外一个参数的函数（或者说被另一个参数所控制），分析过程中，只要保证不丢掉或改变这个控制参数，受控源就可按照独立电源进行处理。

【例 5-6】　在图 5-15(a) 所示电路中，已知 $Z_1=10+\mathrm{j}50\ \Omega$，$Z_2=400+\mathrm{j}1000\ \Omega$。若要 $\dot{I}_2$ 与 $\dot{U}_{\mathrm{S}}$ 正交（相位差为 90°），则 β 应为多大？若将受控源换为电容 C，如图 5-15(b) 所示，同样要求 $\dot{I}_2$ 与 $\dot{U}_{\mathrm{S}}$ 正交，则 ωC 为多少？

　　解　由 KCL 可得

$$\dot{I}_1=\dot{I}_2+\beta\dot{I}_2=(1+\beta)\dot{I}_2$$

由 KVL 可得

$$\dot{U}_{\mathrm{S}}=Z_1\dot{I}_1+Z_2\dot{I}_2=Z_1(1+\beta)\dot{I}_2+Z_2\dot{I}_2=[10+10\beta+400+\mathrm{j}(50+50\beta+1000)]\dot{I}_2$$

(1)

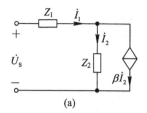
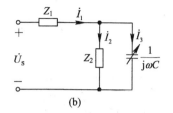

图 5 - 15　例 5 - 6 图

显然，若要 $\dot{I}_2$ 与 $\dot{U}_S$ 正交，则需式(1)中的实部为零，即有

$$10 + 10\beta + 400 = 0$$

解得

$$\beta = -41$$

将受控源换为电容后，由欧姆定律可得

$$\dot{I}_3 = \frac{Z_2 \dot{I}_2}{\dfrac{1}{\mathrm{j}\omega C}} = \mathrm{j}\omega C Z_2 \dot{I}_2 = (-1000\omega C + \mathrm{j}400\omega C)\dot{I}_2$$

由 KCL 得

$$\dot{I}_1 = \dot{I}_2 + \dot{I}_3 = (1 - 1000\omega C + \mathrm{j}400\omega C)\dot{I}_2$$

由 KVL 得

$$\dot{U}_S = Z_1 \dot{I}_1 + Z_2 \dot{I}_2 = [(1 - 1000\omega C + \mathrm{j}400\omega C)(10 + \mathrm{j}50) + 400 + \mathrm{j}1000]\dot{I}_2$$
$$= [410 - 30\,000\omega C + \mathrm{j}(1050 - 46\,000\omega C)]\dot{I}_2 \tag{2}$$

若要 $\dot{I}_2$ 与 $\dot{U}_S$ 正交，则需式(2)中的实部为零，即有

$$410 - 30\,000\omega C = 0$$

解得

$$\omega C = \frac{410}{30\,000} \approx 1.37 \times 10^{-2} \text{ S}$$

本题主要应用了 KCL、KVL 和相量正交概念。不难发现，受控源的引入可以改变电路性质。

5.5　线　性　定　理

交流电路的相量模型也满足叠加定理和齐次定理。

叠加定理： 在有两个或两个以上电源作用的线性交流电路中，任一支路上的电流相量或任意两点间电压相量都等于各电源相量单独作用而其他电源相量为零(电压源短路，电流源开路)时，在该支路产生的各电流相量或在该两点间产生的各电压相量的代数和。

齐次定理： 在只有一个电源作用的线性交流电路中，任一支路上的电流相量或任意两点间的电压相量都与该电源相量的变化成正比。

将二者结合起来考虑，则有：

线性定理： 在线性交流电路中，若所有电源相量同时扩大或缩小 k 倍，则电路中任一支路的电流相量或任意两点间的电压相量也扩大或缩小 k 倍。

5.6 替代定理

替代定理：在一个交流电路中，一个已知的电压相量可以用一个大小和方向相同的理想电压源的相量模型替代；一个已知的电流相量可以用一个大小和方向相同的理想电流源的相量模型替代。替代之后，电路中其他支路的电压相量和电流相量均不变。

在图 5-16(a) 所示的电路中，设 $\dot{U}_{ab}$ 或 $\dot{I}$ 已知。为计算 A 电路中的未知量，B 电路可用一个恒压源 $\dot{U}_{ab}$ 代替，如图 5-16(b) 所示，也可用一个恒流源 $\dot{I}$ 代替，如图 5-16(c) 所示。

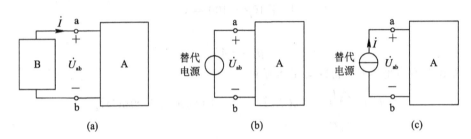

(a)   (b)   (c)

图 5-16 交流电路替代定理示意图

特别地，若 U_{ab} 或 I 为零，则从图 5-16(b) 和 (c) 中可得如下结论：

零电压的节点可以用短路线连接，零电流的支路可以用开路线代替。

替代定理对线性电路和非线性电路都成立。

5.7 戴维南定理和诺顿定理

戴维南定理：任何一个含有独立电源的二端网络(电路)都可以简化为一个由恒压源 $\dot{U}_{OC}$ 和内阻抗 Z_0 串联而成的电压源，其中 $\dot{U}_{OC}$ 是网络中各独立电源单独作用下的端口开路电压相量的代数和，Z_0 是网络内部所有电源为零时从端口看进去的等效阻抗。

诺顿定理：任何一个含有独立电源的二端网络(电路)都可以简化为一个由恒流源 $\dot{I}_{SC}$ 和内导纳 Y_0 并联而成的电流源，其中 $\dot{I}_{SC}$ 是网络中各独立电源单独作用下的端口短路电流相量的代数和，Y_0 是网络内部所有电源为零时从端口看进去的等效导纳。

这里，所谓电源为零指"电压源短路"和"电流源开路"。

戴维南定理和诺顿定理的等效原理见图 5-17。

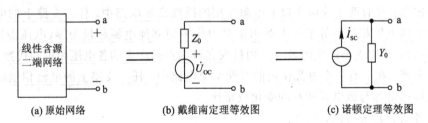

(a) 原始网络   (b) 戴维南定理等效图   (c) 诺顿定理等效图

图 5-17 戴维南定理及诺顿定理示意图

当然，根据有伴电源互换原理，戴维南定理与诺顿定理也可相互转换，即有

$$\begin{cases} \dot{I}_{SC} = \dfrac{\dot{U}_{OC}}{Z_0} = Y_0 \dot{U}_{OC} \\[2mm] Z_0 = \dfrac{1}{Y_0} \end{cases} \qquad (5.7-1)$$

实际应用中，究竟采用戴维南定理还是诺顿定理，主要由二端网络的开路电压和短路电流计算的难易程度决定。

【例 5-7】　在如图 5-18(a)所示电路中，$u_S = 100\cos 20\,000t$ V，$i_S = 2\sin 20\,000t$ A。
(1) 求电路中负载得到的功率。(2) 负载获得最大功率需要满足什么条件? 求出元件参数及负载可得到的最大功率。

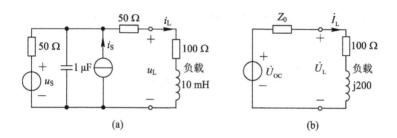

图 5-18　例 5-7 图

解　设电流源的初相为零，则电压源和电流源的有效值相量分别为

$$\dot{U}_S = 50\sqrt{2}\angle 90° = \text{j}50\sqrt{2}\ \text{V}$$

$$\dot{I}_S = \sqrt{2}\angle 0°\ \text{A}$$

(1) 由叠加定理得负载端开路电压为

$$\dot{U}_{OC} = \frac{-\text{j}50}{50-\text{j}50}\text{j}50\sqrt{2} + \frac{-\text{j}50\times 50}{50-\text{j}50}\sqrt{2} = 50\sqrt{2}\ \text{V}$$

等效内阻抗为

$$Z_0 = 50 + \frac{-\text{j}50\times 50}{50-\text{j}50} = 75 - \text{j}25\ \Omega$$

这样可得戴维南等效电路如图 5-18(b)所示，则负载电流为

$$\dot{I}_L = \frac{50\sqrt{2}}{75-\text{j}25+100+\text{j}200} = \frac{\sqrt{2}}{7}(1-\text{j}) = \frac{\sqrt{2}}{7}\angle 45°\ \text{A}$$

负载得到的功率为

$$P = 100I^2 = 100\left(\frac{2}{7}\right)^2 = \frac{400}{49} \approx 8.16\ \text{W}$$

(2) 当共轭匹配时，即当 $Z_L = Z_0^* = 75 + \text{j}25\ \Omega$ 时，负载得到最大功率

$$P_{L\max} = \frac{\dot{U}_{OC}^2}{4R_0} = \frac{(50\sqrt{2})^2}{4\times 75} = \frac{50}{3} \approx 16.7\ \text{W}$$

本题主要应用了叠加定理、戴维南定理和最大功率传输的概念。

5.8　基本定律分析法

基本定律分析法主要指以 KCL 和 KVL 为基础的节点电压法和网孔电流法。只要将直流电压、电流用相量电压、电流替代，电阻、电导用阻抗、导纳替代，直流电源用相量电源替代，则第 3 章的直流电路分析法相关内容就能很容易地移植到交流电路上来。

（1）利用节点电压法分析交流电路的一般步骤如下：

第一步：将时域电路化为相量域电路模型。

第二步：选取参考节点，并给其他独立节点编号。

第三步：按

自导纳×本节点相量电压－$\sum$（互导纳×相邻节点相量电压）＝流入本节点所有相量电流源的代数和

的形式列写各独立节点的相量电压方程。

第四步：求解各节点相量电压方程，得到各节点相量电压。

第五步：根据各节点相量电压，再求其他电路变量，如支路相量电流、相量电压、元件参数和功率等。

（2）利用网孔电流法分析交流电路的一般步骤如下：

第一步：将时域电路化为相量域电路模型。

第二步：确定电路中网孔数，并设定各网孔相量电流的符号及方向。通常网孔相量电流统一取顺时针或逆时针方向。

第三步：按

自阻抗×本网孔相量电流－$\sum$（互阻抗×相邻网孔相量电流）＝本网孔所有相量电压源的代数和

的形式列写各网孔的相量电流方程。

第四步：求解各网孔相量电流方程，得到各网孔相量电流。

第五步：根据各网孔相量电流，再求其他电路变量，如支路相量电流、相量电压、元件参数和功率等。

【例 5－8】　在如图 5－19(a)所示电路中，已知 $u_1=20\cos4000t$ V，$u_2=50\sin4000t$ V，求电压 u_{ab}。

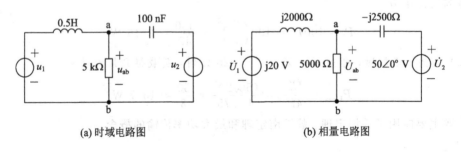

(a) 时域电路图　　　　　　　　(b) 相量电路图

图 5－19　例 5－8 图

解 画出幅值相量模型如图 5 - 19(b)所示。选 b 点为参考点，设 u_2 的初相为零，则节点电压方程为

$$\left(\frac{1}{5000} - j\frac{1}{2000} + j\frac{1}{2500}\right)\dot{U}_{ab} = \frac{j20}{j2000} + \frac{50}{-j2500}$$

整理得

$$(1 - j2.5 + j2)\dot{U}_{ab} = 50 + j100$$

解得

$$\dot{U}_{ab} = j100 \text{ V}$$

化为时域表达式得

$$u_{ab} = 100\sin(4000t + 90°) \text{ V} = 100\cos 4000t \text{ V}$$

注意：(1) 本题全部采用幅值计算。(2) 余弦式与正弦式相位差为 90°。

【例 5 - 9】 在如图 5 - 20(a)所示电路中，已知 $u_S = 6\sin 3000t$ V，试用网孔电流法求 i。

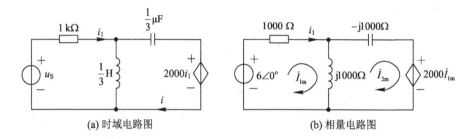

(a) 时域电路图   (b) 相量电路图

图 5 - 20 例 5 - 9 图

解 画出幅值相量图如图 5 - 20(b)所示，标出网孔电流，列出方程

$$\begin{cases} (1000 + j1000)\dot{I}_{1m} - j1000\dot{I}_{2m} = 6 \\ -j1000\dot{I}_{1m} + (j1000 - j1000)\dot{I}_{2m} = -2000\dot{I}_{1m} \end{cases}$$

解得

$$\dot{I}_{1m} = 0, \quad \dot{I}_{2m} = j\frac{6}{1000} = 6\angle 90° \text{ mA} = \dot{I}_m$$

则有

$$i = 6\sin(3000t + 90°) \text{ A} = 6\cos 3000t \text{ A}$$

5.9 综 合 练 习

【练习题 5 - 1】 图 5 - 21(a)所示正弦电路中，$L = 1$ mH，$R = 1$ kΩ。求：(1) $\dot{I}_0 = 0$ 时，C 为多少？(2) 在满足(1)条件下，等效阻抗 Z_{in} 为多少？

解 将图 5 - 21(a)变换为图 5 - 21(b)，可见该电路为一个电桥。

(1) $\dot{I}_0 = 0$ 时，电桥平衡，则根据平衡条件 $j\omega L \dfrac{1}{j\omega C} = R^2$，可以解出

$$C = \frac{L}{R^2} = \frac{1 \times 10^{-3}}{(10^3)^2} = 10^{-9} \text{ F} = 10^3 \text{ pF}$$

(2) 电桥平衡时，桥支路可以开路，也可以短路。若开路，则等效阻抗 Z_{in} 为

$$Z_{in} = \frac{\left(R + \frac{1}{j\omega C}\right)(R + j\omega L)}{\left(R + \frac{1}{j\omega C}\right) + (R + j\omega L)} = \frac{2R^2 + jR\left(\omega L - \frac{1}{\omega C}\right)}{2R + j\left(\omega L - \frac{1}{\omega C}\right)} = R$$

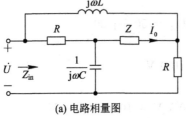 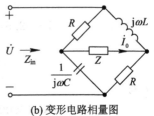

             (a) 电路相量图   (b) 变形电路相量图

图 5-21 练习题 5-1 图

此题考查的知识点是电桥和阻抗串、并联。

【**练习题 5-2**】 图 5-22 所示正弦电路中，$R_1 = R_2 = 10\ \Omega$，$L = 0.25\ H$，$C = 10^{-3}\ F$，电压表的读数为 20 V，功率表的读数为 120 W，求 $\dfrac{\dot{U}_2}{\dot{U}_S}$ 及电压源的复功率。

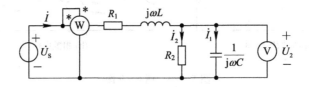

图 5-22 练习题 5-2 图

    解   设 $\dot{U}_2 = 20\angle 0°\ V$，则电流 $\dot{I}_1$、$\dot{I}_2$ 和 $\dot{I}$ 分别为

$$\dot{I}_1 = j\omega C\dot{U}_2 = j0.02\omega\ A$$

$$\dot{I}_2 = \frac{\dot{U}_2}{R_2} = \frac{20\angle 0°}{10} = 2\angle 0°\ A$$

$$\dot{I} = \dot{I}_1 + \dot{I}_2 = 2 + j0.02\omega\ A$$

电路的有功功率为 R_1 和 R_2 消耗功率之和，即 $P = R_1 I^2 + R_2 I_2^2$，代入数值有

$$120 = 10 \times (2^2 + 0.02^2\omega^2) + 10 \times 2^2$$

从中可解得

$$\omega = 100\ rad/s$$

则

$$\dot{I}_1 = j\omega C\dot{U}_2 = j0.02\omega = j2\ A$$

$$\dot{I} = \dot{I}_1 + \dot{I}_2 = 2 + j0.02\omega = 2 + j2\ A$$

    由 KVL 可得电源电压为

$$\dot{U}_S = (R_1 + j\omega L)\dot{I} + \dot{U}_2 = -10 + j70 = 70.7\angle 98.13°\ V$$

这样，就有

$$\frac{\dot{U}_2}{\dot{U}_S} = \frac{20\angle 0°}{70.7\angle 98.13°} = 0.283\angle -98.13°$$

电压源 $\dot{U}_S$ 的复功率为

$$\overline{S} = \dot{U}_S \dot{I}^* = 70.7\angle 98.13° \times (2-j2) = 70.7\angle 98.13° \times 2\sqrt{2}\angle -45°$$
$$= 200\angle 53.13° = 120 + j160 \text{ V·A}$$

把复功率化为代数形式的目的是展现其由有功功率和无功功率构成的物理实质。

此题考查的知识点主要是电表的用法和交流电路的功率概念。电压、电流表的示数均为有效值，功率表给出的是有功功率。电压表和功率表在计算时均可去掉。

【练习题 5 - 3】　图 5 - 23(a)所示正弦电路中，若 a、b 两端的戴维南等效阻抗 $Z_0 = -j2\ \Omega$，则图中压控电流源的控制系数 g 为多大？

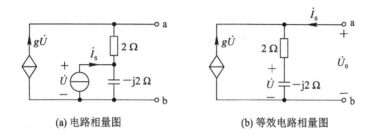

(a) 电路相量图　　　　　　　(b) 等效电路相量图

图 5 - 23　练习题 5 - 3 图

解　令图 5 - 23(a)中的独立电流源 $\dot{I}_S$ 为零，即将电流源开路，并在 a、b 两端外加电压 $\dot{U}_0$，得等效图如图 5 - 23(b)所示，则由 KCL 和分压公式得

$$\dot{I}_0 = \frac{\dot{U}_0}{2-j2} - g\dot{U}, \qquad \dot{U} = \frac{-j2}{2-j2}\dot{U}_0$$

解得

$$\dot{I}_0 = \frac{1+j2g}{2-j2}\dot{U}_0$$

故戴维南等效阻抗为

$$Z_0 = \frac{\dot{U}_0}{\dot{I}_0} = \frac{2-j2}{1+j2g}\ \Omega$$

若需 $Z_0 = -j2\ \Omega$，则有 $\dfrac{2-j2}{1+j2g} = -j2$ ，解得 $g = 0.5$ S。

此题考查的知识点是戴维南等效阻抗的外加电压求解法和受控源分析法。

【练习题 5 - 4】　图 5 - 24 所示正弦电路中，已知 $I_s = 10$ A，$\omega = 5000$ rad/s，$R_1 = R_2 = 10\ \Omega$，$C = 10\ \mu\text{F}$，$\beta = 0.5$，试用节点电压法求解各支路电流。

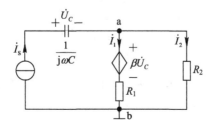

图 5 - 24　练习题 5 - 4 图

解 选择 b 点为参考点，设 $\dot{I}_S = 10\angle 0°$ A。显然，列写节点 a 电压方程时可忽略电容。但因为受控源被该电容的电压控制，所以，还必须列写一个与电容电压有关的方程，即有

$$\begin{cases} \left(\dfrac{1}{R_1} + \dfrac{1}{R_2}\right)\dot{U}_a = \dot{I}_s + \dfrac{\beta \dot{U}_C}{R_1} \\ \dot{U}_C = \dfrac{1}{j\omega C}\dot{I}_s \end{cases}$$

代入已知量可得

$$\frac{1}{5}\dot{U}_a = 10\angle 0° + \frac{0.5}{10} \times \frac{10\angle 0°}{j5000 \times 10^{-5}}$$

解得

$$\dot{U}_a = 50\sqrt{2}\angle 45° \text{ V}$$

则各支路电流为

$$\dot{I}_2 = \frac{\dot{U}_a}{R_2} = \frac{50\sqrt{2}\angle 45°}{10} = 5\sqrt{2}\angle 45° \text{ A}$$

$$\dot{I}_1 = \dot{I}_s - \dot{I}_2 = 5\sqrt{2}\angle -45° \text{ A}$$

此题考查的知识点是节点电压法、电源等效及受控源分析法。

【练习题 5-5】 在图 5-25 所示正弦电路中，已知 $R_1 = 100$ Ω，$R_2 = 200$ Ω，$L_1 = 1$ H，$\dot{I}_2 = 0$ A，$\omega = 100$ rad/s，$\dot{U}_S = 100\sqrt{2}\angle 0°$ V，试求其他各支路电流。

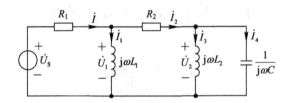

图 5-25 练习题 5-5 图

解 由题意知

$$\dot{I}_1 = \dot{I}, \quad \dot{I}_3 = -\dot{I}_4$$

$$\dot{I} = \frac{\dot{U}_S}{R_1 + j\omega L_1} = \frac{100\sqrt{2}\angle 0°}{100 + j100} = 1\angle -45° \text{ A}$$

$$\dot{U}_1 = j\omega L_1 \dot{I}_1 = j100 \times 1\angle -45° = 100\angle 45° \text{ V}$$

因为 $\dot{I}_2 = 0$ A，所以，$\dot{U}_2 = \dot{U}_1 = 100\angle 45°$ V，则

$$\dot{I}_3 = \frac{\dot{U}_2}{j\omega L_2} = \frac{100\angle 45°}{j100} = 1\angle -45° \text{ A}$$

$$\dot{I}_4 = -\dot{I}_3 = 1\angle(180° - 45°) = 1\angle 135° \text{ A}$$

求解此题的关键是要理解 L_2 与 C 发生并联谐振才会使得 $\dot{I}_2 = 0$ A。

【练习题 5-6】 列写图 5-26(a)所示电路的回路电流方程和节点电压方程。已知 $u_s = 10\sqrt{2}\sin 2t$ V，$i_s = \sqrt{2}\sin(2t + 30°)$ A。

解 将原时域电路转化为相量电路如图 5-26(b)所示。选取 d 点为参考点，设置回路

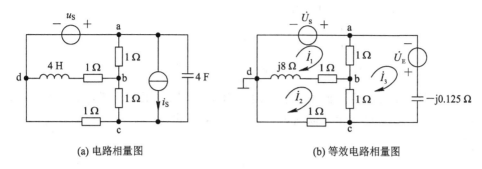

(a) 电路相量图　　　　　　　　(b) 等效电路相量图

图 5-26　练习题 5-6 图

（网孔）电流方向。由题意可得

$$\dot{U}_S = 10\angle 0° \text{ V}$$

$$\dot{I}_S = 1\angle 30° \text{ A}$$

$$\omega L = 8 \text{ Ω}$$

$$\frac{1}{\omega C} = 0.125 \text{ Ω}$$

因为恒流源的存在不利于列写回路电流方程，所以将恒流源与容抗一起等效为电压源

$$\dot{U}_E = -j\frac{1}{\omega C}\dot{I}_S = -j0.125 \times 1\angle 30° = 0.125\angle -60° \text{ V}$$

注意：在列写节点电压方程时，电流源 $\dot{I}_S$ 可不等效为电压源。

节点电压方程为

$$\begin{cases} \dot{U}_a = \dot{U}_S \\ -\dot{U}_a + \left(2 + \dfrac{1}{1+j8}\right)\dot{U}_b - \dot{U}_c = 0 \\ -j8\dot{U}_a - \dot{U}_b + (2+j8)\dot{U}_c = \dot{I}_S \end{cases}$$

回路电流方程为

$$\begin{cases} (2+j8)\dot{I}_1 - (1+j8)\dot{I}_2 - \dot{I}_3 = \dot{U}_S \\ -(1+j8)\dot{I}_1 + (3+j8)\dot{I}_2 - \dot{I}_3 = 0 \\ -\dot{I}_1 - \dot{I}_2 - (2-j0.125)\dot{I}_3 = \dot{U}_E \end{cases}$$

此题考查的知识点是如何利用节点电压法处理理想电压源和如何利用回路电流法处理有伴电流源。

【练习题 5-7】　求图 5-27(a) 和 (b) 所示电路的谐振频率。

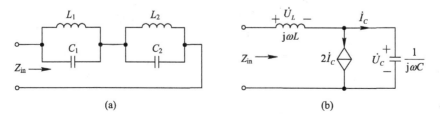

(a)　　　　　　　　　　　(b)

图 5-27　练习题 5-7 图

解 图 5-27(a)所示电路的输入阻抗为

$$Z_{\text{in}} = \frac{\text{j}\omega L_1 \cdot \dfrac{1}{\text{j}\omega C_1}}{\text{j}\omega L_1 + \dfrac{1}{\text{j}\omega C_1}} + \frac{\text{j}\omega L_2 \cdot \dfrac{1}{\text{j}\omega C_2}}{\text{j}\omega L_2 + \dfrac{1}{\text{j}\omega C_2}} = \frac{\text{j}\omega L_1}{1 - \omega^2 L_1 C_1} + \frac{\text{j}\omega L_2}{1 - \omega^2 L_2 C_2} \tag{1}$$

一个 LC 网络是否发生谐振可从输入阻抗判断，若输入阻抗为零，则发生串联谐振；若输入阻抗为无穷大，则发生并联谐振。据此可知，当式(1)为零时，电路发生串联谐振，此时可解出

$$\omega = \sqrt{\frac{L_1 + L_2}{L_1 L_2 (C_1 + C_2)}}$$

当式(1)为无穷大，即 $1 - \omega^2 L_1 C_1 = 0$ 或 $1 - \omega^2 L_2 C_2 = 0$ 时，电路发生并联谐振，此时可解出

$$\omega = \frac{1}{\sqrt{L_1 C_1}} \quad \text{或} \quad \omega = \frac{1}{\sqrt{L_2 C_2}}$$

图 5-27(b)所示电路的输入阻抗为

$$Z_{\text{in}} = \frac{\dot{U}_L + \dot{U}_C}{2\dot{I}_C + \dot{I}_C} = \frac{\text{j}\omega L \cdot 3\dot{I}_C + \dfrac{1}{\text{j}\omega C}\dot{I}_C}{3\dot{I}_C} = \text{j}\omega L + \frac{1}{\text{j}3\omega C} = \text{j}\left(\omega L - \frac{1}{3\omega C}\right) \tag{2}$$

显然，式(2)不能为无穷大，只有当 $\omega L - \dfrac{1}{3\omega C} = 0$，即 $\omega = \dfrac{1}{\sqrt{3LC}}$ 时，电路发生串联谐振。

此题考查的主要知识点是串、并联谐振电路的阻抗特性。

【练习题 5-8】 在图 5-28(a)所示电路中，已知 $R_1 = 1\ \Omega$，$R_2 = 2\ \Omega$，$L = 0.4\ \text{mH}$，$C = 10^3\ \mu\text{F}$，$\omega = 1000\ \text{rad/s}$，$\dot{U}_s = 10\angle -45°\ \text{V}$，求 Z_L 为多少时能获得最大功率。

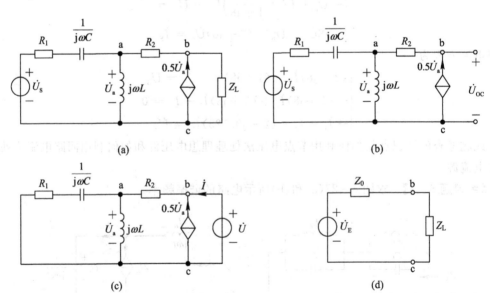

图 5-28 练习题 5-8 图

解 用戴维南定理将 Z_L 左端的电路等效为电压源。断开 Z_L 的电路如图 5-28(b)所示。

(1) 求开路电压 $\dot{U}_{OC}$。列写节点电压方程

$$\begin{cases} \left(\dfrac{1}{1-j} + \dfrac{1}{j0.4} + \dfrac{1}{2}\right)\dot{U}_a - \dfrac{1}{2}\dot{U}_{OC} = \dfrac{10\angle -45°}{1-j} \\ -\dfrac{1}{2}\dot{U}_a + \dfrac{1}{2}\dot{U}_{OC} = 0.5\dot{U}_a \end{cases} \tag{1}$$

解得

$$\dot{U}_a = j5\sqrt{2} \text{ V}$$

$$\dot{U}_{OC} = j5\sqrt{2} \text{ V}$$

注意：在列写 a 点电压方程时，受控电流源可忽略，因为 b 点电压是 $\dot{U}_{OC}$。但在列写 b 点电压方程时，受控电流源就必须考虑。

(2) 求内阻 Z_0。因电路中有受控源，故可采用外加电源法求解，即假设给 b、c 两端施加电压源 $\dot{U}$，就会产生电流 $\dot{I}$，则从 b、c 两端看进去的等效阻抗就是 $Z_0 = \dfrac{\dot{U}}{\dot{I}}$。

对于图 5-28(c)，列写节点电压方程

$$\left(\dfrac{1}{1-j} + \dfrac{1}{j0.4} + \dfrac{1}{2}\right)\dot{U}_a - \dfrac{1}{2}\dot{U} = 0 \tag{2}$$

解得

$$\dot{U}_a = (0.1 + j0.2)\dot{U} \tag{3}$$

由 KCL 和式(3)可得

$$\dot{I} = \dfrac{\dot{U} - \dot{U}_a}{2} - 0.5\dot{U}_a = (0.4 - j0.2)\dot{U} \tag{4}$$

由式(4)可得

$$Z_0 = \dfrac{\dot{U}}{\dot{I}} = 2 + j1 \text{ Ω}$$

这样，可得戴维南等效电路如图 5-28(d)所示。

根据最大功率传输定理可知当 $Z_L = Z_0^* = 2 - j1$ Ω 时，Z_L 获得最大功率

$$P_{Lmax} = \dfrac{\dot{U}_{OC}^2}{4R_0} = \dfrac{(5\sqrt{2})^2}{4 \times 2} = 6.25 \text{ W}$$

此题考查的知识点主要是含受控源电路的戴维南等效电路及最大功率传输问题。

【**练习题 5-9**】 在图 5-29(a)所示电路中，已知 Z_1 消耗的功率为 80 W，功率因数为 0.8(感性)，Z_2 消耗的功率为 30 W，功率因数为 0.6(容性)，求电路总阻抗的功率因数。

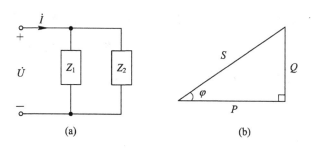

(a) 　　　　　　　　(b)

图 5-29　练习题 5-9 图

解 本题可利用如图 5-29(b)所示的功率三角形计算。由公式 $P = S\cos\varphi$ 可得

$$S_1 = \frac{P_1}{\cos\varphi_1} = \frac{80}{0.8} = 100 \text{ V} \cdot \text{A}$$

则有

$$Q_1 = \sqrt{S_1^2 - P_1^2} = \sqrt{100^2 - 80^2} = 60 \text{ var}$$

同理可得

$$S_2 = \frac{P_2}{\cos\varphi_2} = \frac{30}{0.6} = 50 \text{ V} \cdot \text{A}$$

$$Q_2 = -\sqrt{S_2^2 - P_2^2} = -\sqrt{50^2 - 30^2} = -40 \text{ var}$$

故电路总有功功率和总无功功率分别为

$$P = P_1 + P_2 = 100 + 30 = 110 \text{ W}$$

$$Q = Q_1 + Q_2 = 60 - 40 = 20 \text{ var}$$

从而电路总视在功率为

$$S = \sqrt{P^2 + Q^2} = \sqrt{110^2 + 20^2} = 111.8 \text{ V} \cdot \text{A}$$

总功率因数为

$$\lambda = \cos\varphi = \frac{P}{S} = \frac{110}{\sqrt{110^2 + 20^2}} = 0.98$$

因为 $Q > 0$，所以总功率因数 λ 为感性。功率因数的性质体现在无功功率的正负极性上。

【练习题 5-10】 在图 5-30(a)所示电路中，已知 $R = 10 \ \Omega$，$L = 0.01 \text{ H}$，$n = 5$，$u_S = 20\sqrt{2}\sin 1000t$ V，求电容 C 为多大时电流 i 的有效值最大，并求此时的电压 u_2。

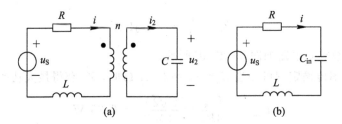

图 5-30 练习题 5-10 图

解 根据理想变压器阻抗变换特性，即式(4.12-3)可得等效图如图 5-30(b)所示，且

$$Z_{in} = R_{in} + j(X_{Lin} - X_{Cin}) = n^2 Z_L = 5^2 \frac{1}{j\omega C} = -j25 X_C \rightarrow X_{Cin} = 25 X_C$$

显然，在图 5-30(b)中，当 $X_L = X_{Cin} = 25 X_C$ 时，电路发生串联谐振，电流 I 最大，即有

$$1000L = 25 \frac{1}{1000C}$$

解得

$$C = 25 \times 10^{-4} \text{ F} = 2500 \ \mu\text{F}$$

又初、次级电流分别为

$$i = \frac{u_S}{R} = 2\sqrt{2}\sin 1000t \text{ A}$$

$$i_2 = ni = 10\sqrt{2}\sin 1000t \text{ A}$$

则

$$u_2 = -j\frac{1}{\omega C}i_2 = \frac{1}{1000 \times 0.0025}10\sqrt{2}\sin(1000t - 90°) = 4\sqrt{2}\sin(1000t - 90°) \text{ V}$$

此题考查的知识点主要是理想变压器的特性和谐振概念。

【练习题 5-11】　在图 5-31(a)所示电路中，已知 $L_1 = L_2 = L$，互感 M 和电源频率 ω。若要求 Z_L 改变时 $\dot{I}_L$ 保持不变，讨论阻抗 Z 应取什么性质的元件并计算其参数。

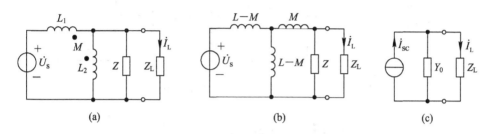

图 5-31　练习题 5-11 图

解　先根据图 4-37 消去互感，得等效图如图 5-31(b)所示。然后利用诺顿定理化简得图 5-31(c)。显然，若等效导纳 $Y_0 = 0$，即 Y_0 支路开路，则 $\dot{I}_L$ 就等于恒流源的电流 $\dot{I}_{SC}$ 且与 Z_L 无关。

等效导纳为

$$Y_0 = \frac{1}{j\omega\dfrac{L-M}{2} + j\omega M} + \frac{1}{Z} = \frac{1}{j\omega\dfrac{L+M}{2}} + \frac{1}{Z} \tag{1}$$

令 $Y_0 = 0$，即有 $\dfrac{1}{j\omega\dfrac{L+M}{2}} + \dfrac{1}{Z} = 0$，可以解出

$$Z = -j\omega\frac{L+M}{2} \tag{2}$$

也就是说，当 Z 为容抗时，$Y_0 = 0$，电流 $\dot{I}_L$ 就与 Z_L 无关。

设 $Z = -j\dfrac{1}{\omega C}$，代入式(2)，得

$$\frac{1}{\omega C} = \omega\frac{L+M}{2} \rightarrow C = \frac{2}{\omega^2(L+M)} \text{ F}$$

因为 $\dot{I}_{SC}$ 的具体数值与结果无关，所以不用求出 $\dot{I}_{SC}$。

此题考查的主要知识点：一是互感去耦，二是诺顿定理，三是恒流源回路电流大小与负载无关。

通过上述练习题可知，在用相量法分析交流电路时，需要格外注意以下两点：

（1）在电压相量或电流相量叠加时，也就是应用 KVL 和 KCL 时，会出现两个相量之和小于分电压或分电流相量，甚至为零的情况，这是因为"相量"的叠加类似于"向量"，其"和"与两个叠加相量的相位角有关！

（2）正弦稳态电路的功率问题比直流电路复杂。除了电阻吸收或消耗的有功功率外，还要深刻理解储能元件（电感和电容）所吸收的无功功率以及将有功功率与无功功率联系起

来的视在功率概念及其计算方法。

5.10 结　语

综上所述，本章的主要内容可以用图 5-32 概括。

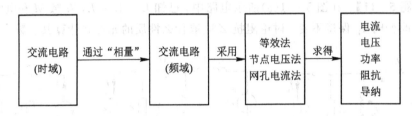

交流电路(时域) ——通过"相量"——> 交流电路(频域) ——采用——> 等效法 节点电压法 网孔电流法 ——求得——> 电流 电压 功率 阻抗 导纳

图 5-32　第 5 章主要内容示意图

5.11　小知识——触电

我们常说的"触电"是指人体某一部分接触了电线(电极)而导致电流通过人体的现象。有资料表明，2 mA 以下的电流通过人体，仅产生麻感，对人体影响不大；8～12 mA 电流通过人体，肌肉自动收缩，身体可自动脱离电源，除感到"被打了一下"外，对身体损害不大；超过 20 mA 的电流可导致接触部位皮肤灼伤，皮下组织也会因此而碳化；25 mA 以上的电流即可引起心室起颤、血液循环停顿及死亡。根据国际电工委员会 IEC 的标准，人体可接受的安全电流是 10 mA。

安全电压值的等级有 42 V、36 V、24 V、12 V、6 V 五种。当电压超过 24 V 时，就必须采取防止直接接触带电体的保护措施。安全电压指对人体不造成任何损害的电压值。

"触电"原理是人身体的某一部分碰触到了裸露的电线(电源正极)，电流在电压的作用下通过人体进入大地再回到电源负极，相当于电源利用人体和大地构成了回路，如图 5-33 所示。因此，若只是碰触到了电极，但没有构成回路，就没有电流通过身体使人受到伤害。这就是要求人们在脚下垫上木制品(使人体与大地绝缘)，再进行换灯泡、装灯具、接插座等操作的原因。

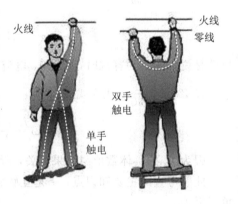

火线

火线
零线

双手
触电

单手
触电

图 5-33　人体触电示意图

一旦遇到触电事故，要做到以下几点：

(1) 使触电者迅速脱离电源，设法迅速切断电源，如拉开开关或刀闸、拔下电源插头。

(2) 施救者不可直接用手或身体其他部位碰触触电者，可用绝缘物体，比如木制品、绳索等将触电者与电线或电极分离，也可抓住触电者干燥而不贴身的衣服将其拖开。

(3) 触电者脱离电源后，要让其平躺，不可摇动头部。

(4) 若触电者没有呼吸或心跳，则须进行口对口或口对鼻的人工呼吸及胸外按压。胸外按压与人工呼吸应同时进行，其节奏为每按压 15 次后吹气 2 次，反复进行。

本 章 习 题

5-1　理论上，两个工作电压都是 110 V，且功率相同的灯泡（阻性负载）可以串联接在 220 V 电源上使用。若两者的功率不同，请问是否还可以这样使用？为什么？

5-2　在如图 5-34 所示的交流电路中，请问电压表 V_2 的读数是多少？（80 V，80 V，160 V）

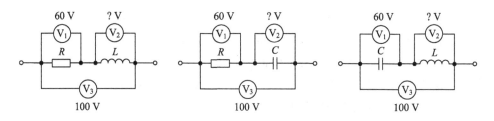

图 5-34　习题 5-2 图

5-3　已知如图 5-35 所示电路，求图（a）和图（b）等效时，阻抗中 R 和 X_C 与导纳中 G 和 B_C 的关系。$\left(R=\dfrac{G}{G^2+B_C^2},\ X_C=\dfrac{-B_C}{G^2+B_C^2}\right)$

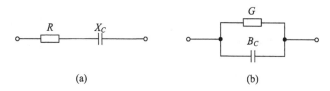

图 5-35　习题 5-3 图

5-4　如图 5-36 所示电路中，$\omega=5000$ rad/s，求使输入阻抗 Z_{in} 为纯阻时的 C 值及 Z_{in} 值。（2 μF，50 Ω）

5-5　已知如图 5-37 所示电路，写出输入阻抗 Z_{in} 并求使其虚部为零的角频率 ω_0。

$$\left(\omega_0=\sqrt{\dfrac{1}{LC}-\left(\dfrac{R}{L}\right)^2}\right)$$

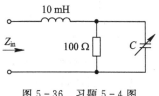

图 5-36　习题 5-4 图

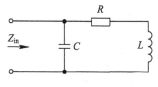

图 5-37　习题 5-5 图

5-6　在如图 5-38 所示电路中，当一个实际电容加 500 V 直流电压时，测得通过它的电流为 0.1 A，而加 50 Hz 的 500 V 交流电压时，测得通过它的电流为 0.4 A，求该电容的电容量 C 和漏电导 G。（2.47 μF，0.2 mS）

5-7　如图 5-39 所示电路中，$\omega=2000$ rad/s，$\dot{U}_s=10\angle0°$ V，求 $\dot{I}$、$\dot{U}_L$ 和 $\dot{U}_C$ 并画出

相量图。$\left(\dfrac{\sqrt{2}}{6}\angle 45° \text{ A}, \dfrac{10\sqrt{2}}{3}\angle 135° \text{ V}, \dfrac{25\sqrt{2}}{3}\angle -45° \text{ V}\right)$

5-8 如图 5-40 所示电路中，$i_{S}=2\sqrt{2}\sin(10\ 000t)$ mA，求端电压和各支路电流并画出相量图。$(2\sqrt{2}\angle 45°\text{V}, \sqrt{2}\angle 45°\text{ mA}, \sqrt{2}\angle 135°\text{ mA}, 2\sqrt{2}\angle -45°\text{ mA})$

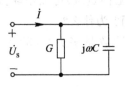

图 5-38 习题 5-6 图

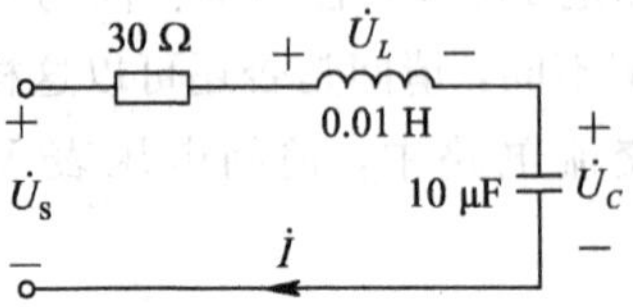

图 5-39 习题 5-7 图

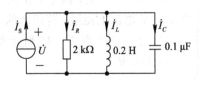

图 5-40 习题 5-8 图

5-9 在如图 5-41 所示电路中，已知 $\dot{U}_{S1}=100\angle 0°$ V，$\dot{U}_{S2}=100\angle -120°$ V，$\dot{I}_{S}=2\angle 0°$ A，$X_{L}=X_{C}=R=5$ Ω，试用叠加定理求 $\dot{I}_{1}$ 和 $\dot{I}_{2}$。$(40\angle 137°$ A，$39.2\angle -72.2°$ A$)$

5-10 在如图 5-42 所示电路中，已知 $i_{S1}=0.5\sin(50\ 000t)$ A，$i_{S2}=0.25\sin(50\ 000t)$ A，$u_{S}=2\sin(50\ 000t)$ V，试用叠加定理求 u_{x}。$(u_{x}=1.6\sin(50\ 000t+36.87°)$ V$)$

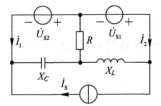

图 5-41 习题 5-9 图

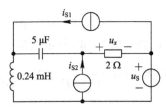

图 5-42 习题 5-10 图

5-11 在如图 5-43 所示电路中，已知 $U=100$ V，$I_{L}=10$ A，$I_{C}=15$ A，$\dot{U}$ 比 $\dot{U}_{ab}$ 超前 $\dfrac{\pi}{4}$，求 R、X_{L} 和 X_{C}。$\left(10\sqrt{2}\ \Omega, 5\sqrt{2}\ \Omega, \dfrac{10}{3}\sqrt{2}\ \Omega\right)$

5-12 在如图 5-44 所示电路中，已知 $Z_{1}=1-\text{j}1$ Ω，$Z_{2}=\text{j}0.4$ Ω，$Z_{3}=2$ Ω，$Z_{L}=1+\text{j}2$ Ω，$\dot{U}_{S}=10\angle -45°$ V，求阻抗电流 $\dot{I}_{L}$。$\left(\dfrac{5}{3}\angle 45°\text{ A}\right)$

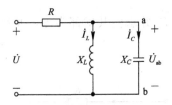

图 5-43 习题 5-11 图

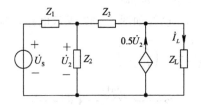

图 5-44 习题 5-12 图

5-13 已知交流电压源 $\dot{U}_{S}=100\angle 0°$ V，$\omega=1000$ rad/s，内阻抗 $Z_{S}=50+\text{j}75$ Ω，负载 $R=100$ Ω，问在电源与负载之间用电容接成怎样的电路才能使负载 R 获得最大功率？画出电路图并求出元件参数和最大功率值。(电容接成 7 字型，40 μF，10 μF，50 W)

5-14 已知电压信号源的角频率 $\omega=1000$ rad/s，内阻 $R_{S}=100$ Ω，负载 $R_{L}=75$ Ω，试在信号源和负载之间设计一个电路，要求 R_{L} 获得最大功率，并使负载电流 $\dot{I}_{2}$ 超前信号源电流 $\dot{I}_{1}$ 三十度。$\left(\text{电容和电感接成倒"L"型，}23.1\ \mu F, 0.1732\ H, \dot{I}_{2}=\dfrac{2}{\sqrt{3}}\angle 30°\times\dot{I}_{1}\text{ A}\right)$

5-15　求如图 5-45 所示电路的戴维南等效相量图。$\left(-\mathrm{j}110\ \mathrm{V},\ \dfrac{2}{3}(6-\mathrm{j})\ \Omega\right)$

5-16　在如图 5-46 所示电路中，当 $Z_L=0$ 时，$\dot{I}=3.6-\mathrm{j}4.8\ \mathrm{mA}$；当 $Z_L=-\mathrm{j}40\ \Omega$ 时，$\dot{I}=10-\mathrm{j}0\ \mathrm{mA}$。求网络 N 的戴维南等效电路。$(0.3\angle0°\ \mathrm{V},\ 30+\mathrm{j}40\ \Omega)$

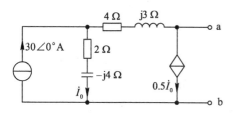

图 5-45　习题 5-15 图

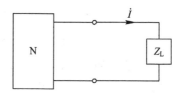

图 5-46　习题 5-16 图

5-17　用节点电压法求如图 5-47 所示电路中的 u_x，已知 $u_1=20\cos(4000t)\ \mathrm{V}$，$u_2=50\sin(4000t)\ \mathrm{V}$。$\left(u_x=100\sin\left(4000t+\dfrac{\pi}{2}\right)\ \mathrm{V}\right)$

5-18　用节点电压法求如图 5-48 所示电路中的 i_x，已知 $u=20\sin(4t)\ \mathrm{V}$。$(i_x=7.59\sin(4t+108.4°)\ \mathrm{A})$

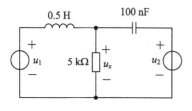

图 5-47　习题 5-17 图

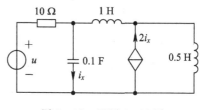

图 5-48　习题 5-18 图

5-19　在如图 5-49 电路中，已知 $u_S=6\sin(3000t)\ \mathrm{V}$，试用网孔电流法求 i。$(i=6\sin(3000t+90°)\ \mathrm{mA})$

5-20　用网孔电流法求如图 5-50 所示电路的输入阻抗 Z_{in}。$(1.9\angle19.1°\ \Omega)$

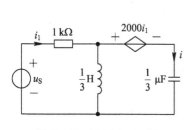

图 5-49　习题 5-19 图

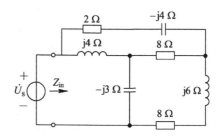

图 5-50　习题 5-20 图

5-21　设计如图 5-51 所示接口电路中的电抗 X_1 和 X_2 值，使得从电源端向右看进去的输入阻抗为 50 Ω，从负载端向左看进去的输出阻抗为 600 Ω。若 $\omega=10^6\ \mathrm{rad/s}$，求 X_1 和 X_2 所需的电感和电容值。（$\mp165.8\ \Omega$，$\pm180.9\ \Omega$，165.8 μH，5.53 nF）

5-22　如图 5-52 所示电路为雷达指示器的移相电路，R_1 的中点接地。证明当 $R=X_C$ 时，$\dot{U}_1$、$\dot{U}_2$、$\dot{U}_3$ 和 $\dot{U}_4$ 大小相同，相位依次差 90°。设 $\dot{U}_S=U\angle0°\ \mathrm{V}$。

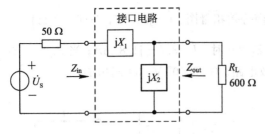

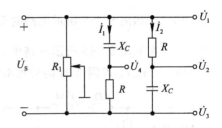

图 5-51 习题 5-21 图　　　　　图 5-52 习题 5-22 图

5-23　在如图 5-53 所示的理想变压器电路中，已知 $\dot{U}_S=100\angle0°$ V，$\dot{I}_S=100\angle0°$ A，且它们同频率，$R_1=R_2=1\ \Omega$，$R_L=10\ \Omega$，求负载获得最大功率时的匝比、最大功率和次级电流。（$n=\sqrt{20}$，5 kW，$20\sqrt{5}\angle0°$ A）

5-24　求图 5-54 所示电路的输入电阻，已知 $n=0.5$。（8/3 Ω）

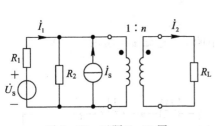

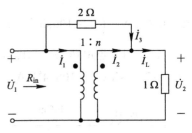

图 5-53 习题 5-23 图　　　　　图 5-54 习题 5-24 图

5-25　求如图 5-55 所示电路的输入阻抗 Z_{in} 及电流 $\dot{I}_1$、$\dot{I}_2$。已知 $\dot{U}_S=100\angle0°$ V。

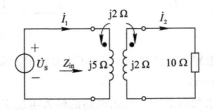

图 5-55 习题 5-25 图

（4.9∠85.3° Ω，20.4∠-85.3° A，4.01∠-6° A）

5-26　求图 5-56 所示电路的输入阻抗 Z_{in}。（4-j4 Ω）

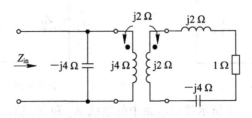

图 5-56 习题 5-26 图

第6章　三相交流电路分析法

引子　前面介绍的交流电路是以普通民用单相电或交流信号为激励的，而现实生活中，大多数国家包括我国的电力输送系统和工业用电都采用三相交流电。那么，什么是三相交流电？它有什么特点？对于三相交流电路，相量分析方法是否还适用？

6.1　三相交流电

6.1.1　三相交流电的概念

人们生活及生产中使用的交流电都来自交流发电机，最常用的交流发电机是可同时产生(输出)三个不同相位交流电压的三相交流发电机，它主要由一个嵌入三个绕组(线圈)的"定子"和一个在定子中间可以转动的"转子"构成，三个绕组分别用 AX、BY 和 CZ 标识，如图 6-1(a)所示。因为三个绕组结构相同且空间排放位置互相间隔120°，所以，当转子受外力作用在定子中以角频率 ω 逆时针转动时，三个绕组就会分别感应出三个大小相同、频率相同、彼此相差 120°的正弦交流电压，它们的波形及相量关系如图 6-1(b)和(c)所示。

什么是"三相电"？
"三相电"有什么用？

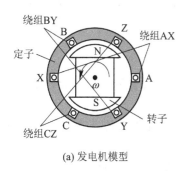

(a) 发电机模型

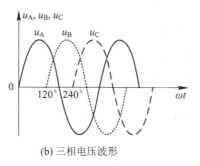

(b) 三相电压波形

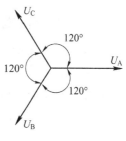

(c) 三相电压相量图

图 6-1　三相电源原理示意图

若把一个绕组称为"一相"，其输出电压称为"相电压"，则三个绕组产生的三个相电压瞬时值可表示为

$$\begin{cases} u_A(t) = U_m \sin\omega t = U\sqrt{2}\sin\omega t \\ u_B(t) = U_m \sin(\omega t - 120°) = U\sqrt{2}\sin(\omega t - 120°) \\ u_C(t) = U_m \sin(\omega t + 120°) = U\sqrt{2}\sin(\omega t + 120°) \end{cases} \quad (6.1-1)$$

它们的有效值相量为

$$\begin{cases} \dot{U}_A = U\angle 0° \\ \dot{U}_B = U\angle -120° \\ \dot{U}_C = U\angle 120° \end{cases} \quad (6.1-2)$$

可见，三个相电压的幅值或有效值相等。

三个相电压在时间上到达最大值的先后次序称为"相序"。

图 6-1(b)给出的相序为 A—B—C，称为"正序"或"顺序"；若转子顺时针旋转，相序就变成 A—C—B，称为"反序"或"逆序"。

至此，可以认为：

三相交流电源：由三个绕组输出的三个不同初相的交流电压源，简称"三相电"。

常见的三相交流电源是频率相同、有效值相同、彼此相差120°的"对称三相电源"，其特点是必须用三个幅值相同、频率相同、彼此相差120°的正弦函数表达式描述。

单相交流电源：由单个绕组输出的一个单一初相的交流电压源，简称"单相电"。

单相电的特点是只用一个正弦函数表达式描述。

这样，可以得到如下结论：

(1)"对称三相电压源"满足

$$\begin{cases} u_A + u_B + u_C = 0 \\ \dot{U}_A + \dot{U}_B + \dot{U}_C = 0 \end{cases} \quad (6.1-3)$$

(2)由对称三相电压源供电的体系称为"对称三相制"，简称"三相制"。

(3)通常，电厂不直接生产"单相电"。"单相电"来源于"三相电"中的某一相。

(4)三相电路由三相电源、三相输电线路和三相负载构成。

(5)工程中会出现不对称三相电路的应用情况，限于大纲及篇幅要求，这里不作介绍。

6.1.2　三相交流电的优点

三相交流电主要有三大优点：

(1)在发电方面，三相交流发电机比同尺寸的单相交流发电机容量(功率)大，可提供 380 V 和 220 V 两种电压源。

(2)在输电方面，同样的技术指标下，三相输电系统比单相输电系统节省有色金属可达 25%。

(3)在用电方面，三相电动机比单相电动机结构简单、体积小、运行稳定。

6.2　三相电源的连接

根据绕制方法，三相交流发电机的绕组规定了"始端"和"末端"。在图 6-1(a)中，A、B、C 三端为三个绕组的始端，而 X、Y、Z 三端则为末端。

6.2.1　星形连接

若把三个末端连接成一个公共点 N 并引出一根连接线，三个始端分别引出三根连接线，就构成电源的星形（Y 形）连接，从而形成"三相四线制"供电系统，见图 6 - 2(a)。其中，公共点 N 称为"零点"，其输出线称为"中线"或"零线"，始端输出线称为"端线"或"火线"。

三相电源按星形连接时，可对外提供两种规格的电压：

(1) 火线与零线之间的"相电压"，即式(6.1 - 2)中的 $\dot{U}_A$、$\dot{U}_B$ 和 $\dot{U}_C$。

(2) 各火线之间的"线电压"，即 $\dot{U}_{AB}$、$\dot{U}_{BC}$ 和 $\dot{U}_{CA}$。

在对称结构条件下，有

$$\begin{cases} \dot{U}_{AB} = \dot{U}_A - \dot{U}_B = U\angle 0° - U\angle -120° = \sqrt{3}U\angle 30° \\ \dot{U}_{BC} = \dot{U}_B - \dot{U}_C = U\angle -120° - U\angle 120° = \sqrt{3}U\angle -90° \\ \dot{U}_{CA} = \dot{U}_C - \dot{U}_A = U\angle 120° - U\angle 0° = \sqrt{3}U\angle -210° \end{cases} \quad (6.2 - 1)$$

若把相电压代入式(6.2 - 1)，则得线电压与相电压的关系为

$$\begin{cases} \dot{U}_{AB} = \sqrt{3}\dot{U}_A\angle 30° \\ \dot{U}_{BC} = \sqrt{3}\dot{U}_B\angle 30° \\ \dot{U}_{CA} = \sqrt{3}\dot{U}_C\angle 30° \end{cases} \quad (6.2 - 2)$$

可见，三个线电压有效值也相等，可统一用 U_l 表示（下标是字母"L"的小写形式"l"，不是数字"1"）。相电压有效值可用 U_p 表示。这样，U_l 与 U_p 及其初相位的关系为

$$\begin{cases} U_l = \sqrt{3}U_p \\ \varphi_l = \varphi_p + 30° \end{cases} \quad (6.2 - 3)$$

据此，可得相电压与线电压的相量关系图如图 6 - 2(b)所示。

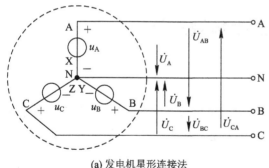
(a) 发电机星形连接法

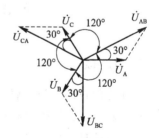
(b) 相电压与线电压相量图

图 6 - 2　发电机星形连接及电压相量图

我国三相电力系统的线电压有效值为 380 V，相电压有效值为 220 V。民用市电来自三相电中的一相，其有效值为 220 V。

6.2.2　三角形连接

将三相对称电源各相电压的正、负极依次相连，就形成了三角形连接，如图 6 - 3(a)所

示。因为三相电源引出三条线与外电路相连，所以这种连接方式称为"三相三线制"。

此时，对称三相电源的线电压与相电压相等，即

$$\begin{cases} \dot{U}_{AB} = \dot{U}_A \\ \dot{U}_{BC} = \dot{U}_B \\ \dot{U}_{CA} = \dot{U}_C \end{cases} \qquad (6.2-4)$$

或

$$\begin{cases} U_l = U_p \\ \varphi_l = \varphi_p \end{cases} \qquad (6.2-5)$$

据此，可得相电压与线电压的相量关系如图 6-3(b)所示。

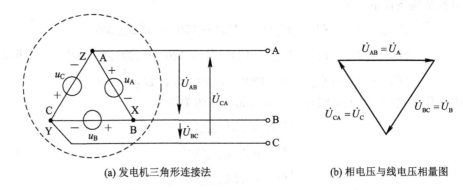

(a) 发电机三角形连接法　　　　　　　　　(b) 相电压与线电压相量图

图 6-3　发电机三角形连接及电压相量图

在图 6-3(a)中，由于电源是对称三相电源，即满足 $\dot{U}_A + \dot{U}_B + \dot{U}_C = 0$，因此，△形电路内部不会形成回路电流。若电源不对称或将绕组接反，△形电路内部就会产生回路电流，致使发电机发热，严重时会烧坏发电机(电源)，这一点应引起注意。然而实际电源的三相电压之和不可能绝对为零，因此，<u>三相电源通常都接成星形</u>。

6.3　三相负载的连接

6.3.1　星形连接

生产三相电的目的是为负载供电。若把三个负载 Z_A、Z_B、Z_C 与三相电源作如图 6-4 所示的连接，就会形成负载的星形连接，也就是常见的"三相四线制"用电系统(电路)。

为便于分析这种连接，定义：

<u>相电流：流过各负载的电流。</u>

<u>线电流：流过各端线的电流。</u>

图 6-4 中，线电流与相电流是相等的。根据 KCL 可得中线的电流为

$$\dot{I}_N = \dot{I}_A + \dot{I}_B + \dot{I}_C \qquad (6.3-1)$$

若负载也完全对称，即 $Z_A = Z_B = Z_C = Z$，则中线电流为零，即

$$\dot{I}_N = \dot{I}_A + \dot{I}_B + \dot{I}_C = 0 \qquad (6.3-2)$$

式(6.3-2)表明，若负载对称，则中线可以去掉，此时系统变为"三相三线制"。

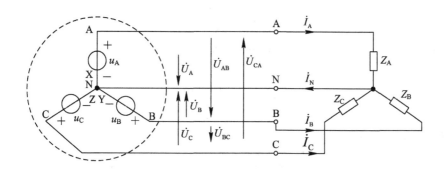

图 6-4　负载的星形连接图

若各相负载的功率为

$$P_A = U_A I_A \cos\varphi_A$$
$$P_B = U_B I_B \cos\varphi_B$$
$$P_C = U_C I_C \cos\varphi_C$$

则三相负载的总功率等于各相负载功率之和，即

$$P = P_A + P_B + P_C \qquad (6.3-3)$$

因为电源和负载均对称，即有

$$\begin{cases} U_A = U_B = U_C = U_p \\ I_A = I_B = I_C = I_p \\ \varphi_A = \varphi_B = \varphi_C = \varphi \end{cases} \qquad (6.3-4)$$

所以总功率为

$$P = 3U_p I_p \cos\varphi \qquad (6.3-5)$$

式中，I_p 为相电流有效值，φ 为各相电压超前各相电流的相位，切不可认为是线电压与线电流的相位差。

设 I_l 为线电流的有效值，将 $U_l = \sqrt{3}U_p$ 代入式(6.3-5)可得

$$P = \sqrt{3} U_l I_l \cos\varphi \qquad (6.3-6)$$

【例 6-1】　在图 6-5(a)所示的星形连接中，设 $Z_A = Z_B = Z_C = 8 + j6\ \Omega$，线电压为 380 V，求各相的相电流和负载吸收的功率。

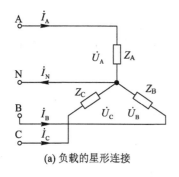

(a) 负载的星形连接

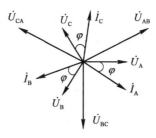

(b) 电压与电流相量图

图 6-5　例 6-1 图

解　由于电路对称，因此各相的相电压有效值为

$$U_p = \frac{U_l}{\sqrt{3}} = \frac{380}{\sqrt{3}} = 220 \text{ V}$$

设 A 相的相电压 $\dot{U}_A$ 初相为零，则各相的相电压为

$$\dot{U}_A = 220\angle0° \text{ V}$$
$$\dot{U}_B = 220\angle-120° \text{ V}$$
$$\dot{U}_C = 220\angle120° = 220\angle-240°\text{V}$$

根据欧姆定律，可得各相的相电流为

$$\dot{I}_A = \frac{\dot{U}_A}{Z_A} = \frac{220\angle0°}{8+j6} = 22\angle-36.9° \text{ A}$$

$$\dot{I}_B = \frac{\dot{U}_B}{Z_B} = \frac{220\angle-120°}{8+j6} = 22\angle-156.9° \text{ A}$$

$$\dot{I}_C = \frac{\dot{U}_C}{Z_C} = \frac{220\angle-240°}{8+j6} = 22\angle-276.9° \text{ A}$$

因相电流滞后相电压的相角为 $\varphi=36.9°$，故 $\cos\varphi=\cos36.9°=0.8$，则负载吸收的功率为

$$P = 3U_p I_p \cos\varphi = 3 \times 220 \times 22 \times 0.8 \approx 11.6 \text{ kW}$$

可见，若电源和负载均对称，只需分析其中"一相"的电流或电压，其余两相的电流或电压顺序移相 120°即可。电压与电流的相量关系见图 6-5(b)。

6.3.2　三角形连接

图 6-6 是负载的三角形连接示意图。由于各相负载直接连接在电源 A、B、C 中的两个端线之间，因此各相负载的相电压等于线电压。

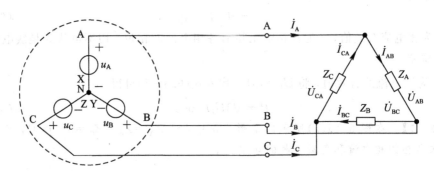

图 6-6　负载的三角形连接图

从图 6-6 可见，线电流 $\dot{I}_A$、$\dot{I}_B$、$\dot{I}_C$ 与相电流 $\dot{I}_{AB}$、$\dot{I}_{BC}$、$\dot{I}_{CA}$ 的关系由 KCL 决定，即

$$\begin{cases} \dot{I}_A = \dot{I}_{AB} - \dot{I}_{CA} \\ \dot{I}_B = \dot{I}_{BC} - \dot{I}_{AB} \\ \dot{I}_C = \dot{I}_{CA} - \dot{I}_{BC} \end{cases} \qquad (6.3-7)$$

若三个相电流对称，即

$$\begin{cases} \dot{I}_{AB} = \dot{I}_p\angle0° \\ \dot{I}_{BC} = \dot{I}_p\angle-120° \\ \dot{I}_{CA} = \dot{I}_p\angle-240° \end{cases} \qquad (6.3-8)$$

则三个线电流为

$$\begin{cases} \dot{I}_A = \dot{I}_{AB} - \dot{I}_{CA} = I_p(\angle 0° - \angle -240°) = \sqrt{3}\,I_p \angle -30° \\ \dot{I}_B = \dot{I}_{BC} - \dot{I}_{AB} = I_p(\angle -120° - \angle 0°) = \sqrt{3}\,I_p \angle -150° \\ \dot{I}_C = \dot{I}_{CA} - \dot{I}_{BC} = I_p(\angle -240° - \angle -120°) = \sqrt{3}\,I_p \angle -270° \end{cases} \quad (6.3-9)$$

式(6.3-9)表明，在三角形连接中，若相电流对称，则线电流就是相电流的 $\sqrt{3}$ 倍，即

$$I_1 = \sqrt{3}\,I_p \quad (6.3-10)$$

若各相负载的吸收功率为

$$\begin{cases} P_A = U_{AB} I_{AB} \cos\varphi_{AB} \\ P_B = U_{BC} I_{BC} \cos\varphi_{BC} \\ P_C = U_{CA} I_{CA} \cos\varphi_{CA} \end{cases} \quad (6.3-11)$$

则三相负载吸收的总功率等于各相负载吸收功率之和，即

$$P = P_A + P_B + P_C = U_{AB} I_{AB} \cos\varphi_{AB} + U_{BC} I_{BC} \cos\varphi_{BC} + U_{CA} I_{CA} \cos\varphi_{CA} \quad (6.3-12)$$

若电流、电压均对称，则有

$$U_{AB} = U_{BC} = U_{CA} = U_p$$
$$I_{AB} = I_{BC} = I_{CA} = I_p$$
$$\varphi_{AB} = \varphi_{BC} = \varphi_{CA} = \varphi$$

那么，负载吸收的总功率为

$$P = 3U_p I_p \cos\varphi \quad (6.3-13)$$

又在对称的三角形连接中，$U_1 = U_p$，$I_1 = \sqrt{3}\,I_p$，则式(6.3-13)可写为

$$P = \sqrt{3}\,U_1 I_1 \cos\varphi \quad (6.3-14)$$

　　需要强调的是，式(6.3-13)和式(6.3-14)只适用于对称三相制，它们与式(6.3-5)和式(6.3-6)在形式上完全相同。式中的 $\cos\varphi$ 均为各相负载的功率因数，相角 φ 是各相"相电流"落后于各相"相电压"的相位，而不是"线电流"与"线电压"的相位差。

　　【例 6-2】　在图 6-7(a)所示的三角形连接中，设 $Z_A = Z_B = Z_C = 8+j6\ \Omega$，线电压为 220 V，求各相电流、线电流和负载吸收的功率。

　　解　设线电压 $\dot{U}_{AB}$ 初相为零。由欧姆定律可得各相电流为

$$\dot{I}_{AB} = \frac{\dot{U}_{AB}}{Z_A} = \frac{220\angle 0°}{8+j6} = 22\angle -36.9°\ \text{A}$$

$$\dot{I}_{BC} = \frac{\dot{U}_{BC}}{Z_B} = \frac{220\angle -120°}{8+j6} = 22\angle -156.9°\ \text{A}$$

$$\dot{I}_{CA} = \frac{\dot{U}_{CA}}{Z_C} = \frac{220\angle -240°}{8+j6} = 22\angle -276.9°\ \text{A}$$

由 KCL 可得线电流为

$$\begin{cases} \dot{I}_A = \dot{I}_{AB} - \dot{I}_{CA} = 22\angle -36.9° - 22\angle -276.9° = 38\angle -71.9°\ \text{A} \\ \dot{I}_B = \dot{I}_{BC} - \dot{I}_{AB} = 22\angle -156.9° - 22\angle -36.9° = 38\angle -191.9°\ \text{A} \\ \dot{I}_C = \dot{I}_{CA} - \dot{I}_{BC} = 22\angle -276.9° - 22\angle -156.9° = 38\angle -311.9°\ \text{A} \end{cases}$$

因为 $\varphi = 36.9°$，所以 $\cos\varphi = 0.8$，从而负载吸收的功率为

$$P = 3U_p I_p \cos\varphi = 3 \times 220 \times 22 \times 0.8 \approx 11.6\ \text{kW}$$

或

$$P = \sqrt{3}U_1 I_1 \cos\varphi = \sqrt{3} \times 220 \times 38 \times 0.8 \approx 11.6 \text{ kW}$$

电压与电流的相量关系见图 6-7(b)。

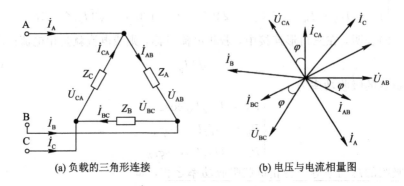

(a) 负载的三角形连接   (b) 电压与电流相量图

图 6-7 例 6-2 图

由于负载不一定是纯阻，因此无论是什么连接，三相负载除了吸收有功功率外，还有无功功率。设三个负载的无功功率分别为 Q_A、Q_B 和 Q_C，则<u>总无功功率为各相无功功率之和。</u>

对于对称负载而言，有

$$Q = Q_A + Q_B + Q_C = 3U_p I_p \sin\varphi = \sqrt{3} U_1 I_1 \sin\varphi \qquad (6.3-15)$$

这样，三相负载的总视在功率 S 可写为

$$S = \sqrt{P^2 + Q^2} \qquad (6.3-16)$$

【例 6-3】 线电压为 380 V 的对称三相电源为星形连接的对称三相感性负载供电。已知负载的有功功率为 2.4 kW，功率因数为 0.6，求各相负载 Z。

解 由式(6.3-14)可得

$$I_1 = \frac{P}{\sqrt{3}U_1 \cos\varphi} = \frac{2400}{\sqrt{3} \times 380 \times 0.6} \approx 6.08 \text{ A}$$

因为负载为星形连接，相电流等于线电流，即 $I_p = I_1$，同时，线电压等于 $\sqrt{3}$ 倍的相电压，即 $U_p = \frac{1}{\sqrt{3}}U_1 = \frac{380}{\sqrt{3}} = 220$ V，所以由欧姆定律可得负载 Z 的模为

$$|Z| = \frac{U_p}{I_p} = \frac{220}{6.08} \approx 36.18 \ \Omega$$

又功率因数为 0.6 且负载为感性，故 $\varphi = \arccos 0.6 = 53.13°$。这样，各相负载为

$$Z = |Z| \angle\varphi = 36.18 \angle 53.13° = 21.71 + j28.94 \ \Omega$$

6.4 结　　语

综上所述，三相交流电路与前面的单相交流电路相比没有本质区别，在形式上它可以看作是由三个初相不同的单相交流电源共同作用的电路。因此，可得如下结论：

<u>对三相交流电路可以沿用普通(单相)交流电路的相量分析法。</u>

需要格外注意的只是相电压(相电流)和线电压(线电流)的区别及关系。

本章的主要内容可以用图 6-8 概括。

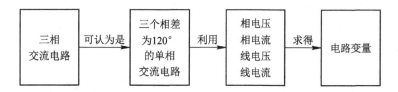

图 6-8 第 6 章主要内容示意图

6.5 小知识——跨步电压

所谓跨步电压是指电气设备发生接地故障或高压输电线断落触地时,在电流入地点周围电位分布区内行走或站立的人两脚之间存在的电压,见图 6-9。

当架空线路的一根带电导线断落在地面时,落地点与带电导线的电位相同,电流就会从导线落地点向大地四周流散,在地面上形成一个以落地点为中心的电位分布区域,离落地点越远,电流越分散,地面电位也越低。如果人或牲畜站在距离电线落地点 8~10 米以内,就可能发生触电事故,这种触电叫作跨步电压触电。跨步电压触电时,电流虽然是沿着人的下半身从脚经腿、胯部又到脚与大地形成通路,没有经过人体的重要器官,好像比较安全,但实际情况并非如此!因为人受到较高的跨步电压作用时,双脚会抽筋,从而瘫倒在地上。这不仅会使作用于人体上的电流增加,还会使电流经过人体

图 6-9 跨步电压示意图

的路径改变,完全可能流经人体重要器官,如从头到手或脚。经验证明,人倒地后电流在体内持续作用 2 秒钟就会致命。

根据对土壤中的电场分析可知,跨步电压的大小主要与接地电流的大小、人与接地点之间的距离、跨步的大小和方向及土壤电阻率等因素有关。一般距接地点越远,跨步电压越小;跨步越小,跨步电压越小。

当发觉自己受到跨步电压威胁时,应尽快把双脚并在一起或用一条腿跳着离开危险区。

本 章 习 题

6-1 已知一星形连接的对称三相电源线电压 $\dot{U}_{AB}=380\angle15°$ V,角频率 $\omega=314$ rad/s,写出各相电源的相电压时域表达式。($u_A(t)=220\sqrt{2}\sin(314t-15°)$V,$u_B(t)=220\sqrt{2}\sin(314t-135°)$V,$u_C(t)=220\sqrt{2}\sin(314t+105°)$V)

6-2 给定一个三角形对称负载,各相负载为 $Z=10+j10$ Ω,负载线电压为 380 V,求线电流。($I_l=46.54$ A)

6-3 已知一个星形连接的三相对称电路的各相负载为 $Z=30+j40\ \Omega$，负载线电压为 380 V，求负载的相电压、相电流及三相负载吸收的总功率。(220 V, 4.4 A, 1742.4 W)

6-4 将功率因数为 0.6，功率为 3800 W 的对称三相感性负载作三角形连接，若负载线电压为 380 V，求各相负载的阻抗。($68.4\angle53.13^\circ\ \Omega$)

6-5 在如图 6-10 所示对称三相电路中，线电压 $U_l=380$ V。求：(1) 相电压和相电流。(2) 以 A 相为准，画出相电压和相电流的相量图。(3) 负载消耗的总功率。(220 V, 22 A; 11.616 kW)

6-6 在如图 6-11 所示星形供电系统中，相序为 A-B-C。求：(1) φ_2 和 φ_3。(2) 各负载电流。(3) 线电压和线电流。(-120°, $+120^\circ$; $6\angle0^\circ$ A, $6\angle-120^\circ$ A, $6\angle120^\circ$ A; 208 V, 6 A)

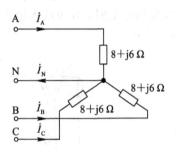

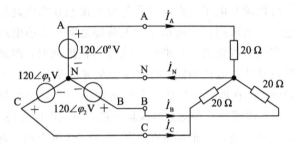

图 6-10 习题 6-5 图   图 6-11 习题 6-6 图

6-7 已知对称三相电源的线电压为 230 V，负载为 $Z=12+j16\ \Omega$。

(1) 求按星形连接时的线电流和负载总功率。

(2) 求按三角形连接时的线电流、相电流和负载总功率。

(3) 比较上述结果能得到什么结论？

($6.64\angle-53.1^\circ$ A, 1587 W; $11.5\angle-53.1^\circ$ A, $6.64\angle-53.1^\circ$ A, 1587 W)

6-8 在如图 6-12 所示对称三相电路中，已知 $U_{ab}=380$ V，三相电动机吸收功率为 1.4 kW，功率因数为 0.866(滞后)，$Z=-j55\ \Omega$，求 $\dot{U}_{AB}$ 和电源端的功率因数。

($332.78\angle-7.4^\circ$ V, 0.9917，超前)

6-9 在如图 6-13 所示电路中，已知 $\dot{U}_A$、$\dot{U}_B$、$\dot{U}_C$ 为对称三相电源，相电压为 220 V。求：(1) 开关 S 闭合时的相电压、相电流及中线电流。(2) 开关 S 断开时的相电压和相电流。

(220 V, 22 A, 20 A, 10 A, 11.14 A; 193.9 V, 207.8 V, 266.6 V, 19.4 A, 18.9 A, 12.1 A)

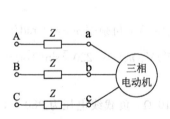

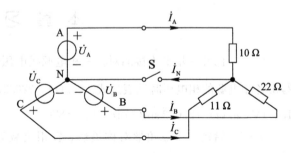

图 6-12 习题 6-8 图   图 6-13 习题 6-9 图

第7章　动态电路分析法

引子　第4章介绍了动态电路在正弦信号激励下的响应求解方法。那么，同样的电路在非周期信号激励下的响应如何求解呢？这就引出了本章的内容——动态电路分析法。

7.1　动态电路及相关概念

1. 动态电路的概念

在非周期信号激励下，动态电路具有如下特点：

（1）当前响应由当前激励的变化率决定，响应与激励满足微分方程。

（2）电路状态会随时间变化，这样的动态表现源自动态元件的储能变化。

（3）电路响应具有在两个不同状态间的转换过渡过程。

只有在非周期信号激励下，动态电路才是名副其实的"动态"电路。

显然，这与正弦稳态电路的"响应与激励满足代数方程""电路处于稳态""电路响应没有过渡过程"的特性有很大区别。因此，需要专门研究动态电路的分析方法。

为了更好地描述和分析动态电路，通常把电感电流 $i_L(t)$ 和电容电压 $u_C(t)$ 在任一时刻的取值作为电路或系统在该时刻的"状态"。因此，可定义：

$i_L(t)$ 和 $u_C(t)$ 称为电路或系统的状态变量。

可用图 7-1(a)说明动态电路的基本特性，图中LP$_1$、LP$_2$ 和 LP$_3$ 是三个白炽灯泡（纯阻负载）。开关 S 闭合前，三个灯泡都不亮。若在 $t=0$ 时刻 S 闭合，则可观察到如下现象：

（1）与电阻 R 串联的灯泡LP$_1$ 立即发光，且亮度始终保持不变。

（2）与电感 L 串联的灯泡LP$_2$ 慢慢变亮，直到最亮且不再变化。

（3）与电容 C 串联的灯泡LP$_3$ 立即发光，随后慢慢变暗至熄灭。

三个灯泡的亮度表现之所以不同，是因为含有电容或电感的动态支路与含有电阻的静态支路对直流激励所产生的（电压）响应不同，这些电路响应如图 7-1(b)所示。

2. 换路

为更好地描述及分析开关动作前后的电路状态变化情况，可定义：

换路：某一时刻因激励（电源）或元件的接入或断开，某支路的短路或开路及某元件参数的突变而引起的电路状态变化现象或过程。

或者说，因电路结构或参数变化而引起的状态变量变化过程就是"换路"。

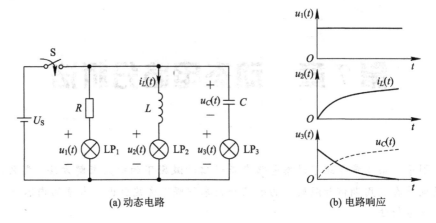

(a) 动态电路 (b) 电路响应

图 7-1 动态电路及响应示意图

通常认为换路发生在 $t=0$ 时刻且在瞬间(从 $t=0_-$ 时刻到 $t=0_+$ 时刻)完成。本课程的换路主要指激励(电源)的"接入""断开"或"改变"过程。

图 7-1(a)中，开关动作后，灯泡的"亮"和"灭"就体现了电路的两种状态。

3. 过渡过程

换路后，动态电路会从一个旧状态变为一个新状态，表现出动态特性。为更好地描述状态的变化过程，可定义：

过渡过程：电路从一个旧状态向另一个新状态变化所经历的时间段。

通常，新、旧状态均可当作"稳定状态"。比如图 7-1(a)中，开关 S 闭合(换路)后，有：

(1) 静态电阻支路的 LP_1 一直保持亮度不变。由于该支路没有状态变量，因此，没有过渡过程，没有动态现象。

(2) 动态电感支路的 LP_2 从熄灭的旧状态慢慢变为亮的新状态。该支路有状态变量电感电流 $i_L(t)$，有过渡过程，有状态变化，$i_L(t)$ 的变化与灯泡亮度变化一致。

(3) 动态电容支路的 LP_3 从亮的旧状态慢慢变为熄灭的新状态。该支路有状态变量电容电压 $u_C(t)$，有过渡过程，有状态变化，但 $u_C(t)$ 的变化与灯泡亮度变化不一致。

4. 动态电路的阶数

电路阶数：电路所含独立动态元件的个数。

图 7-1(a)所示电路就是一个二阶动态电路。

注意：不能通过串、并联合并的元件就是独立元件。

5. 动态电路的数学模型

数学模型：响应与激励之间的数学关系表达式。

因常用的动态元件 VCR 是微分式，故动态电路的数学模型是微分方程。微分方程的阶数等于电路阶数。图 7-1(a)所示电路的数学模型就是一个二阶线性微分方程。

6. 分析动态电路的目的

分析动态电路的主要目的就是通过对系统数学模型(微分方程)的求解，进一步了解系统响应在过渡过程中的变化规律。比如，对图 7-1(a)所示电路的分析就是列写激励 U_S 与三个灯泡支路上的响应 $u_1(t)$、$i_L(t)$ 和 $u_C(t)$ 之间的数学模型，进而求得 $u_1(t)$、$u_2(t)$ 和 $u_3(t)$。

7. 分析动态电路的意义

在实际应用中，经常需要了解各种信号处理电路因"换路"而引起的响应或状态变化情况。比如，在图 7-1(a)所示电路中，灯泡电压响应 $u_2(t)$ 和 $u_3(t)$ 的过渡过程长短及其与哪些因素有关，过渡过程遵循怎样的规律等问题都不能靠已有的方法解决。因此，必须专门研究动态电路，找到有效、便捷和通用的分析方法，从而解决实际应用中出现的各种问题。

7.2　电路的状态及响应

为了分析动态电路，首先要了解电路或系统的"响应"及与之紧密相关的"状态"。

图 7-2 给出了系统分析中会遇到的三个重要观察时刻及两个状态定义示意图和响应与激励关系示意图。

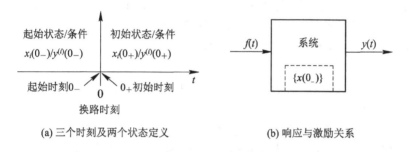

(a) 三个时刻及两个状态定义　　　　　　(b) 响应与激励关系

图 7-2　三个时刻及两个状态定义和响应与激励关系示意图

在"$t=0_-$"的"起始时刻"，电路处于原始状态，即"起始状态"。

在"$t=0$"的"换路时刻"，电路发生"换路"。

在"$t=0_+$"的"初始时刻"，电路从"初始状态"也就是旧状态开始进入过渡过程并逐渐达到新状态，即"终止状态"，完成状态变化的全过程。

为便于分析电路并了解其响应在换路前后的变化情况，定义：

系统状态：一组必须知道的最少数据，利用这组数据与 $t \geqslant t_0$ 时接入系统的激励一起就能完全确定 $t \geqslant t_0$ 以后任何时刻的系统响应。通常，设 $t_0 = 0$。

可见，系统在某一时刻 t_0 的状态可以告诉我们当时系统的全部信息。

因为换路，系统状态有可能在 $t=0$ 时刻发生跳变，故定义：

起始状态：换路前一瞬间（$t=0_-$）的系统状态，记为 $x_1(0_-)$，$x_2(0_-)$，$\cdots$，$x_n(0_-)$，可简记为 $\{x(0_-)\}$。

初始状态：换路后一瞬间（$t=0_+$）的系统状态，记为 $x_1(0_+)$，$x_2(0_+)$，$\cdots$，$x_n(0_+)$，可简记为 $\{x(0_+)\}$。

注意：有些教材用"0_- 初始状态"和"0_+ 初始状态"描述起始状态和初始状态。

若把电源称为"激励"并用 $f(t)$ 表示，把起始状态 $\{x(0_-)\}$ 看作由系统内部产生的"内激励"，把系统对所有激励产生的电压或电流称为响应并用 $y(t)$ 表示，则系统在 $t \geqslant 0$ 时的响应 $y(t)$ 可表示为

$$y(t) = F[\{x(0_-)\}, f(t)] \qquad (t \geqslant 0) \qquad (7.2-1)$$

显然，$y(t)$是$\{x(0_-)\}$和$f(t)$的函数，如图$7-2$(b)所示。因此，可得如下结论：

系统在$t\geqslant0$后任一时刻的响应$y(t)$由起始状态$\{x(0_-)\}$和$[0,t]$区间上的激励$f(t)$共同确定。

这个结论也适用于多输入多输出系统。

对于动态电路，$i_L(0_-)$和$u_C(0_-)$就是起始状态，$i_L(0_+)$和$u_C(0_+)$就是初始状态。

虽然响应是起始状态的函数，但在求解以状态变量为未知量的系统微分方程时，要用初始状态(条件)确定方程解中的系数，因为在分析动态电路时，认定系统的响应从$t=0_+$时刻开始。那么，如何根据起始状态确定初始状态呢？

根据电感的磁链连续特性和电容的电荷连续特性，可得

$$\begin{cases} i_L(0_+) = i_L(0_-) \\ u_C(0_+) = u_C(0_-) \end{cases} \qquad (7.2-2)$$

式$(7.2-2)$称为"换路定则"或"换路定理"或"换路定律"，它给出了动态元件的两个基本特性："电感电流连续性"和"电容电压连续性"。这样，可得如下重要结论：

(1) 电感的电流不能突变，电容的电压不能突变。

(2) 系统的初始状态可以通过换路定则从起始状态中得到。

说明：

(1) "状态变量"也是"信号与系统"中的重要概念，在"系统模拟"和"状态空间分析法"中经常能见到它们的身影。

(2) 若选电感电压和电容电流为状态变量，则没有相应的"换路定则"且系统方程会是难以求解的积分方程。因此，通常选电感电流和电容电压为状态变量。

比如，在图$7-3$中，电路的起始状态为$u_C(0_-)=E_1$，$t=0$时刻把开关S从1位扳到2位(换路)，则根据换路定则可得初始状态为$u_C(0_+)=u_C(0_-)=E_1$。

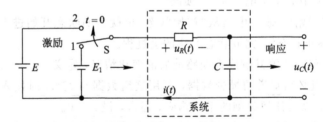

图$7-3$ 一阶RC动态电路示意图

根据KVL可得电路模型为

$$RC\frac{du_C(t)}{dt} + u_C(t) - E = 0 \qquad (t\geqslant0) \qquad (7.2-3)$$

显然，这是一个一阶线性微分方程，可用高等数学中的方法求解，具体过程如下：

(1) 式$(7.2-3)$的特征方程为$RC\lambda+1=0$，解得特征根为$\lambda=-\dfrac{1}{RC}$。

(2) 设$\tau=RC$，则式$(7.2-3)$的齐次解为

$$u_{C_c}(t) = ke^{\lambda t} = ke^{-\frac{t}{\tau}}$$

(3) 设式$(7.2-3)$的特解为$u_{C_p}(t)=A$，将其代入式$(7.2-3)$可得

$$A - E = 0 \rightarrow A = E$$

(4) 式(7.2-3)的全解为

$$u_C(t) = u_{C_c}(t) + u_{C_p}(t) = k\mathrm{e}^{-\frac{t}{\tau}} + E \quad (t \geqslant 0) \tag{7.2-4}$$

将初始状态 $u_C(0_+) = E_1$ 代入式(7.2-4)，可得 $k = E_1 - E$，则式(7.2-4)变为

$$u_C(t) = E + (E_1 - E)\mathrm{e}^{-\frac{t}{\tau}} = E_1\mathrm{e}^{-\frac{t}{\tau}} + E(1 - \mathrm{e}^{-\frac{t}{\tau}}) \quad (t \geqslant 0) \tag{7.2-5}$$

式(7.2-5)就是我们想要的结果。

可见，$u_C(t)$ 的全响应由两部分组成：第一部分为 $E_1\mathrm{e}^{-\frac{1}{\tau}t}$，由电容在 $t = 0_-$ 时刻存储的电压 E_1，即起始状态产生；第二部分为 $E(1 - \mathrm{e}^{-\frac{1}{\tau}t})$，由 $t = 0$ 时刻接入的激励 E 引起。它们的波形见图 7-4。

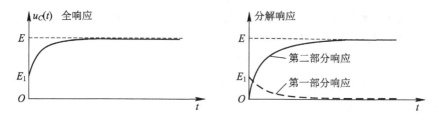

图 7-4　一阶 RC 动态电路的响应

说明：电源 E_1 在 $t = 0$ 时刻断开，其激励作用已经转化为系统的起始状态。

因此，定义：

零输入响应：由系统内部起始状态产生的响应，用符号 $y_x(t)$ 表示。

零状态响应：由系统外部激励信号产生的响应，用符号 $y_f(t)$ 表示。

这样，就得到如下重要结论：

$$全响应\ y(t) = 零输入响应\ y_x(t) + 零状态响应\ y_f(t) \tag{7.2-6}$$

根据式(7.2-6)，可以给出如下定义：

响应分解分析法：分别求出零输入响应和零状态响应再叠加为全响应的系统分析方法。

该方法是分析动态电路的常用方法，也是贯穿"信号与系统"课程的主线。

式(7.2-4)中响应 $u_C(t)$ 的系数 k 是直接由初始状态 $u_C(0_+) = E_1$ 确定的，因为响应就是状态变量。但在很多应用中，响应可能是非状态变量，在换路时可能发生突变，导致不能直接用初始状态确定响应系数，而必须先根据起始状态计算出响应初始值（初始条件），再用这个初始值确定系数。为方便计，我们用"初始条件"统一描述这两种情况。因此，可以得出如下结论：

(1) 系统响应的系数由"初始条件"决定。

(2) "状态"可以是"条件"，"条件"未必是"状态"，但"条件"可由"状态"求出。

在"信号与系统"课程中，由于涉及高阶系统（高阶微分方程）的求解，因此定义：

初始条件：系统响应及其各阶导函数的初始值。

7.3　一阶动态电路分析

仅含一个独立动态元件的电路称为一阶动态电路，有 RL 电路和 RC 电路，其数学模

型是一阶线性微分方程。所谓独立元件，是指不能被合并的元件。

根据响应分解分析法，我们首先讨论一阶电路零输入响应的求解方法。

7.3.1 零输入响应的求解方法

1. RL 电路的零输入响应

图 7-5(a)是一个一阶 RL 动态电路。

$t=0_-$ 时刻，开关 S 闭合，电路处于稳态，电流源 I_S 对电感 L 充电完毕，起始状态 $i_L(0_-)=I_S$，等效电路如图 7-5(b)所示。

$t=0$ 时刻，电路换路，开关 S 断开，电感 L 与电阻 R 形成放电回路，如图 7-5(c)所示。此时，电路无外激励作用，只有电感的初始电流作为激励对电阻 R 放电，状态开始变化，产生电路各处电流和电压的零输入响应。

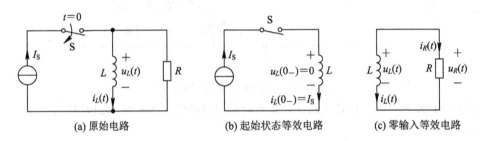

(a) 原始电路　　　　(b) 起始状态等效电路　　　　(c) 零输入等效电路

图 7-5　一阶 RL 电路零输入响应分析图

由换路定则可得系统初始状态为 $i_L(0_+)=i_L(0_-)=I_S$。由图 7-5(c)可得电感电压初始条件为 $u_L(0_+)=u_R(0_+)=-Ri_L(0_+)=-RI_S$。

根据 KVL 可得系统数学模型为

$$L\frac{di_L(t)}{dt}+Ri_L(t)=0 \tag{7.3-1}$$

式(7.3-1)是一阶齐次微分方程，可采用积分变量分离法进行求解。

将式(7.3-1)改写为 $\frac{1}{i_L(t)}di_L(t)=-\frac{R}{L}dt$，对该式两边积分得其通解为

$$\ln i_L(t)=-\frac{R}{L}t+A_1 \tag{7.3-2}$$

式中，A_1 是积分常数，可由初始状态确定。

将式(7.3-2)改写为

$$i_L(t)=e^{-\frac{R}{L}t+A_1}=e^{A_1}e^{-\frac{R}{L}t}=Ae^{-\frac{R}{L}t} \tag{7.3-3}$$

将初始状态 $i_L(0_+)=i_L(0_-)=I_S$ 代入上式，可得

$$i_L(0_+)=A=I_S$$

则式(7.3-3)，即状态变量电感电流的零输入响应为

$$i_L(t)=I_Se^{-\frac{R}{L}t}=i_L(0_+)e^{-\frac{R}{L}t}\quad(t\geqslant 0) \tag{7.3-4}$$

由电感的 VCR 及初始条件，可得非状态变量电感电压的零输入响应为

$$u_L(t)=L\frac{di_L(t)}{dt}=-RI_Se^{-\frac{R}{L}t}=u_L(0_+)e^{-\frac{R}{L}t}\quad(t\geqslant 0) \tag{7.3-5}$$

令 $\tau = \dfrac{L}{R}$，当 R 和 L 的单位分别为"欧姆"和"亨"时，τ 的单位为"秒"，故称其为一阶 RL 电路的时间常数，简称时常数。

将 τ 代入式(7.3-4)和式(7.3-5)，可得一阶 RL 电路的零输入响应为

$$i_L(t) = i_L(0_+)\mathrm{e}^{-\frac{t}{\tau}} \quad (t \geqslant 0) \tag{7.3-6}$$

$$u_L(t) = u_L(0_+)\mathrm{e}^{-\frac{t}{\tau}} \quad (t \geqslant 0) \tag{7.3-7}$$

2. RC 电路的零输入响应

图 7-6(a)是一个一阶 RC 动态电路。

$t = 0_-$ 时刻，开关 S 在 1 位，电路处于稳态，电压源 U_S 对电容 C 充电完毕，起始状态 $u_C(0_-) = U_\mathrm{S}$，等效电路如图 7-6(b)所示。

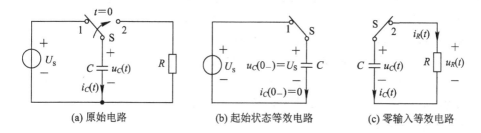

(a) 原始电路　　　　(b) 起始状态等效电路　　　　(c) 零输入等效电路

图 7-6　一阶 RC 电路零输入响应分析图

$t = 0$ 时刻，电路换路，开关 S 由 1 位拨到 2 位，电容 C 与电阻 R 形成放电回路，如图 7-6(c)所示。此时，电路无外激励作用，只有电容的初始电压作为激励对电阻 R 放电，状态开始变化，产生电路各处电流和电压的零输入响应。

由换路定则可得换路后电容电压的初始状态值为 $u_C(0_+) = u_C(0_-) = U_\mathrm{S}$。由图 7-6(c)可得电容电流的初始值为 $i_C(0_+) = -\dfrac{u_C(0_+)}{R} = -\dfrac{U_\mathrm{S}}{R}$。

根据 KVL 可得系统数学模型为

$$RC\frac{\mathrm{d}u_C(t)}{\mathrm{d}t} + u_C(t) = 0 \tag{7.3-8}$$

式(7.3-8)也是一阶齐次微分方程，可采用积分变量分离法进行求解。

将式(7.3-8)改写为 $\dfrac{1}{u_C(t)}\mathrm{d}u_C(t) = -\dfrac{1}{RC}\mathrm{d}t$，对该式两边积分得其通解为

$$\ln u_C(t) = -\frac{1}{RC}t + B_1 \tag{7.3-9}$$

式中，B_1 是积分常数，可由初始状态确定。

将式(7.3-9)改写为

$$u_C(t) = \mathrm{e}^{-\frac{1}{RC}t + B_1} = \mathrm{e}^{B_1}\mathrm{e}^{-\frac{1}{RC}t} = B\mathrm{e}^{-\frac{1}{RC}t} \tag{7.3-10}$$

将初始状态 $u_C(0_+) = u_C(0_-) = U_\mathrm{S}$ 代入上式，可得

$$u_C(0_+) = B = U_\mathrm{S}$$

则式(7.3-10)，即状态变量电容电压的零输入响应为

$$u_C(t) = U_\mathrm{S}\mathrm{e}^{-\frac{1}{RC}t} = u_C(0_+)\mathrm{e}^{-\frac{1}{RC}t} \quad (t \geqslant 0) \tag{7.3-11}$$

由电容的 VCR 可得非状态变量电容电流的零输入响应为

$$i_C(t) = C\frac{\mathrm{d}u_C(t)}{\mathrm{d}t} = -\frac{U_S}{R}e^{-\frac{1}{RC}t} = i_C(0_+)e^{-\frac{1}{RC}t} \quad (t \geqslant 0) \tag{7.3-12}$$

令 $\tau = RC$，当 R 和 C 的单位分别为"欧姆"和"法"时，τ 的单位为"秒"，故称其为一阶 RC 电路的时间常数，简称时常数。

将 τ 代入式(7.3-11)和式(7.3-12)，可得一阶 RC 电路的零输入响应为

$$u_C(t) = u_C(0_+)e^{-\frac{1}{\tau}t} \quad (t \geqslant 0) \tag{7.3-13}$$

$$i_C(t) = i_C(0_+)e^{-\frac{1}{\tau}t} \quad (t \geqslant 0) \tag{7.3-14}$$

综上所述，可得如下关于一阶系统零输入响应的结论：

(1) 换路后，电感或电容因处于放电状态，故其实际电流与电压不满足关联方向。

(2) 一个电路中不同零输入响应的时常数和时域表现都一样，都是从初始值开始按指数规律衰减，衰减过程与时常数 τ 密切相关，τ 越大，过渡时间越长，响应衰减越慢。通过计算可知，经过一个 τ，响应可衰减到初始值的 $1/e$ 或 36.8%；经过 5τ，响应能衰减到初始值的 0.67%。从理论上讲，需要经过无限长的时间响应才会衰减到零。实际上，一开始响应衰减得很快，随后衰减得越来越慢，一般认为经过$(4\sim5)\tau$，响应可衰减到忽略不计的程度，可认为过渡过程结束，电路达到新稳态。显然，时常数是一个反映过渡过程长短或响应变化速度快慢的重要参数。

(3) 零输入响应由电路内部动态元件的储能产生，与外部激励源无关，即完全由电路本身的结构和参数决定，故可称为"自然响应"或"自由响应"。另外，因其经过一段时间后可认为衰减到零，故也称"暂态响应"。

(4) RL 与 RC 电路的零输入响应具有对偶性。

(5) 一阶电路的零输入响应数学表达式在形式上都一样，可统一表达为

$$r_x(t) = r_x(0_+)e^{-\frac{1}{\tau}t} \quad (t \geqslant 0) \tag{7.3-15}$$

式中，$r_x(t)$ 可表示任何一个一阶系统的零输入响应，其在不同时常数下的波形见图 7-7。

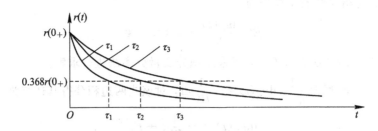

图 7-7　一阶动态电路的零输入响应

显然，可通过改变电阻 R、电感 L 或电容 C 的大小改变时常数 τ 的大小，从而达到调节过渡过程长短的目的。

下面给出一阶系统零输入响应的求解步骤：

(1) 在原始电路中，将电感当作短路，电容当作开路，画出起始状态等效电路并从中确定起始状态 $i_L(0_-)$ 或 $u_C(0_-)$。

(2) 画出零输入等效电路 $(t \geqslant 0)$。根据换路定则求得初始状态 $i_L(0_+) = i_L(0_-)$ 或 $u_C(0_+) = u_C(0_-)$。如果需要，可再求出非状态变量响应的初始值。

(3) 在零输入等效电路($t \geqslant 0$)中,求 RL 电路的时常数 $\tau = \dfrac{L}{R}$ 或 RC 电路的时常数 $\tau = RC$。其中,R 为从电感 L 或电容 C 两端看进去的戴维南等效电阻。

(4) 由式(7.3-15)写出相应的零输入响应表达式,见表 7-1。

表 7-1　一阶动态系统的零输入响应表达式

电路名称	电流响应表达式	电压响应表达式
RL 电路	$i_L(t) = i_L(0_+) \mathrm{e}^{-\frac{t}{\tau}}$ ($t \geqslant 0$)	$u_L(t) = u_L(0_+) \mathrm{e}^{-\frac{t}{\tau}}$ ($t \geqslant 0$)
RC 电路	$i_C(t) = i_C(0_+) \mathrm{e}^{-\frac{1}{\tau}t}$ ($t \geqslant 0$)	$u_C(t) = u_C(0_+) \mathrm{e}^{-\frac{1}{\tau}t}$ ($t \geqslant 0$)

【例 7-1】　图 7-8 所示电路中,开关 S 在位置 1 时,电路处于稳态。$t = 0$ 时刻,把 S 扳到位置 2,求 $u_C(t)$、$i_C(t)$ 和 $i(t)$。

解　画出起始状态等效图,如图 7-8(b)所示,求初始值 $u_C(0_+)$、$i_C(0_+)$ 和 $i(0_+)$。此时,电容电压等于 100 kΩ 电阻上的电压。由分压公式和换路定则可得

$$u_C(0_+) = u_C(0_-) = \frac{100}{100 + 25} \times 5 = 4 \text{ V}$$

换路后的等效图如图 7-8(c)所示。由欧姆定律和分流公式可得

$$i_C(0_+) = \frac{u_C(0_+)}{100 /\!/ 100} = \frac{4}{50} = 0.08 \text{ mA}$$

$$i(0_+) = \frac{1}{2} i_C(0_+) = 0.04 \text{ mA}$$

在图 7-8(c)中,从电容两端看进去的等效电阻为 50 kΩ,故时常数为

$$\tau = RC = 50 \times 10^3 \times 10 \times 10^{-6} = 0.5 \text{ s}$$

根据式(7.3-15)可得零输入响应为

$$u_C(t) = u_C(0_+) \mathrm{e}^{-\frac{1}{\tau}t} = 4\mathrm{e}^{-2t} \text{ V}$$

$$i_C(t) = i_C(0_+) \mathrm{e}^{-\frac{1}{\tau}t} = 0.08\mathrm{e}^{-2t} \text{ mA}$$

$$i(t) = i(0_+) \mathrm{e}^{-\frac{1}{\tau}t} = 0.04\mathrm{e}^{-2t} \text{ mA}$$

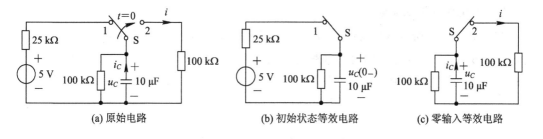

(a) 原始电路　　　　　(b) 初始状态等效电路　　　　　(c) 零输入等效电路

图 7-8　例 7-1 图

【例 7-2】　汽车的汽油发动机工作时,需要火花塞定时产生电火花,点燃气缸中的油气混合物,从而推动活塞往复运动并带动曲轴旋转产生动力。发动机及点火电路原理图如图 7-9(a)和(b)所示。当 $t < 0$ 时,开关 S 闭合,电路处于稳态,电感储存磁能;当 $t = 0$

时，开关 S 断开，电感两端的高感应电压（点火电压）将通过火花塞释放磁能，从而在两个电极之间产生电火花。设限流电阻为 4 Ω，点火线圈电感为 6 mH，电池电压为 12 V。

(1) 求开关 S 动作前，点火线圈中的电流 I 和线圈储存的磁能大小。

(2) $t=0$ 时，开关 S 断开，动作持续时间 1 μs，求火花塞两个电极之间的点火电压。

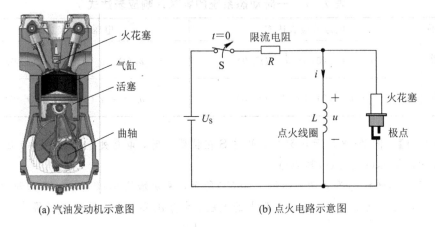

(a) 汽油发动机示意图　　　　　　(b) 点火电路示意图

图 7-9　例 7-2 图

解　(1) 开关 S 动作前，点火线圈中的电流为

$$i = \frac{U_s}{R} = \frac{12}{4} = 3 \text{ A}$$

线圈储存的磁能为

$$W = \frac{1}{2}Li^2 = \frac{1}{2} \times 6 \times 10^{-3} \times 3^2 = 27 \text{ mJ}$$

(2) 换路后的瞬间，点火电压为

$$u = L\frac{\mathrm{d}i}{\mathrm{d}t} = L\frac{\Delta i}{\Delta t} = 6 \times 10^{-3} \times \frac{3-0}{1 \times 10^{-6}} = 18 \text{ kV}$$

本题通过实例给出了零输入响应的用途，并说明了换路能使线圈产生很高的端电压。

7.3.2　零状态响应的求解方法

1. *RL* 电路的零状态响应

在图 7-10(a) 所示 *RL* 电路中，$t<0$ 时，开关 S 断开，电感无储能，$i_L(0_-)=0$；$t=0$ 时，开关 S 闭合，由换路定则可得电路初始状态为 $i_L(0_+)=i_L(0_-)=0$，电流源 I_s 开始给电感充电，动态过程也随之开始。根据 KCL 和电感的伏安特性，可得电路数学模型为

$$\frac{L}{R}\frac{\mathrm{d}i_L(t)}{\mathrm{d}t} + i_L(t) = I_s \qquad (7.3-16)$$

式 (7.3-16) 是一个非齐次微分方程，其解就是状态变量电感电流的零状态响应，即

$$i_L(t) = I_s(1 - \mathrm{e}^{-\frac{R}{L}t}) = I_s(1 - \mathrm{e}^{-\frac{1}{\tau}t}) \quad (t \geqslant 0) \qquad (7.3-17)$$

根据电感的 VCR，可得非状态变量电感电压（电阻电压）的零状态响应为

$$u_L(t) = L\frac{\mathrm{d}i_L(t)}{\mathrm{d}t} = RI_s\mathrm{e}^{-\frac{1}{\tau}t} \quad (t \geqslant 0) \qquad (7.3-18)$$

式中，$RI_{\mathrm{S}} = u_L(0_+)$，故该式可改写为

$$u_L(t) = u_L(0_+)\mathrm{e}^{-\frac{1}{\tau}t} \quad (t \geqslant 0) \tag{7.3-19}$$

由式(7.3-17)和式(7.3-18)可画出 RL 电路零状态响应 $i_L(t)$ 和 $u_L(t)$ 的波形，如图 7-10(b)所示。

当 $t \rightarrow \infty$ 时，$i_L(\infty) = I_{\mathrm{S}}$，$u_L(\infty) = 0$，则式(7.3-17)可改写为

$$i_L(t) = I_{\mathrm{S}}(1 - \mathrm{e}^{-\frac{R}{L}t}) = i_L(\infty)(1 - \mathrm{e}^{-\frac{1}{\tau}t}) \quad (t \geqslant 0) \tag{7.3-20}$$

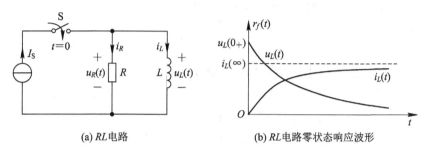

(a) RL 电路　　　　　　　　(b) RL 电路零状态响应波形

图 7-10　一阶 RL 电路零状态响应分析图

2. RC 电路的零状态响应

在图 7-11(a)所示 RC 电路中，$t < 0$ 时，开关 S 断开，电容无储能，$u_C(0_-) = 0$；$t = 0$ 时，开关 S 闭合，由换路定则可得电路初始状态为 $u_C(0_+) = u_C(0_-) = 0$，电压源 U_{S} 开始给电容充电，动态过程也随之开始。根据 KVL 和电容的伏安特性，可得电路的数学模型为

$$RC\frac{\mathrm{d}u_C(t)}{\mathrm{d}t} + u_C(t) = U_{\mathrm{S}} \tag{7.3-21}$$

式(7.3-21)是一个非齐次微分方程，其解就是状态变量电容电压的零状态响应，即

$$u_C(t) = U_{\mathrm{S}}(1 - \mathrm{e}^{-\frac{1}{\tau}t}) \quad (t \geqslant 0) \tag{7.3-22}$$

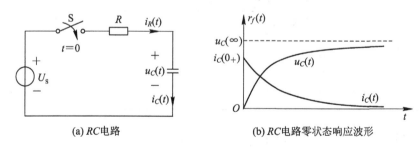

(a) RC 电路　　　　　　　　(b) RC 电路零状态响应波形

图 7-11　一阶 RC 电路零状态响应分析图

根据电容的 VCR，可得非状态变量电容电流(电阻电流)的零状态响应为

$$i_C(t) = C\frac{\mathrm{d}u_C(t)}{\mathrm{d}t} = \frac{U_{\mathrm{S}}}{R}\mathrm{e}^{-\frac{1}{\tau}t} \quad (t \geqslant 0) \tag{7.3-23}$$

式中，$\dfrac{U_{\mathrm{S}}}{R} = i_C(0_+)$，故该式可改写为

$$i_C(t) = i_C(0_+)\mathrm{e}^{-\frac{1}{\tau}t} \quad (t \geqslant 0) \tag{7.3-24}$$

由式(7.3-22)和式(7.3-23)可画出 RC 电路零状态响应 $u_C(t)$ 和 $i_C(t)$ 的波形，如图 7-11(b)所示。

当 $t \to \infty$ 时，$u_C(\infty)=U_s$，$i_C(\infty)=0$，则式(7.3-22)可改写为

$$u_C(t) = u_C(\infty)(1 - e^{-\frac{1}{\tau}t}) \quad (t \geqslant 0) \tag{7.3-25}$$

综上所述，可得如下关于一阶系统零状态响应的结论：

(1) 状态变量的零状态响应的时域表现都一样，都是从 0 开始(旧状态)按指数规律慢慢增大，直至最大值 $i_L(\infty)=I_s$ 或 $u_C(\infty)=U_s$(新状态)。过渡时间的长短与时常数 τ 密切相关，τ 越大，过渡时间越长，响应变化越慢。

(2) 状态变量的零状态响应都包含两个分量：一个是与时间无关的稳定量 $i_L(\infty)$ 或 $u_C(\infty)$，可称为"稳态响应"，又因其与激励有关，也可称为"强迫响应"；另一个是随时间增加而衰减的变化量 $-i_L(\infty)e^{-\frac{1}{\tau}t}$ 或 $-u_C(\infty)e^{-\frac{1}{\tau}t}$，即自由响应或暂态(瞬态)响应。

(3) RL 与 RC 电路的零状态响应具有对偶性。

(4) 状态变量的零状态响应表达式在形式上都一样，可统一表达为

$$r_f(t) = r_f(\infty)(1 - e^{-\frac{1}{\tau}t}) \quad (t \geqslant 0) \tag{7.3-26}$$

(5) 非状态变量的零状态响应表达式在形式上都一样，可统一表达为

$$r_f(t) = r_f(0_+)e^{-\frac{1}{\tau}t} \quad (t \geqslant 0) \tag{7.3-27}$$

式(7.3-26)和式(7.3-27)中的 $r_f(t)$ 为零状态响应的通用表示符号。

下面给出一阶电路零状态响应的一般求解步骤：

(1) 求 $t \to \infty$ 时的终止值(终值)$r_f(\infty)$。RL 电路为 $i_L(\infty)$，RC 电路为 $u_C(\infty)$。

(2) 求 $t=0_+$ 时的初始值(初值)$r_f(0_+)$。RL 电路为 $u_L(0_+)$，RC 电路为 $i_C(0_+)$。

(3) 求 RL 电路的时常数 $\tau = \dfrac{L}{R}$ 或 RC 电路的时常数 $\tau = RC$。其中，R 为从电感 L 或电容 C 两端看进去的戴维南等效电阻。

(4) 根据式(7.3-26)和式(7.3-27)可直接写出零状态响应表达式，见表7-2。

表7-2 一阶动态系统的零状态响应表达式

电路名称	电流响应表达式	电压响应表达式
RL 电路	$i_L(t)=i_L(\infty)(1-e^{-\frac{1}{\tau}t}) \quad (t \geqslant 0)$	$u_L(t)=u_L(0_+)e^{-\frac{1}{\tau}t} \quad (t \geqslant 0)$
RC 电路	$i_C(t)=i_C(0_+)e^{-\frac{1}{\tau}t} \quad (t \geqslant 0)$	$u_C(t)=u_C(\infty)(1-e^{-\frac{1}{\tau}t}) \quad (t \geqslant 0)$

【例7-3】 图7-12所示电路中，开关S在位置1时，电路处于稳态，此时电感无储能。$t=0$ 时刻，把S扳到位置2，求 $t \geqslant 0$ 时的 $u_L(t)$ 和 $i_L(t)$。

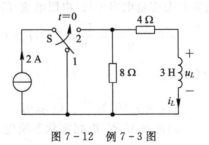

图7-12 例7-3图

解 电感初始无储能，根据换路定则，可得电路的初始状态为

$$i_L(0_+) = i_L(0_-) = 0$$

换路后，从电感两端看进去的戴维南等效电阻和时常数分别为

$$R = 4 + 8 = 12 \ \Omega, \qquad \tau = \frac{L}{R} = \frac{3}{12} = 0.25 \ s$$

根据分流公式可得

$$i_L(\infty) = \frac{8}{8+4} \times 2 = \frac{4}{3} \ A$$

由 $i_L(t) = i_L(\infty)(1 - e^{-\frac{1}{\tau}t})(t \geqslant 0)$，可得

$$i_L(t) = \frac{4}{3}(1 - e^{-4t}) \quad (t \geqslant 0)$$

根据电感的伏安特性可得

$$u_L(t) = L \frac{di_L(t)}{dt} = 3 \times \left(-\frac{4}{3}e^{-4t}\right) \times (-4) = 16e^{-4t} \ V$$

7.3.3 全响应的求解方法

介绍了零输入响应和零状态响应的求解方法后，就可利用叠加原理求得全响应了。

设一阶电路的全响应为 $r(t)$，零输入响应为 $r_x(t)$，零状态响应为 $r_f(t)$，则有

$$r(t) = r_x(t) + r_f(t) = r_x(0_+)e^{-\frac{1}{\tau}t} + r_f(\infty)(1 - e^{-\frac{1}{\tau}t}) \quad (t \geqslant 0) \qquad (7.3-28)$$

对于 RL 电路，有

$$i_L(t) = i_L(0_+)e^{-\frac{1}{\tau}t} + i_L(\infty)(1 - e^{-\frac{1}{\tau}t}) = i_L(\infty) + [i_L(0_+) - i_L(\infty)]e^{-\frac{1}{\tau}t} \quad (t \geqslant 0)$$

$$(7.3-29)$$

对于 RC 电路，有

$$u_C(t) = u_C(0_+)e^{-\frac{1}{\tau}t} + u_C(\infty)(1 - e^{-\frac{1}{\tau}t}) = u_C(\infty) + [u_C(0_+) - u_C(\infty)]e^{-\frac{1}{\tau}t} \quad (t \geqslant 0)$$

$$(7.3-30)$$

可见，全响应只与初值 $r(0_+)$、终值 $r(\infty)$ 和时常数 τ 三个因素有关。换句话说，只要知道这三个值，一阶电路的全响应就可直接写出，而不必再求解微分方程了。

三要素法：对于一个一阶动态电路，只要求出全响应 $r(t)$ 的初值 $r(0_+)$、终值 $r(\infty)$ 和电路时常数 τ，就可以利用公式

$$r(t) = r(\infty) + [r(0_+) - r(\infty)]e^{-\frac{1}{\tau}t} \quad (t \geqslant 0) \qquad (7.3-31)$$

直接写出该电路的全响应。

一阶动态电路的全响应波形如图 7-13 所示。

式(7.3-31)不仅适用于状态变量全响应的求解，也适用于非状态变量全响应的求解。但要注意非状态变量响应的初值必须根据初始状态 $i_L(0_+)$ 和 $u_C(0_+)$，在 $t = 0_+$ 时刻的等效电路中求得。

下面给出三要素法的具体步骤：

(1) 确定响应的初值 $r(0_+)$。在 $t = 0_-$ 起始时刻的原始电路中，求出起始状态 $i_L(0_-)$ 或 $u_C(0_-)$。在 $t = 0_+$ 初始时刻的等效电路中，由换路定则求得初始状态 $i_L(0_+) = i_L(0_-)$ 或 $u_C(0_+) = u_C(0_-)$。若响应是非状态变量，则将电感用直流电流源 $i_L(0_+)$、电容用直流电压

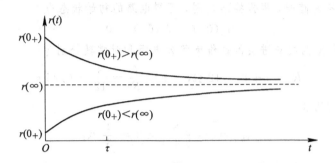

图 7-13 一阶动态电路的全响应波形

源 $u_C(0_+)$ 替换，得到初始时刻的等效纯电阻电路，然后求得响应的初始条件 $r(0_+)$。

（2）确定响应的终值 $r(\infty)$。画出 $t\to\infty$ 时的等效电路，此时，过渡过程已结束，电路进入新稳态，电感等效为短路，电容等效为开路，然后求得响应的终值。

（3）求时常数 τ。根据 $\tau=\dfrac{L}{R}$ 和 $\tau=RC$ 确定 RL 或 RC 电路的时常数，其中 R 为在换路后的电路中，从电感 L 或电容 C 两端看进去的戴维南等效电阻。求 R 依然可采用电阻的串并联法，外加电压法或短路电流法。

（4）求全响应。利用三要素计算公式(7.3-31)求出全响应。

【例 7-4】 图 7-14(a)所示电路中，开关 S 在位置 1 时，电路处于稳态。$t=0$ 时刻，把 S 扳到位置 2，求 $t\geqslant0$ 时的 $i(t)$ 和 $i_L(t)$ 并绘出其波形。

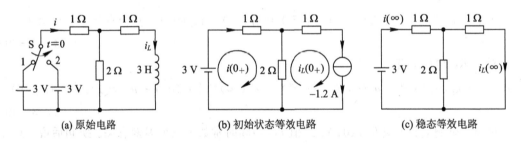

(a) 原始电路　　　　(b) 初始状态等效电路　　　　(c) 稳态等效电路

图 7-14 例 7-4 图

解 （1）求 $i_L(0_+)$ 和 $i(0_+)$。换路前，电感相当于短路，根据电阻串、并联关系可得

$$i_L(0_-)=-\frac{3}{1+1\,/\!/\,2}\times\frac{2}{1+2}=-1.2\ \text{A}$$

根据换路定则有

$$i_L(0_+)=i_L(0_-)=-1.2\ \text{A}$$

换路后，电感相当于-1.2 A 电流源，等效电路如图 7-14(b)所示。利用网孔电流法有

$$(1+2)i(0_+)-2i_L(0_+)=3$$

将 $i_L(0_+)=-1.2$ A 代入，解得

$$i(0_+)=\frac{3-2.4}{3}=0.2\ \text{A}$$

（2）求 $i_L(\infty)$ 和 $i(\infty)$。$t\to\infty$ 时，电感相当于短路，等效电路如图 7-14(c)所示。由欧姆定律及分流公式可得

$$i(\infty) = \frac{3}{1 + 1 /\!/ 2} = 1.8 \text{ A}, \quad i_L(\infty) = \frac{2}{1 + 2} 1.8 = 1.2 \text{ A}$$

（3）求时常数 τ。换路后，戴维南等效电阻为

$$R = 1 + \frac{1 \times 2}{1 + 2} = \frac{5}{3} \text{ }\Omega$$

则

$$\tau = \frac{L}{R} = \frac{3}{5/3} = 1.8 \text{ s}$$

（4）全响应为

$$i(t) = 1.8 + (0.2 - 1.8)e^{-\frac{t}{1.8}} \text{ A} = 1.8 - 1.6e^{-\frac{t}{1.8}} \text{ A} \quad (t \geqslant 0)$$

$$i_L(t) = 1.2 + (-1.2 - 1.2)e^{-\frac{t}{1.8}} \text{ A} = 1.2 - 2.4e^{-\frac{t}{1.8}} \text{ A} \quad (t \geqslant 0)$$

波形见图 7 - 15。

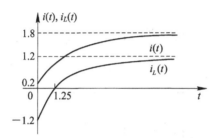

图 7 - 15 例 7 - 4 响应波形

利用三要素法求解全响应的难点在于确定响应初值。虽然 $i_L(t)$ 和 $u_C(t)$ 在换路时刻不会突变，但电路中的其他变量却可能突变，因此需要通过计算才能得到初值。为便于计算响应初值，表 7 - 3 给出了换路时和稳定时的电感和电容等效图。

表 7 - 3 电感和电容在换路和稳态时的等效图

条 件		零初始状态 $t = 0_+$	非零初始状态 $t = 0_+$	稳 态 $t = 0_-$，$t \to \infty$
元件	C	短路	$u_C(0_+) = u_C(0_-)$	开路
	L	开路	$i_L(0_+) = i_L(0_-)$	短路

注意：为便于书写，上述所有响应的起始点均标注为 $t \geqslant 0$，但严格地讲，应该是 $t \geqslant 0_+$。

7.3.4 响应的分类

根据 7.3.1～7.3.3 节的内容，可把动态电路的全响应分解为如下几种形式：

（1）全解（全响应）=通解＋特解（根据不同的解方程方法分解）。

(2) 全响应＝零输入响应＋零状态响应(根据不同的响应来源分解)。

(3) 全响应＝自由响应＋强迫响应(根据不同的响应形式分解)。

(4) 全响应＝暂态响应＋稳态响应(根据不同的响应寿命分解)。

上述各种响应的概念如下：

(1) 零输入响应和零状态响应。只由系统状态产生的响应是零输入响应；只由外部激励信号产生的响应是零状态响应。

(2) 自由响应和强迫响应。以指数形式存在的响应是自由响应(与电路结构和元件参数有关)，其特征是随着时间的推移，最终按指数规律衰减为零；全响应中除自由响应以外的成分就是强迫响应。

(3) 暂态响应和稳态响应。存在于有限时间段内并逐渐衰减为零的响应是暂态响应；在时间 $t \to \infty$ 时仍存在的响应是稳态响应。

各种响应的关系见图 7-16。

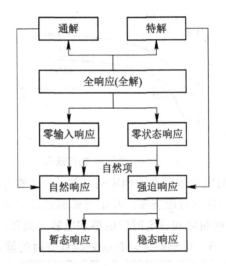

图 7-16　全响应构成及方程解与响应的关系

7.3.5　微分电路和积分电路

一阶动态电路有两个典型应用，即对激励信号进行微分处理和积分处理。

1. 微分电路

一个 RC 微分电路如图 7-17 所示。在零状态下，当激励为阶跃信号 $u_S(t) = \varepsilon(t)$ 时，

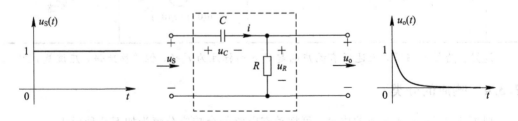

图 7-17　微分电路

响应信号为 $u_{\circ}(t)=RC\dfrac{\mathrm{d}u_C(t)}{\mathrm{d}t}$。若时常数 τ 很小，则 $u_C(t)\approx u_S(t)$。这样，就有 $u_{\circ}(t)\approx RC\dfrac{\mathrm{d}u_S(t)}{\mathrm{d}t}$，即该电路的响应是激励的微分，其波形是一个尖脉冲。

在"通信原理"课程中，微分电路可用于 2FSK 信号的解调。

2. 积分电路

一个 RC 积分电路如图 7-18 所示。在零状态下，当激励为阶跃信号 $u_S(t)=\varepsilon(t)$ 时，响应信号为 $u_{\circ}(t)=\dfrac{1}{C}\displaystyle\int_{-\infty}^{t}i(t)\mathrm{d}t$。若时常数 τ 很大，则 $u_R(t)\approx u_S(t)$，$i(t)=\dfrac{u_R(t)}{R}\approx\dfrac{u_S(t)}{R}$。这样，就有 $u_{\circ}(t)\approx\dfrac{1}{RC}\displaystyle\int_{-\infty}^{t}u_S(t)\mathrm{d}t$，即该电路的响应是激励的积分，其波形是一个斜坡。

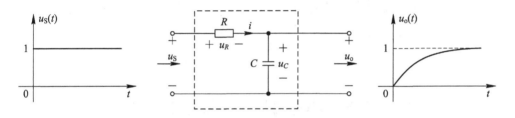

图 7-18　积分电路

在"通信原理"课程中，积分器可用于增量调制及解调和增量总和调制。

图 7-19 给出了两种电路对周期方波的处理波形，这样的处理结果要在考虑方波频率、占空比及幅值等因素的前提下，精心设计两种电路的时常数才能实现。

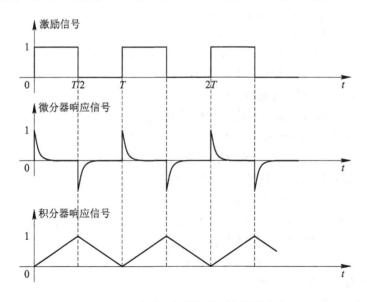

图 7-19　微分、积分电路对方波的响应

需要说明的是：

（1）本章的很多概念与"信号与系统"课程紧密相关，比如系统、状态、激励、零输入响

应、零状态响应、自由响应、强迫响应、稳态响应、暂态响应、全响应等。

（2）本章的激励是直流信号，但在电路分析中，直流信号常用"阶跃信号"表示。阶跃信号是"信号与系统"课程中的一个重要基本信号，其定义是 $\varepsilon(t)=\begin{cases}0 & t<0 \\ 1 & t>0\end{cases}$。

（3）本章知识是"信号与系统"课程中分析低阶电路在激励为直流信号时的特例，也是"信号与系统"课程中分析高阶系统对其他非周期激励信号处理问题的基础。

7.4 结　语

综上所述，本章的主要内容可以用图 7-20 概括。

图 7-20　第 7 章主要内容示意图

7.5　小知识——高压输电

在城市和乡村经常会看到架设高压输电线的铁塔下面挂着画有闪电符号并写有"高压危险"的警示牌，如图 7-21 所示。那么，为什么要用高压输电呢？

在图 7-22(a)所示电路中，设交流电源电压为 $U=220$ V，输出电流为 $I=100$ A，输出功率为 $P_。=UI=220\times100=22$ kW。若要将这 22 000 W 的电能传送到 10 km 外的负载上，假设来回线路的总电阻为 1 Ω，则线路上的损耗功率就为 $P_{线}=R_{线}\times I^2=1\times100^2=10$ kW，最后负载只能得到 $P_L=P_。-P_{线}=22-10=12$ kW，电能的传输效率才 55%。显然，这是因为线路上电流和线阻过大而导致线路损耗过大。

图 7-21　高压警示牌

为了提高传输效率，需要减少线阻和电流。因加大线径会抬高成本，故只能设法减小电流。假设电源输出功率仍为 $P_。=UI=22$ kW，但输出电流变为 $I=1$ A，则输出电压变为 $U=22\,000$ V$=22$ kV。这时，线路损耗功率为 $P_{线}=R_{线}\times I^2=1\times1^2=1$ W，负载得到的功率为 $P_L=P_。-P_{线}=22\,000-1\approx22$ kW，传输效率近似为 100%。同时，因线路上电流变小，传输线线径也随之减小，从而降低了线路成本。这就是采用高压输电的原因。

通常，电厂先用升压变压器提高输出电压，通过线路送到目的地后再用降压变压器将电压降低供用户使用，如图 7-22(b)所示。

我国根据输送电能距离的远近，采用不同的高压输电线路，一种实用的高压输电线路见图 7-23。距离在 200～300 km 时采用 220 kV(千伏)线路；100 km 左右采用 110 kV 线路；50 km 左右采用 35 kV 或者 66 kV 线路；15～20 km 采用 10 kV、12 kV 或 6300 V 线路。

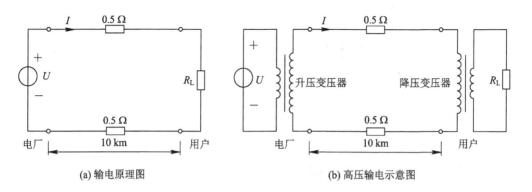

(a) 输电原理图　　　　　　　　　(b) 高压输电示意图

图 7 - 22　高压输电原理图

电压为 110 kV 或 220 kV 的线路称为高压输电线路；电压是 330 kV、550 kV 及 750 kV 的线路称为超高压输电线路；电压为 1000 kV 的线路称为特高压输电线路。

图 7 - 23　一种实用的高压输电线路

本 章 习 题

7-1　设有两个如图 7-24 所示的时常数不同的一阶 RC 电路。

若 $\tau_1 > \tau_2$，则它们的电容电压增长到同一电压值所需的时间必然是 $t_1 > t_2$，与稳态电压的大小无关，对不对？

若 $\tau_1 > \tau_2$，则它们的电容电压增长到各自稳态电压同一百分比值所需的时间必须是 $t_1 > t_2$，对不对？

若 $\tau_1 = \tau_2$，稳态电容电压不同，则它们的电容电压增长到同一电压值所需的时间必然是 $t_1 = t_2$，对不对？

7-2　如图 7-25 所示电路，开关 S 在 $t = 0$ 时刻打开，试导出 u_C 到达指定值 U_0 所需时间 t_0 的计算公式。$\left(t_0 = -RC\ln\left(1 - \dfrac{U_0}{RI_s}\right)\right)$

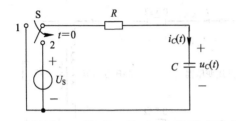
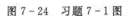

图 7-24 习题 7-1 图

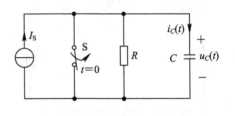

图 7-25 习题 7-2 图

7-3 如图 7-26 所示电路,初始无储能,开关 S 在 $t=0$ 时刻闭合,求 $t \geq 0$ 时的 $u_L(t)$ 和 $i_L(t)$。($i_L(t)=1.6(1-\mathrm{e}^{-10t})$ A)

7-4 如图 7-27 所示电路,初始无储能,开关 S 在 $t=0$ 时刻闭合,求 $t \geq 0$ 时的 $u_C(t)$ 和 $i_C(t)$。

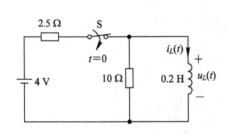

图 7-26 习题 7-3 图

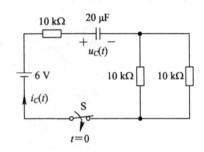

图 7-27 习题 7-4 图

7-5 如图 7-28 所示电路,开关 S 在 $t=0$ 时刻打开,打开前一瞬间,电容电压为 6 V,求 $t \geq 0$ 时 3 Ω 电阻上的电流 $i(t)$。($2\mathrm{e}^{-\frac{t}{3}}$ A)

7-6 如图 7-29 所示电路,开关 S 在 $t=0$ 时刻由 a 转到 b,转换前一瞬间,电感电流为 1 A,求 $t \geq 0$ 时电感上的电流 $i_L(t)$。(e^{-10t} A)

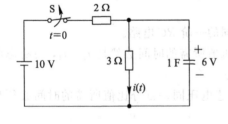

图 7-28 习题 7-5 图

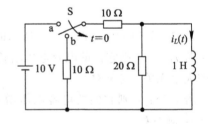

图 7-29 习题 7-6 图

7-7 如图 7-30 所示电路,求 $t \geq 0$ 时的响应 $u_C(t)$。

(1) $i_S(t)=2$ A, $u_C(0)=1$ V。

(2) $i_S(t)=3$ A, $u_C(0)=1$ V。

(3) $i_S(t)=5$ A, $u_C(0)=1$ V。

(4) 核对(3)的结果是否为(1)、(2)之和。

($2-\mathrm{e}^{-t}$ V; $3-2\mathrm{e}^{-t}$ V; $5-4\mathrm{e}^{-t}$ V)

7-8　如图 7-31 所示电路,开关 S 闭合前电路处于稳态,在 $t=0$ 时刻开关 S 闭合,求 $t \geqslant 0$ 时的响应 $u_C(t)$。若 12 V 电源改为 24 V,求 $t \geqslant 0$ 时的响应 $u_C(t)$。$(27+5\mathrm{e}^{-\frac{t}{0.15}}$ V;$27+7\mathrm{e}^{-\frac{t}{0.15}}$ V)

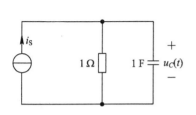

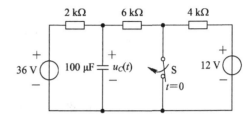

图 7-30　习题 7-7 图　　　　　　　　　图 7-31　习题 7-8 图

7-9　如图 7-32(a)电路,若电压源 u_S 的波形如图 7-32(b)所示,求 $u_C(t)$ 和 $i(t)$;若 u_S 的波形如图 7-32(c)所示,求 $u_C(t)$ 和 $i(t)$。$(20-30\mathrm{e}^{-\frac{t}{\tau}}$ V;$10-20\mathrm{e}^{-\frac{t}{\tau}}$ V)

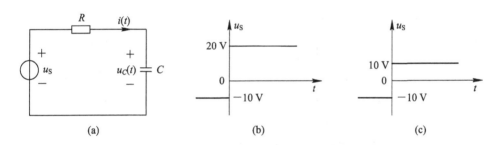

(a)　　　　　　　　(b)　　　　　　　　(c)

图 7-32　习题 7-9 图

7-10　如图 7-33 所示电路,已知 $t \geqslant 0$ 时,1 V 电压源作用于电路,$i_L(t)=(0.001+0.005\mathrm{e}^{-at})$ A,求电压源为 2 V 时的 $i_L(t)$。$(i_L(t)=(2+4\mathrm{e}^{-at})$ mA$)$

7-11　如图 7-34 所示电路,已知当 $u_S=1$ V,$i_S=0$ 时,$u_C=(0.5+2\mathrm{e}^{-2t})$ V,$t \geqslant 0$;当 $i_S=1$ A,$u_S=0$ 时,$u_C=(2+0.5\mathrm{e}^{-2t})$ V,$t \geqslant 0$。求:

(1) R_1、R_2、C 的值。

(2) $u_S=1$ V 和 $i_S=1$ A 同时作用下的 $u_C(t)$。

$(4\ \Omega,4\ \Omega,0.25\ \mathrm{F})$

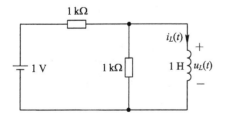

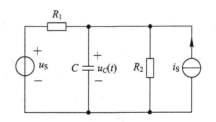

图 7-33　习题 7-10 图　　　　　　　　　图 7-34　习题 7-11 图

7-12　如图 7-35 所示电路,已知开关动作前电路达到稳态,求开关动作后的 $u(0_+)$ 和 $i(0_+)$。$(5$ V,1.25 mA;20 V,-2 A$)$

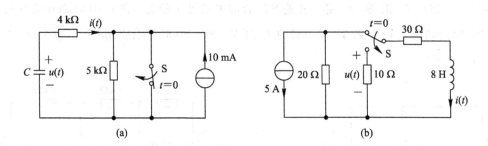

图 7-35 习题 7-12 图

7-13 如图 7-36 所示电路，$t=0$ 时开关 S 闭合。已知 $u_C(0_-)=0$，问：电容电压 $u_C(t)$ 上升到 4 V 需要多长时间？(1.61 s)

7-14 如图 7-37 所示电路，$t=0$ 时开关 S 由 1 位拨到 2 位，求电容电流 $i_C(t)$。$\left(i_C(t)=-\dfrac{10}{3}e^{-\frac{100}{3}t} \text{ mA}\right)$

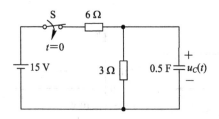

图 7-36 习题 7-13 图

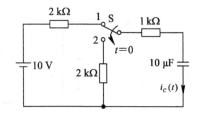

图 7-37 习题 7-14 图

7-15 如图 7-38 所示电路中，已知 $u_C(0_-)=6$ V，$C=0.25$ μF，$t=0$ 时刻开关 S 闭合，求 $t>0$ 时的电流 $i(t)$。$(-6\times10^{-3}e^{-4\times10^3 t}$ A)

7-16 如图 7-39 所示电路，开关 S 闭合前已处于稳态。已知 $R_1=R_2=R_3=4$ Ω，$L=0.5$ H，$U_s=32$ V，求 $t>0$ 时的 $u(t)$。$(19.2-1.2e^{-10t}$ V)

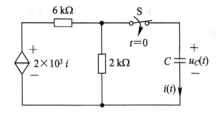

图 7-38 习题 7-15 图

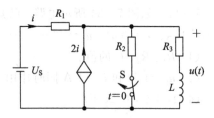

图 7-39 习题 7-16 图

7-17 如图 7-40 所示电路，开关动作前已处于稳态。$t=0$ 时刻开关 S_1 闭合，$t=1$ s 时开关 S_2 闭合。已知 $u_C(0_-)=0$，$R_1=R_2=20$ kΩ，$C=50$ μF，$U_s=10$ V，求 $t>0$ 时的 $u_C(t)$，并粗略画出其波形。$(5+1.32e^{-2(t-1)}$ V$(t>1$ s$))$

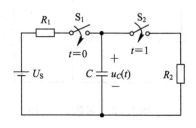

图 7-40 习题 7-17 图

第8章　电路及元器件的测量

引子　在实际电路的设计、搭建、使用及维护中，前面介绍的电路理论知识及分析方法是必不可少的，而对电路及元器件的测量技能也同样不可或缺。因此，基于前面的理论知识，本章介绍一些电路和元器件的基本测量知识及方法，以期提高读者理论联系实际的能力。

8.1　万用表简介

在电路的实际应用中，对支路电流、两点间电压和元器件参数的测量及元器件好坏的判断是必不可少的。通常，最快捷、最简单的测试方法是采用模拟式或数字式测量仪表进行测量。所谓模拟式测量仪表指采用动圈式表头（指针表头）作为示数装置的仪表，而数字式测量仪表指用数字显示屏示数的仪表。最常见的测量仪表是模拟式和数字式"万用表"。

模拟式万用表是一种平均值式仪表，其主要特点如下：

（1）显示直观、形象。因为示数值与指针摆动角度密切相关且指针摆动的过程比较直观，其摆动速度和幅度有时也能比较客观地反映被测物理量的大小或元器件的特性，比如电容的充放电过程，热敏电阻阻值随温度变化的规律以及光敏电阻阻值随光照变化的特性等。

（2）结构简单，成本较低，维护方便。

（3）抗过流、过压能力较强。

（4）输出电压较高（通常大于 3 V），电流也大（100 mA 左右），可以方便地测试可控硅、发光二极管等元器件。

（5）没有放大器，内阻不够大，电压测量精度较低。比如 MF - 500 型万用表的直流电压灵敏度为 20 kΩ/V。

（6）功能较少。

（7）读数具有视角误差，准确度较低。

数字式万用表是一种瞬时取样式仪表，其主要特点如下：

（1）以数字形式显示结果，便于观察。通常每隔 0.3 s 测量一次并显示抽样值。因为每次的抽样值可能不同，所以显示结果可能不断变化。

（2）内部采用运放电路，内阻可以做得很大，对被测电路影响较小，测量精度较高。

（3）内部采用了多种振荡、放大、分频、保护等电路，因此功能较多，比如可以测量温度、频率、电容、电感等，更高级的还可充当信号发生器等。

（4）没有视角误差，准确度高。

（5）结构复杂，维修不便。

（6）输出电压较低（通常不超过1 V），不便于对一些元器件进行测试。

综上，模拟表和数字表的特点可概括如下：

模拟表的特点：指示形象，简单，皮实，电池使用时间长。

数字表的特点：准确，复杂，易损，需要经常换电池。

图8-1是模拟式和数字式万用表实物图。

模拟表数字表

图8-1　模拟式和数字式万用表

8.2　模拟万用表的工作原理

模拟万用表主要由动圈式表头、转换开关、二极管、电池和电阻等元件构成。表头用于示数，转换开关用于选择量程，二极管用于整流，电阻用于改变量程和测量功能。

8.2.1　动圈式表头

磁电式(动圈式)表头的基本结构如图8-2(a)所示。用一个绕制在可以转动的铝框上的细漆包线线圈作为处于磁场中的导体；铝框的转轴上装有两个扁平的螺旋弹簧(游丝)和一个指针；线圈的两头分别接在游丝上并将游丝引出作为测量端子；马蹄形磁铁的两端各有一个内壁为柱面的极靴，铝框内有一个圆柱形铁芯。极靴与铁芯的作用就是在它们之间形成均匀分布的磁场。磁电式表头的电路模型是一个指针表符号或电流字符与内阻相串联，见图8-2(b)。

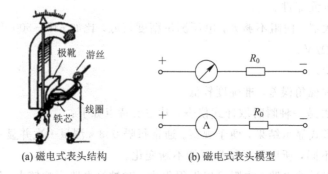

(a) 磁电式表头结构　　　　　　(b) 磁电式表头模型

图8-2　磁电式表头结构及模型

磁电式表头的原理与电动机类似，都基于"通电导体在磁场中受力"的物理现象。被测

电流通过接线端子进入处于磁场中的线圈,使线圈按顺时针偏转,偏转角度的大小与电流大小有关,电流大,则偏转角度大。显然,可通过指针的偏转角度换算出电流大小。

一个表头的参数主要有满偏电流值(满偏值)、灵敏度、内阻和量程。

满偏值:表头指针转到刻度盘最大值(最大偏转角度)时,流过线圈的电流值。

灵敏度:满偏值的倒数,灵敏度＝1/满偏值,单位是 Ω/V 或 $k\Omega/V$。

如满偏值为 $50~\mu A$ 的电流表头,其灵敏度为 $1/50\times10^{-6}=20~k\Omega/V$。灵敏度实际反映的是单位电流使得指针偏转的角度,比如,一个表头通过 1 mA 电流,指针偏转 10°,而另一个表头通过 1 mA 电流,指针偏转 15°,则第二个表头灵敏度高。显然,灵敏度越高,说明表头可检测的电流越小且在测量过程中对被测电路的影响越小,检测结果也就越精确。

内阻:从表头两个测量端子看进去的等效电阻。

假设被测电压不变,则内阻越大,电流就越小,灵敏度也就越高。显然,有

$$表头端电压 = 表头满偏值 \times 内阻$$

因此,一个直流电流表头既可测直流电流,也可测直流电压。比如,一个满偏值为 $50~\mu A$、内阻为 $1500~k\Omega$ 的电流表头既是一个检测电流最大值(满偏值)为 $50~\mu A$ 的检流计,也是一个检测电压最大值(满偏值)为 $50~\mu A\times1500~k\Omega=75~mV$ 的电压表,还是一个阻值为 $1500~k\Omega$ 的电阻。

量程:仪表的测量范围(标称示值区间)。

需要注意的是,满偏值是示数最大值,而量程是示数范围。对于裸表头而言,满偏值与量程在数值上相等,比如上述表头的满偏值和量程都是 $50~\mu A$ 或 75 mV。

8.2.2　电流的测量原理

裸表头因量程过小而无法直接用于实际测量,因此,需要对其进行量程扩展。但量程可变,满偏值不变。从本质上讲,所有扩展量程都是基于满偏值不变而进行分流或分压的结果。

电流表量程扩展的原理很简单,就是并联电阻的分流原理。给表头并联一个电阻,适当选择其阻值,即可控制一部分被测电流不经过表头而被电阻分流,从而实现量程扩展。

【例 8 - 1】　已知一个动圈式表头的满偏值为 $100~\mu A$、内阻 R_0 为 $2~k\Omega$,若要将表头量程扩大为 10 mA 和 1 A 两挡,请给出实现方案。

解　根据并联电阻可以分流的结论,给出一种可能的电路图如图 8 - 3 所示。

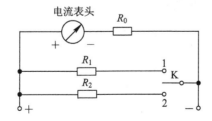

图 8 - 3　例 8 - 1 图

当开关 K 拨在 1 位时,设量程为 10 mA,则电阻 R_1 上分得的电流为 10−0.1＝9.9 mA。

根据分流公式可得 $9.9 = \dfrac{2}{R_1 + 2} 10$，解得 $R_1 = 20.2\ \Omega$。

当开关 K 拨在 2 位时，设量程为 1 A，则电阻 R_2 上分得的电流为 $1000 - 0.1 = 999.9$ mA。根据分流公式可得 $999.9 = \dfrac{2}{R_2 + 2} 1000$，解得 $R_2 = 0.2\ \Omega$。

图 8-3 的电路虽然可以实现电流表量程的扩展，但并不实用，因为若在转换量程时，没有断开被测电路，则在开关转换的瞬间，两个分流电阻都可能与开关触点不连接，从而使分流支路不起作用，被测电流会全部流过表头，使表头因过流而损坏。

实际中，常采用图 8-4(a)所示的艾尔顿(Ayrton)分流电路。该电路的优点是不管开关处在什么位置，分流电阻(支路)始终与表头并接，不会使表头出现过流现象。

设被测电流最大值为 I_{xm}，表头满偏值为 I_{0m}，并联电阻为 R_p，抽头电阻为 R_b，则

$$R_b = \frac{I_{0m}(R_0 + R_p)}{I_{xm}} \tag{8.2-1}$$

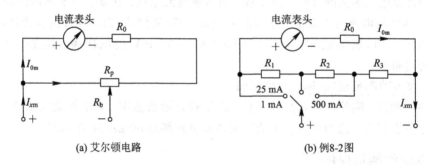

(a) 艾尔顿电路　　　　　　　　　(b) 例8-2图

图 8-4　艾尔顿分流电路及例 8-2 图

【例 8-2】　一个量程为 1 mA、25 mA 和 500 mA 的电流表如图 8-4(b)所示。其中，表头内阻为 $R_0 = 100\ \Omega$，满偏值为 $I_{0m} = 800\ \mu A$。求 R_1、R_2 和 R_3。

解　在 1 mA 挡，$R_p = R_1 + R_2 + R_3 = R_b$，则由式(8.2-1)可得

$$R_p = \frac{I_{0m} R_0}{I_{xm} - I_{0m}} = \frac{0.8 \times 100}{1 - 0.8} = 400\ \Omega$$

在 25 mA 挡，抽头电阻为 $R_b = R_2 + R_3$，则有

$$R_b = R_2 + R_3 = \frac{I_{0m}(R_0 + R_p)}{I_{xm}} = \frac{0.8(100 + 400)}{25} = 16\ \Omega$$

在 500 mA 挡，抽头电阻为 $R_b = R_3$，则有

$$R_b = R_3 = \frac{I_{0m}(R_0 + R_p)}{I_{xm}} = \frac{0.8(100 + 400)}{500} = 0.8\ \Omega$$

因此

$$R_3 = 0.8\ \Omega, \quad R_2 = 16 - 0.8 = 15.2\ \Omega, \quad R_1 = 400 - 16 = 384\ \Omega$$

8.2.3　电压的测量原理

虽然一个电流表头也可以直接测量电压，但量程很小。因此，也必须进行量程扩展才可以测量大电压。电压量程的扩展基于串联电阻分压原理，即给表头串联一个电阻(倍压电阻)，并适当选择其阻值，即可使被测电压的大部分降在该电阻上，从而实现量程的

扩展。

【例 8 - 3】　给定一个量程为 $100\ \mu A$、内阻为 $2\ k\Omega$ 的动圈式表头，若要把该表头改为量程为 10 V 和 100 V 两挡的直流电压表，请给出实现方案。

解　根据串联电阻分压原理，可设计电压表电路如图 8 - 5 所示。

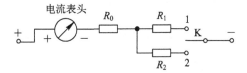

图 8 - 5　例 8 - 3 图

满偏时，该表头的端电压为 $U_0 = R_0 I_m = 2 \times 0.1 = 0.2\ V$。

设开关 K 拨在 1 位时，量程为 10 V，则电阻 R_1 上分得的电压为 $10 - 0.2 = 9.8\ V$，根据分压公式可得 $9.8 = \dfrac{R_1}{R_1 + 2} 10$，解得 $R_1 = 98\ k\Omega$。

设开关 K 拨在 2 位时，量程为 100 V，则电阻 R_2 上分得的电压为 $100 - 0.2 = 99.8\ V$，根据分压公式可得 $99.8 = \dfrac{R_2}{R_2 + 2} 100$，解得 $R_2 = 998\ k\Omega$。

8.2.4　电阻的测量原理

模拟表测量电阻的原理基于欧姆定律。测量时，需要把电流表、被测电阻与一个电压源串接在一起构成一个回路。因为表头内阻已知，电压源已知，则回路电流就与被测电阻成反比关系，所以，可根据回路电流（流过电流表的电流）大小算出被测电阻的值。用于测量电阻的仪表通常称为"欧姆表"。

【例 8 - 4】　给定一个满偏值为 $100\ \mu A$、内阻为 R_0 的动圈式表头和一个电压为 U_S 的电压源，请给出一个测量电阻的方法。

解　设计测量电路如图 8 - 6 所示，图中 $R_0 + R = R_T$ 称为欧姆表内阻。

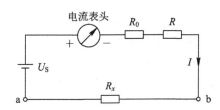

图 8 - 6　例 8 - 4 图

把测量端 a、b 短路，选择 U_S 和 R_T，使得电流等于满偏值，即有

$$I = \frac{U_S}{R_T} = I_m = 100\ \mu A \tag{1}$$

当接上被测电阻 R_x 时，流过表头的电流为

$$I = \frac{U_S}{R_T + R_x} = \frac{U_S}{R_T \left(1 + \dfrac{R_x}{R_T}\right)} = \frac{I_m}{1 + \dfrac{R_x}{R_T}} \tag{2}$$

式(2)表明,对于不同的 R_x,流过表头的电流也不同。因此,可按照式(2)把不同的电流值变为不同的欧姆值,则电流表就变成了欧姆表。

设 $R_T=R_0+R=10$ kΩ,根据式(2)可得不同电流值所对应的 R_x 值如表 8-1 所示。

表 8-1　电流值与 R_x 值对应表

$I/\mu A$	100	83.3	71.4	62.5	55.6	50	40	33.3	16.7	9.1	0
$R_x/$ kΩ	0	2	4	6	8	10	15	20	50	100	∞

由式(2)可知,当 $R_x=R_T$ 时,表头电流为 $I=\dfrac{I_m}{2}$,这时表针正好指向表盘中间位置。因此,表盘中间位置对应的电阻值就是欧姆表的内阻,也称为中值电阻。

欧姆表量程扩展方法与电流表和电压表都不一样,它是将中值电阻由大向小的方向扩展的,即将中值电阻按 10 倍、100 倍、1000 倍和 10 000 倍地减小,由此形成×1、×10、×100、×1k 和×10k 的欧姆表挡位或量程。比如表针指向 5 Ω 的位置,那么,若量程为×1 挡,则被测电阻就是 5 Ω;若量程为×100 挡,则被测电阻就是 500 Ω;若量程为×10k 挡,则被测电阻就是 50 kΩ。因此,可得

被测电阻阻值 = 指针示数 × 倍率(量程)

综上所述,一个电流表头经过扩展可以变成电流计、电压计和欧姆计。所谓万用表实际上就是将以上"三计"合为一体,通过波段开关选择测量功能,因此,万用表也称为"三用表"。

目前,无论是模拟表还是数字表,其功能大都超过了"三用",晶体管参数、电容值、电感值及温度的测量等功能在很多万用表上都可以看到,"万用表"也越来越"名副其实"。

8.3　电路电流的测量方法

因为模拟表的示数在表盘的中间部分比较准确,所以,在选择量程时,应尽量使指针处于中间位置。

在电路中要测量某一支路的电流需要注意以下几点:

(1) 将万用表的量程旋钮拨至合适的电流挡位。若不能预估电流大小,则先拨至最大挡位。比如,MF10 型万用表电流测量共有 10 μA、50 μA、100 μA、1 mA、10 mA、100 mA、1000 mA 七挡量程。若预估被测电流在几十毫安范围内,则开关应先拨至 100 mA 挡;若不能预估被测值,则应将开关旋至最大挡位 1000 mA,然后,在测量过程中逐挡减小至合适挡位。

(2) 将万用表的两根测量表笔串入被测支路时,一定要将红表笔接到高电位处,黑表笔接到低电位处,如图 8-7(a)所示。否则,表针会反转。

(3) 在表盘中找到直流电流刻度线,将所选量程值平分到刻度之中,即可读出电流值。如图 8-7(b)所示。

设量程选为 100 mA 挡,则第二行满刻度读数为 100 mA,每个小格为 2 mA,每个大格为 20 mA,被测电流值为 $I=64$ mA。若量程选为 500 mA 挡,则每个小格为 10 mA,被测电流值为 $I=320$ mA。因此,可得

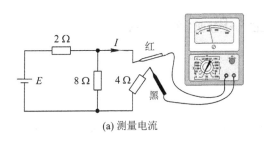 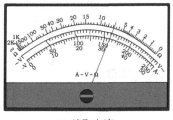

(a) 测量电流　　　　　　　　　(b) 读取电流

图 8-7　测量电流的方法

被测电流值 ＝ 指针示数(格数)×量程／满偏示数(格数)

　　对于测量电流而言，因为仪表是串接在电路中的，要想减小仪表对测量结果的影响，需要仪表的内阻(从两个表笔看进去的电阻)越小越好，理想情况为零。另外，需要注意的是，普通的模拟电流表一般只能测量直流电流，而不能测量交流电流。

8.4　电路电压的测量方法

　　在电路中测量某一支路或元件两端的电压需要注意以下几点：

　　(1) 将万用表挡位旋钮拨至合适的电压量程挡位。如不能预估电压大小，则拨到最大挡位。比如，MF10 型万用表直流电压量程共有 2 V、2.5 V、10 V、50 V、100 V、250 V、500 V 七挡。若预估被测电压在几十伏范围内，则开关应先拨至 100 V 挡；若不能预估被测值，则应将开关先拨至最大挡位 500 V，然后，边测量边减挡，直至减到合适挡位。

　　(2) 将万用表的红表笔触到高电位处，黑表笔触到低电位处，如图 8-8(a)所示。

　　(3) 在表盘中找到直流电压刻度线，将量程值平分到刻度中，即可读出被测电压值，见图 8-8(b)。设量程为 50 V 挡，则第二行满刻度读数为 50 V，每个小格为 1 V，每个大格为 10 V，被测电压值为 $U＝32$ V。若量程改为 100 V 挡，则被测电压值为 $U＝64$ V。因此，可得

被测电压值 ＝ 指针示数(格数)×量程／满偏示数(格数)

　　对于测量电压而言，因为仪表是并接在电路中的，要想减小仪表对测量结果的影响，需要仪表的内阻(从两个表笔看进去的电阻)越大越好，理想情况为无穷大。另外，普通的模拟电压表可以测量交、直流电压。在测交流电压时，不需要考虑表笔的极性。

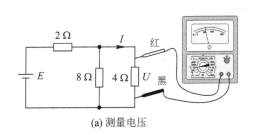 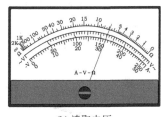

(a) 测量电压　　　　　　　　　(b) 读取电压

图 8-8　测量电压的方法

8.5 元器件的测量方法

8.5.1 电阻的测量

测量电阻的基本步骤如下：

（1）选择合适挡位（量程）。万用表通常有×1、×10、×100、×1k、×10k 和×100k 六个挡位，分别表示表盘的示数被扩大 1 倍、10 倍、100 倍、1000 倍、1 万倍和 10 万倍。

（2）校零。将红黑表笔相接，旋转校准旋钮，让表针指向满偏，即电阻为零的刻度。

（3）将红黑表笔接在被测支路（电阻）两端（不分极性），读出示数，再乘挡位值即可得到真实阻值。

（4）如果表针偏转较小，可以降低挡位使之偏转角增大，以提高读数精度。反之，如果偏转角过大，则要增大挡位。

在图 8-9 中，若在×1 挡，则电阻为 6.9 Ω；若在×10 挡；则电阻为 69 Ω；若在×100 挡，则电阻为 690 Ω。

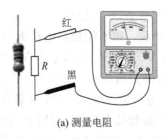
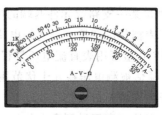

(a) 测量电阻　　　　　　　　　　(b) 读取电阻

图 8-9　测量电阻的方法

注意：在测电流和电压时，表针摆动越大，说明电流或电压数值越大，而在测电阻时，表针摆动越大，说明电阻数值越小。

8.5.2 电感和电容的测量

一般的模拟表不能测出电感的电感量和电容的电容量，但可大致判断它们的好坏。

1. 电感的测量

如图 8-10 所示，用电阻挡测量电感时，若指针摆动很大（电感线阻很小），说明电感

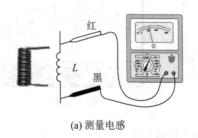
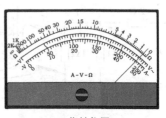

(a) 测量电感　　　　　　　　　　(b) 指针位置

图 8-10　测量电感的方法

基本上是好的。之所以不能肯定电感是好的，是因为无法判断电感内部线圈是否短路。若有几个同样的电感，则线电阻低于其他电感的电感就存在短路问题，其电感量会减小。

2. 电容的测量

如图 8-11 所示的电路中，通常将量程开关放在电阻的最大挡，比如×1k，在表笔接通电容的瞬间，好的电容会使表针摆动，摆动幅度越大，说明电容量越大。摆动完后，表针应该慢慢回到起始位置（回零），即电阻为无穷大的位置。如果表针不回零，说明该电容有漏电问题，距离起始位置越远，漏电越严重。判断原理基于电容的充放电特性。

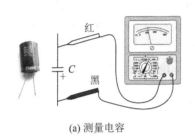 

(a) 测量电容　　　　　　　　　　(b) 指针位置

图 8-11　测量电容的方法

测电解电容时，要把黑表笔接电容正极，红表笔接电容负极。因为在模拟表内部，电池正极接黑表笔，负极接红表笔。另外，电解电容总会有一点漏电流，表针不可能完全归零。

对于小电容而言，表针摆动很小，一般看不出来。因此，只要表针在起始位置，就可以判定该电容没有漏电问题。

在×1k挡，根据经验，表针的位置与被测电容的电容量大小有如表 8-2 所示的关系。

表 8-2　表针偏转位置与电容量的关系

表针偏转位置	200k	100k	20k	2k	1k
电容量	0.47 μF	1 μF	10 μF	100 μF	220 μF

8.5.3　二极管的测量

将万用表设置在×1k挡，将红黑表笔搭接在二极管两端，若测出的电阻为几百至几千欧，则表明这是二极管的正向电阻，此时，黑表笔接的是二极管正极，红表笔接的是负极；若测出的电阻为几百千欧以上，则表明这是二极管的反向电阻，此时，黑表笔接的是二极管负极，红表笔接的是正极，如图 8-12 所示。因此，测量二极管必须对调表笔测两次，正

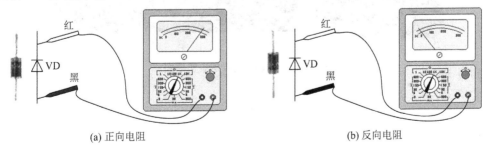

(a) 正向电阻　　　　　　　　　　(b) 反向电阻

图 8-12　测量二级管的方法

反向电阻差别越大越好。如果两次的阻值很接近，说明二极管性能不好；如果两次的阻值都为零，说明二极管击穿了；如果两次的阻值都很大，说明二极管开路了。

通常，用×1挡测量正向电阻。额定电流在 2 A 以下的整流二极管正向电阻应小于 15 Ω，2 A 以上的应为 12 Ω。

需要说明的是，一般二极管外部有色环的一端为负极。

8.5.4 变压器的测量

变压器常用于仪器仪表和家电等低压设备中，并称为"电源变压器"。这类变压器的初级只有 1 个绕组，次级多是 1 个单绕组或一个带抽头的绕组。其主要外特性是高压绕组(初级绕组，接市电 220 V)圈数多，线径细；低压绕组(次级绕组，接负载)圈数少，线径粗。据此，可以用万用表大致判断各绕组的好坏。通常，电阻大的绕组为初级绕组，电阻小的为次级绕组。变压器的功率越大，体积就越大，绕组的线径就越粗、线阻就越小。

8.6 结 语

综上所述，本章的主要内容可以用图 8-13 概括。

图 8-13 第 8 章主要内容示意图

最后，我们给出常用的 MF10 型万用表实物图及其电路原理图，见图 8-14 和图 8-15，以帮助读者更好地理解本章内容。

图 8-14 MF10 型万用表实物图

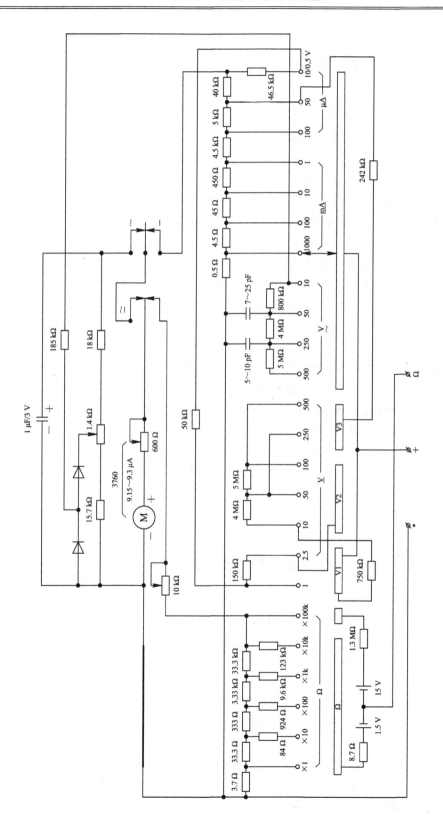

图8-15　MF10型万用表原理图

8.7 小知识——市电电压为什么是 220 V

"市电"泛指城市民用及照明交流用电系统。目前,全球民用交流供电系统主要有两大标准:110~127 V 和 220~240 V 系统。

我国内地、我国香港地区(200 V)、英国、德国、法国、意大利、澳大利亚、印度、新加坡、泰国、荷兰、西班牙、希腊、奥地利、菲律宾、挪威等约 120 个国家和地区使用 220 V 交流电压标准,而美国、加拿大、日本(100V)、韩国(100 V)、我国台湾省等国家和地区则采用的是 110 V 电压标准。还有的国家是两种兼有,如古巴(110 V、220 V)、沙特(127 V、220 V)、印尼(127 V、240 V)、越南(127 V、220 V)等。

早期由于受发电机绝缘材料的限制,只能造出 110V 交流发电机,所以,美国最早确立了 110 V 标准并建立了 110 V 电网。后来,随着技术进步,可以造出 220 V 交流发电机。因此,很多国家就直接采用了当时最先进的 220~240 V 技术建设了电网,而已采用 110~127 V 系统的国家由于全部更换为 220 V 电力系统的代价过高,只能沿用低压系统至今。

从经济角度说,220 V 高压系统要比 110 V 低压系统更经济。220 V 电压的供电半径(500 m)远远大于 110 V 电压,这样就相对减少了中间变压器的台数,从而降低了变压损耗,还可以不用变压器直接从动力电 380 V 中分相,比 110 V 的更先进。

从安全角度说,民用电是 110 V,动力电是 220 V 的搭配更好。虽然 110 V 系统因电流大、线径粗而成本较高,但安全性也较高,很少有人和畜因触电而亡。

交流电是由塞尔维亚裔美国物理学家、电气工程师、发明家、无线电技术的实际发明者、"交流电之父"——尼古拉·特斯拉(Nikola Tesla,1856—1943 年)发明的。2006 年,他因此发明被选入"世界十大多产发明家"。

本 章 习 题

8-1 用电流表测电流时,需将电流表串入被测电路中。请解释为什么要求电流表内阻越小越好。

8-2 用电压表测电压时,需将电压表并入被测电路中。请解释为什么要求电压表内阻越大越好。

8-3 一个直流毫安计(测量电流为毫安级的电流表)量程为 10 mA,内阻为 9.9 Ω,若要将它改为量程为 1 A 的安培计(测量电流为安培级的电流表),则应加多大的分流电阻?(0.1 Ω)

8-4 一个直流微安计量程为 500 μA,内阻为 200 Ω,若要将它改为量程为 10 V 的伏特计(测量电压为伏特级的电压表),则应串多大的倍压电阻?(19.8 kΩ)

8-5 已知如图 8-16 所示电路,现有两个内阻分别为 100 Ω 和 10 Ω 的毫安计,若分别用它们测量电路电流,则毫安计的读数分别是多少?(5.45,5.94)

8-6　已知如图 8-17 所示电路，现有两个内阻分别为 30 kΩ 和 130 kΩ 的伏特计，若分别用它们测量 R_2 上的电压，则伏特计的读数分别是多少？（5.4，5.85）

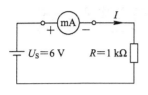

图 8-16　习题 8-5 图

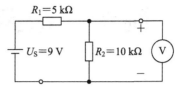

图 8-17　习题 8-6 图

附录 中英文术语对照表

2b 法	2b-method
△形连接	delta connected

B

保持不变	constant phase
比例性	homogeneity
变比	transformation ratio
并联电阻网络	resistors in parallel
并联谐振	parallel resonance
不对称三相电路	unsymmetrical three-phase circuit
部分分式展开法	partial-fraction-expansion method

C

参考点	reference point
参考方向	reference direction
参数	parameter
超节点	super node
超前	lead
超网孔	super mesh
充电	charge
冲激响应	impulse response
初级电路	primary circuit
初始值	initial value
初始状态	initial state
初相位	initial phase
储能元件	energy-storing component
串联电阻网络	resistors in series
串联谐振	series resonance
磁场	magnetic field
磁场能	magnetic energy
磁链	magnetic flux linkage
磁耦合	magnetic coupling

磁通	magnetic flux
次级电路	secondary circuit

D

代数方程	algebra equation
戴维南等效支路	Thevenin equivalent
戴维南定理	Thevenin's theorem
单端口网络	one-port network
单根	distinct root
单回路电路	single loop circuit
单节偶电路	single node-pair circuit
单位冲激函数	unit-impulse function
单位阶跃函数	unit-step function
阶跃响应	step response
导纳	admittance
等幅振荡	un-attenuated oscillation
等效	equivalence
等效变换	equivalent transformations
等效电路	equivalent circuit
等效内阻	equivalent resistance
狄利赫利	Dirichlet
地	ground
电场	electric field
电场能	electric energy
电磁感应定律	law of electromagnetic induction
电磁振荡	electromagnetic oscillation
电导	conductance
电感	inductance
电感电抗	inductive reactance
电感电纳	inductive susceptance
电感元件	inductor
电感元件的并联	inductors in parallel
电感元件的串联	inductors in series
电功率	electric power
电荷	charge
电荷守恒定律	law of conservation of charge
电抗	reactance
电流	current
电流控制电流源	Current Controlled Current Source(CCCS)

电流控制电压源	Current Controlled Voltage Source(CCVS)
电流谐振	current resonance
电路	circuit
电路模型	circuit model
电路变量	circuit variable
电纳	susceptance
电路原理图	schematic
电容量	capacitance
电容电抗	capacitive reactance
电容电纳	capacitance susceptance
电容元件	capacitor
电容元件的并联	capacitors in parallel
电容元件的串联	capacitors in series
电位	potential
电位差	potential difference
电位降	potential drop
电位升	potential rise
电动势	electromotive force
电压	voltage
电压控制电流源	Voltage Controlled Current Source(VCCS)
电压控制电压源	Voltage Controlled Voltage Source(VCVS)
电压谐振	voltage resonance
电压源	voltage source
电源	source
电子	electron
电子学	electronics
电阻	resistance
电阻器	resistor
电阻率	resistivity
叠加定理	superposition theorem
独立电源	independent source
端电流	terminal current
端电压	terminal voltage
端钮	terminal
端线	terminal wire
短路	short-circuit
短路电流	short-circuit current
对称三相电路	symmetrical three-phase circuit
对称三相电源	symmetrical three-phase source

对偶	duality
对偶原理	principle of duality
对偶元素	dual element
动态	dynamic component
动态电路	dynamic circuits
动态元件	dynamic component

E

二端口元件	two-port component
二端网络	two-terminal network
二阶电路	second-order circuit
二阶动态电路	second-order dynamic circuit
二阶齐次线性微分方程	second-order homogeneous linear differential equation
二阶微分方程	second-order differential equation

F

法拉	farad(F)
反射阻抗	reflected impedance
反相	opposite phase
放电	discharge
非关联参考方向	unassociated reference directions
非线性电容	nonlinear capacitor
非线性电阻	nonlinear resistor
非振荡放电	non-oscillatory discharge
非正弦	non-sinusoidal
分流	current division
分压	voltage division
分压器(电路)	voltage divider
分流器(电路)	current divider
伏安关系(特性)	Volt-Ampere Relationship (VAR)
	Voltage-Current Relationship (VCR)
辐角	argument
幅频特性	amplitude-frequency characteristic
副边电路	secondary circuit
复功率	complex power
复频率	complex frequency
复数	complex number
复指数函数	complex exponential function
复频域导纳	s-domain admittance

复频域分析	complex-frequency-domain analysis
复频域感抗	s-domain inductive reactance
复频域感纳	s-domain inductive susceptance
复频域容抗	s-do-main capacitive reactance
复频域容纳	s-domain capacitive susceptance
复频域阻抗	s-domain impedance
傅里叶级数	Fourier series
负序	negative sequence
负载	load

G

GCL 并联电路	parallel GCL circuit
高次谐波	higher order harmonic
功率	power
功率因数	power factor
功率因数角	power factor angle
共轭匹配	conjugate matching
固有分量	natural component
固有频率	natural frequency
关联参考方向	associated reference directions
	passive sign convention
广义节点	super node
过阻尼情况	over-damped case
过渡	transition
国际单位制	International System of Unit

H

含源二端网络	active two-terminal network
黑盒子	black box
亨利	Henry(H)
互电导	mutual conductance
互电阻	mutual resistance
互感	mutual inductance
化简	simplification
换路定则	circuit-switching rule;circuit-changing rule
回路	loop

J

交流电流	alternating current

交流电压	alternating voltage
基波	fundamental wave
基尔霍夫电流定律	Kirchhoff's Current Law(KCL)
基尔霍夫电压定律	Kirchhoff's Voltage Law(KVL)
积分	integral
积分性质	integration
激励	excitement
集成电路	integrated circuits
记忆元件	memory component
角频率	angular frequency
阶跃函数	step function
节点	node
节点电压	node voltage
节点电压法	node-voltage method
晶体管	transistor
矩形脉冲信号	rectangular pulse signal
卷积定理	convolution integration
卷积积分	convolution integral

K

开路	open-circuit
开路电压	open-circuit voltage
可加性	additivity property
空心变压器	air-core transformer
库仑	coulomb(C)

L

拉普拉斯变换	Laplace transform
拉普拉斯反变换	inverse Laplace transform
理想变压器	ideal transformer
理想电流源	current source
理想电压源	voltage source
临界阻尼情况	critically damped case
零输入响应	zero-input response
零状态响应	zero-state response

M

模	modulus
模匹配	modular matching

N

能量	energy
能量守恒定律	law of conservation of energy
诺顿等效模型	Norton equivalent
诺顿定理	Norton's theorem

O

欧姆定律	Ohm's law
耦合电感元件	coupled inductors
耦合系数	coupling coefficient

P

频率	frequency
频率特性	frequency characteristic
品质因数	quality factor
平均功率	average power

Q

齐次定理	homogeneity theorem
奇异函数	singular function
欠阻尼情况	under-damped case
强制分量	forced component
全响应	complete response

R

RC	resistor-capacitor
RL	resistor-inductor
RLC 串联电路	series RLC circuit

S

三角形(△)	delta-connected
三相三线制	three-phase three-wire system
三相四线制	three-phase four-wire system
衰减	decay
衰减系数	attenuation factor
衰减振荡	attenuated oscillation
实部	real part
实际方向	actual direction

时不变电路	time-invariant circuits
时间常数	time constant
时域分析	time domain analysis
视在功率	apparent power
受控源	controlled source
瞬时功率	instantaneous power
瞬态	transient

T

特征方程	characteristic equation
特征根	characteristic root
替代定理	substitution theorem
同名端	dotted terminals
同相位	in phase
图形符号	graphical symbol

W

网孔	mesh
网孔电流	mesh current
网孔电流法	mesh—current method
网络	network
微分	differential
微分方程	differential equation
微分性质	differentiation
韦伯	Weber(Wb)
稳定状态	steady state
稳态分量	steady component
稳态值	steady value
无功功率	reactive power
无源	passive
无源元件	passive component
无阻尼情况	undamped case

X

西门子	simens
线电压	line voltage
线电流	line current
线性电感元件	linear inductor
线性电路	linear circuits

线性电容	linear capacitor
线性电阻	linear resistor
线性时不变电阻	time-invariant resistor
线性性质	linearity
线性元件	linear component
响应	response
相电流	phase current
相电压	phase voltage
相量	phasor
相量变换	phasor transform
相量图	phasor diagram
相频特性	phase-frequency characteristic
相位	phase
相位差	phase difference
信号	signal
星形	star-connected
谐波分量	harmonic component
谐波分析法	harmonic analysis
谐振	resonance
谐振角频率	resonant angular frequency
虚部	imaginary part
虚单位	imaginary unit
旋转相量	rotating phasor
旋转因子	rotating factor
选频特性	frequency selection characteristic

Y

Y 形连接	Y-connected
延迟性质	time shift
一次谐波	first order-harmonic
一阶电路	first-order circuit
一阶齐次线性微分方程	first-order homogeneous linear differential equation
一阶微分方程	first-order differential equation
有伴电流源	accompanied current source
有伴电压源	accompanied voltage source
有功功率	active power
有效值	effective value
余弦函数	cosine function
原边电路	primary circuit

元件	component,element
跃变	abrupt change
有源	active

Z

暂态	transient state
暂态分量	transient component
振荡放电	oscillatory discharge
振幅	amplitude
正交	right-angle intersection
正弦函数	sinusoidal function
正弦稳态电路	sinusoidal steady-state circuits
正序	positive sequence
支路	branch
支路电流法	branch-current method
支路电压法	branch-voltage method
支路分析法	branch-analysis method
直流电流	direct current
直流电压	direct voltage
直流分量	direct current component
指数	exponential
滞后	lag
中点	neutral point
中线	neutral wire
周期	period
自电导	self-conductance
自电阻	self-resistance
自感	self-inductance
自由分量	free component
阻抗	impedance
阻尼振荡角频率	angular frequency of the damped oscillation
最大功率传输	maximum power transfer
最大功率传输定理	maximum power transfer theorem

参 考 文 献

[1] 狄苏尔 C A，葛守仁. 电路基本理论[M]. 北京：人民教育出版社，1980.

[2] 李瀚荪. 电路分析基础[M]. 4 版. 北京：高等教育出版社，2006.

[3] 何怡刚. 电路导论[M]. 长沙：湖南大学出版社，2004.

[4] 朱虹，孙卫真. 电路分析[M]. 北京：北京航空航天大学出版社，2004.

[5] 张卫钢，张维峰. 信号与系统教程[M]. 2 版. 北京：清华大学出版社，2017.

[6] 张卫钢. 通信原理与通信技术[M]. 4 版. 西安：西安电子科技大学出版社，2018.

[7] 曹丽娜，张卫钢. 通信原理大学教程[M]. 北京：电子工业出版社，2012.

[8] 刘长林，刘静，高美静，等. 电路常见题型解析[M]. 北京：国防工业出版社，2008.

[9] 罗玮，袁堃，杨帮华. 出现频率最高的 100 种典型题型精解精练：电路[M]. 北京：清华大学出版社，2008.

[10] 张美玉. 电路题解 400 例及学习考研指南[M]. 北京：机械工业出版社，2003.

[11] 范世贵. 电路全析精解[M]. 西安：西北工业大学出版社，2007.

[12] 高岩，杜普选，闻跃. 电路分析学习指导及习题精解[M]. 北京：清华大学出版社，北京交通大学出版社，2005.

[13] 王昊，李昕，郑凤翼. 通用电子元器件的选用与检测[M]. 北京：电子工业出版社，2006.

[14] 金玉善，曹应晖，申春. 模拟电子技术基础[M]. 北京：中国铁道出版社，2010.

[15] 张洪润，廖勇明，王德超. 模拟电路与数字电路[M]. 北京：清华大学出版社，2009.

[16] 陈俊林，丁永生. 音箱设计[M]. 北京：人民邮电出版社，1980.

[17] COGDELL J R. 电气工程学概论[M]. 2 版. 贾洪峰，译. 北京：清华大学出版社，2003.

[18] HAYT W H, KEMMERLY J E, DURBIN S M. 工程电路分析[M]. 7 版. 周玲玲，蒋乐天，等译. 北京：电子工业出版社，2007.

[19] NILSSON J W, RIEDEL S A. 电路[M]. 8 版. 周玉坤，冼立勤，李莉，等译. 北京：电子工业出版社，2008.

[20] ALEXANDER C K, SADIKU M N O. 电路基础[M]. 刘巽亮，倪国强，译. 北京：电子工业出版社，2003.

[21] 潘双来，邢丽冬，龚余才. 电路理论基础[M]. 2 版. 北京：清华大学出版社，2007.

[22] 邢丽冬，潘双来. 电路学习指导与习题精解[M]. 北京：清华大学出版社，2004.

[23] 陈晓平，李长杰. 电路原理[M]. 2 版. 北京：机械工业出版社，2011.

[24] 朱桂萍，刘秀成，徐福媛. 电路原理学习指导与习题集[M]. 2 版. 北京：清华大学出版社，2012.

[25] 梁贵书，董华英，丁巧林，等. 电路复习指导与习题精解[M]. 北京：中国电力出版社，2004.

[26] 姚维，姚仲兴. 电路解析与精品题集[M]. 北京：机械工业出版社，2005.

[27] ALEXANDER C K, SADIKU M N O. 电路基础：原书第 6 版·精编版[M]. 段哲民，周巍，尹熙鹏，译. 北京：机械工业出版社，2019.

[28] 俎云霄，李巍海，侯宾，等. 电路分析基础[M]. 3 版. 北京：电子工业出版社，2020.

[29] 邱关源，罗先觉. 电路[M]. 5 版. 北京：高等教育出版社，2006.